# 大学数学

## 人文、社科、体育、建筑、艺术、设计等专业适用

（第4版）

主　编　燕列雅
副主编　权豫西　李顺波　王兰芳　李　琪

## 内容提要

本次再版，继续坚持以学生为本、为教学服务的原则，更加注重教材的思想性、启发性和适用性，删减或更换了比较陈旧的部分，增加了一些提高学生数学素质的内容.

全书共7章，内容包括：数学概述，微积分的理论基础，微分学，积分学，空间解析几何与线性代数初步，概率论初步，数学发展史与经典数学问题.

本书在内容编排上着眼于提高文史、建筑、艺术等专业学生的数学素质，以数学问题、数学知识为载体，着重介绍数学的思想方法，问题的分析到解决的全过程，让学生体会数学方法的特点，培养他们的数学精神，提高数学素养，并尝试通过所学知识，引导学生对学习、生活乃至人生进行思考.

本书叙述简明易懂，易于教学，适用于政治经济学、法学、哲学、历史学、考古学、文学、新闻、外语、体育、美学、建筑学、艺术设计等专业的学生使用.

**图书在版编目(CIP)数据**

大学数学：人文、社科、体育、建筑、艺术、设计等专业适用/燕列雅主编；权豫西等副主编. --4版.
西安：西安交通大学出版社，2024.8. -- ISBN 978-7-5693-3845-4

Ⅰ. O13

中国国家版本馆CIP数据核字第2024UD4482号

书　　名　大学数学：人文、社科、体育、建筑、艺术、设计等专业适用(第4版)
DAXUE SHUXUE：RENWEN SHEKE TIYU JIANZHU
YISHU SHEJI DENG ZHUANYE SHIYONG(DI 4 BAN)
主　　编　燕列雅
副 主 编　权豫西　李顺波　王兰芳　李　琪
责任编辑　刘雅洁
责任校对　李　文
装帧设计　伍　胜

出版发行　西安交通大学出版社
(西安市兴庆南路1号　邮政编码710048)
网　　址　http://www.xjtupress.com
电　　话　(029)82668357　82667874(市场营销中心)
(029)82668315(总编办)
传　　真　(029)82668280
印　　刷　西安五星印刷有限公司

开　　本　787mm×1092mm　1/16　印张 12　字数 297千字
版次印次　2024年8月第4版　2024年8月第1次印刷
书　　号　ISBN 978-7-5693-3845-4
定　　价　32.00元

如发现印装质量问题，请与本社市场营销中心联系.
订购热线：(029)82665248　(029)82667874
投稿热线：(029)82665945
读者信箱：liuyajie@xjtu.edu.cn

# 第 4 版前言

本书自出版以来，使用院校近四十所，遍布陕西、黑龙江、吉林、河北、贵州、江西、安徽、广东等二十多个省市自治区. 第 4 版保留了第 3 版教材的特点，不仅内容编排上着眼于提高文史、艺术、建筑等类专业学生的数学素质，且尝试通过所学内容，引导学生对学习、生活乃至人生进行思考.

本次再版，主要修改或增加了以下内容：

(1)雕琢语句，使语言表达上更确切；加图题、表题，使图表标识更规范.

(2)在第 1 章数学概述中增加了“建筑中的数学”内容，使学生了解到数学与建筑一直如影随形，建筑设计的思想中，总能体现数学知识的运用.

(3)在第 2 章的应用实例中，修改了个人住房贷款问题. 在这里，读者不仅可以知道如何用我们所学的知识计算每月的还款，还可以查到中国建设银行某分行按 2023 年 6 月 20 日中国人民银行公布的商业贷款利率发布的个人住房贷款(按 100 万元计算)的还款情况.

(4)第 5 章增加了空间解析几何的部分内容，将线性代数与空间解析几何的内容结合在一起，使学生初步认识代数方程与空间图形的关系.

(5)在第 5 章的应用实例中，列举了诸多直纹面建筑，如广州塔，让学生看到更多的数学元素在视觉上带给我们的美感.

(6)第 2 章至第 6 章，每章后面结合本章内容，提出一些可以引起思考的问题，如“不积跬步，无以至千里；不积小流，无以成江海”体现的数学思想；定积分的微元法简洁、实用，可有效解决实际应用中的一些问题，对我们处理学习生活中问题的启发；等等.

教材的多次再版，都得到了西安建筑科技大学理学院、教务处的诸多肯定与鼓励，西安交通大学出版社编辑更是不辞辛苦，为教材的各种细节沟通奔忙，编者在此一并表示衷心的感谢！

虽然此次再版编者对全书进行了修改提升，但由于编者水平所限，书中难免有不妥之处，恳请读者批评指正.

编者

2024 年 7 月

# 第 3 版前言

《大学数学》自出版以来，在教材的内容和文字表达上，始终坚持不断锤炼的原则，得到了使用院校的好评，至今已印刷多次. 本次再版，内容编排上仍然着眼于提高文史、艺术等类专业学生的数学素质.

1. 保持原有教材的特点，力求语言表达上更确切，所用符号更规范，以便于老师教学，也方便学生自学.

2. 在微分一节中，对利用微分做近似计算的思想进行了更详细的阐述，使学生了解非线性函数局部线性化的思想方法.

3. 在不定积分的应用中，增加了一阶线性微分方程内容，使学生对微分方程及应用有更多的认识，并增加了一些练习题.

4. 在 6.4.4 节中，引入了随机变量的概念，给出了二项分布的定义.

5. 在 6.5 节中，增加了人身保险问题. 在这里，我们可以看到，保险公司在什么情况下盈利或亏本的数据是如何用数学方法得到的.

本次教材再版，赵颖洁、李顺波老师提出了很多宝贵的建议，编者在此对他们表示衷心的感谢！

虽然此次再版编者同样下了不少功夫，但由于编者水平所限，书中难免有不妥之处，恳请读者批评指正.

编　者

2017 年 5 月

# 第 2 版前言

《大学数学》自 2007 年出版以来，得到了陕西、黑龙江、吉林、河北、贵州、江西、安徽、广东等省市多所院校的使用与肯定，至今已印刷 4 次. 本次再版，在保持原有教材特点的基础上，力求语言表达上更到位，应用实例更贴近生活，以利于老师教学.

本次再版，修改及增加了几个应用实例.

1. 修改了纳税问题. 对个人所得税问题根据 2011 年 6 月 30 日十一届全国人大常委会第二十一次会议表决通过的《全国人民代表大会常务委员会关于修改〈中华人民共和国个人所得税法〉的决定》(第六次修正)进行了修改，读者可以根据工资与应纳税额的函数关系，方便地算出工资所对应的个人应纳税额.

2. 增加了个人住房贷款问题. 在这里，读者不仅可以知道每月的还款用我们所学知识是如何计算出来的，还可以查到中国建设银行某分行按 2011 年 7 月 7 日中国人民银行公布的贷款利率发布的个人住房贷款按 100000 元计算的月还款情况表中贷款年限 1～10 年的数据.

3. 增加了养老保险问题. 读者可以看到，在每月缴费 200 元至 60 岁开始领取养老金的约定下，若 25 岁开始投保，届时月养老金 2282 元这样的数据，用我们所学的知识如何得到.

本次教材再版，徐宗辉、王艳、李顺波等老师提出了很多宝贵的建议，编者在此对他们表示衷心的感谢！

虽然此次再版编者下了不少功夫，但由于编者水平所限，书中难免有不妥之处，恳请读者批评指正.

编　者

2012 年 5 月

# 第1版前言

数学是人类文化的一个重要组成部分.第二次世界大战以后,数学与社会的关系发生了根本性的变化,数学已经深入从自然科学到社会科学的各个领域.著名数学家 A.卡普兰(A. Kaplan)说:"由于最近二十年的进步,社会科学的许多重要领域已经发展到不懂数学的人望尘莫及的阶段."数学对于社会和人文科学的作用,数学对于现代人整体素质的意义,已逐渐被人们所认识.

本书针对文史、体育、艺术、外语类专业学生的情况,内容安排着眼于提高他们的数学素养,其特点表现在以下几个方面:

一、内容组织科学、紧凑.全书共分七章:数学概述,微积分的理论基础,微分学,积分学,线性代数初步,概率论初步,数学发展史与古今数学问题.

数学概述首先让学生从数学家对"数学是什么"的认识中体会随着数学的发展,人们对"数学是什么"的认识所发生的变化,进一步了解数学的特点,数学发展的思想方法经历的四个阶段,特别是数学与文学的关系,数学对体育、法学等学科的影响,激发学习积极性.一元函数微积分学是本书的主要内容,通过第2、3章的学习,使学生认识到高等数学有着完全不同于初等数学的思维方式,第4章在有了定积分的概念后,对微积分的基本思想方法做了总结,让学生认识到微积分基本思想方法的一致性.第5、6章对线性代数和概率论做了初步介绍,使学生对离散量的基础——线性代数,以及随机量的基础——概率统计有所了解.在学生具备了这些基本知识后,又对数学的发展按时间分期进行阐述,并介绍数学发展经历的三次危机,同时用通俗的语言介绍了一些迄今已经解决或尚未完全解决的古今数学问题.

二、突出数学的思想方法.内容编排上以数学问题、数学知识为载体,着重介绍数学的思想方法,问题的分析到解决的全过程,体会数学方法的特点.

对于概念的形成过程以及相关的背景知识都做了详细阐述,如函数概念的形成与发展,极限概念的形成,微积分的产生与发展,线性代数研究的问题,从赌博中发展起来的概率理论等等.对计算规则、基本应用等环节,都以讲清数学思想为准绳.

三、应用实例贴近专业或日常生活.每章最后一节都有精选的数学在社会科学或生活中的应用实例,这些例子都和本章内容密切相关,例如纳税问题、体能消耗问题、人口问题、刑事侦察中死亡时间的鉴定、指派问题、生日概率问题、抽奖问题等等,增加了这门课程的趣味性.

四、本书有3个附录.附录1介绍了对数学的发展有重要影响的几位数学家,如莱布尼茨和我国数学家吴文俊.附录2列出了五种基本初等函数的定义域、性质和图像.附录3是积分表,以便需要时查阅.

本书是大学文史、体育、艺术类专业数学课程的教材,内容编排上特别注意文史、体育、艺术类专业学生的特点,叙述简明易懂,易于教学,适用于政治经济学、法律学、哲学、历史学、考古学、文学、新闻、外语、体育、美学、建筑学、艺术设计等专业的学生使用.每节配有难易适中的习题，第 2 章到第 6 章有复习题，书后附有习题参考答案. 教师在使用本书时，可根据学时与授课对象，选择若干章节讲授. 其中的背景知识亦可穿插于内容中讲授.

本教材是学校重点资助教材，教务处、理学院以及数学系给予了大力支持，赵彦晖教授、杨泮池教授详细审阅了全部初稿，并提出了许多宝贵的建设性意见，王艳、李顺波老师为本书查阅了大量资料，编者在此对他们一并表示衷心的感谢!

本书的内容编排是为适应 21 世纪文科数学课程教学改革而做的一种尝试，由于编者水平有限，缺点和错误在所难免，恳请读者批评指正.

编　者

2007 年 5 月

# 目　录

# 第 1 章　数学概述

没有数学，我们无法看透哲学的深度；没有哲学，人们也无法看透数学的深度. 而若没有两者，人们就什么也看不透.

——B. 德莫林斯(B. Demolins)

## 1.1　数学是什么

### 1.1.1　数学的内容

数学来源于人类的生产实践活动，它随着社会生产力的发展而发展. 今天的数学是千百年来众多先辈们的不断探索研究积累而成的，已成为拥有几百个分支的大学科.

一般说来，我们把数学分为初等数学和高等数学两大部分.

初等数学基本上是以常量为对象的数学，主要包含代数学和几何学两部分. 代数学是研究数量关系的学科，而几何学是研究空间形式的学科.

高等数学的内容则要丰富得多，以大学工科类专业数学课程设置为例，我们要学习：

微积分与微分方程，这是连续量的基础；

线性代数与空间解析几何，这是离散量的基础；

概率论与数理统计，这是随机量的基础.

这些构成了高等数学的基础部分. 在此基础上，我们还要学习数学物理方法、数值计算方法、应用统计方法、优化方法及数学建模这五大应用数学方法.

作为普通高等学校非理工类专业学生，我们则以这些基础知识为载体，了解和体会数学中一些重要的思想方法.

### 1.1.2　数学的若干“定义”

数学是什么?人们可根据自己对数学的认识做出各种回答，历史上许多数学家和哲学家对这一问题都有独到的看法.

(1) 古希腊亚里士多德(Aristotle，前 384—前 322) 认为，数学是对“量” 的研究.

(2) 英国培根(Bacon，约 1214—1292) 称数学为一种使人“机敏精细” 的学问.

(3) 伽利略(Galilean，1564—1642) 的名言：“数学是上帝用来书写宇宙的文字.”

(4) 法国数学家笛卡儿(Descartes，1596—1650) 则称数学是“序和度量” 的科学.

(5) 恩格斯(Engels，1820—1895) 曾说：**“数学乃是关于物质世界的空间形式及其数量关系的科学.”**

(6) 德国数学家克莱因(Klein，1849—1925) 认为数学是“自明之物” 的科学.

(7) 英国数学家怀特黑德(Whitehead,1904—1960)称数学为对于“一切类型的形式的、必然和演绎的推理”的研究.

从以上这些“定义”可以看到,随着数学的发展,人们对“数学是什么”的认识也在发生着变化.事实上,不论是对专家来说,还是对普通人来说,唯一正确全面的回答,不是哲学家几句高深玄妙的言论,而应该是数学发现本身那些活生生的经验(即数学史).从这一点来说,苏联数学家柯尔莫哥洛夫(Kolmogrov,1903—1987)的说法较为客观:“**① 数学是关于数、量、几何图形的科学;② 数学是关于量的变化及几何映像的科学;③ 数学是关于现实世界一切普遍性、抽象化的数量形式及其空间形式的科学.**”

其实数学是人类活动的结果,具有明显的社会性,因此只有真正了解数学历史的人才能对这一问题有较全面的认识.

**思考题**

谈谈你对数学的认识.

## 1.2 数学的特点

我们在小学阶段学过数的四则运算,在中学时代学过代数、几何与三角学等数学课程.即使从这些初等数学里也不难觉察到数学有三大特性:**抽象性、精确性和应用的广泛性**.

### 1.2.1 抽象性

数学的抽象性在简单的数字运算中就已体现出来.例如两个抽象数字相乘,我们并不关心运算中的数字代表什么,是孩子的数目、苹果的数目,还是苹果的单价.一个点沿一个方向和其相反方向延伸,这就是几何中直线的定义,我们不会关心它是拉紧了的绳索,还是一根木棒.

抽象性并不是数学独有的属性,其他任何学科,乃至人类思维都有抽象性.比如说“人”就是一个抽象的概念,我们只见过张三、李四等,何曾见过“人”?文学中经常涉及的“爱”也是一个非常抽象的概念.不过,数学的抽象性又不同于其他学科的抽象性.首先,数学的抽象性远远超过其他学科的抽象性,以至于抽象到几乎难以琢磨的程度.例如,我们生活的这个现实世界是个三维空间,人们对于一维、二维及三维空间很熟悉,在这三种空间中任何两点间的距离可以度量出来,很直观.四维以上的空间,我们就看不见摸不着了,至于无限维空间是什么样就很难理解.其次,在数学的抽象中,仅保留量的关系和空间形式,舍弃掉其他一切.这里量是抽象的,空间也是抽象的.最后一点,也是最惹人注意的一点,那就是数学几乎完全在抽象概念间周旋.

总之,数学是抽象的,量是抽象的,空间是抽象的,一切数学概念是抽象的,数学的方法也是抽象的.

### 1.2.2 精确性

数学的精确性,确切地说是指逻辑的严密性和结论的确定性.数学推理和论断证明对于每个了解它的人来说,都是确定无疑和无可争辩的.

有这样一个故事,一位数学家、一位物理学家、一位作家坐火车访问云南.作家看到窗外田野上有一只黑羊,感慨道:“想不到云南的羊都是黑的!”物理学家说:“不对,云南至少有一只羊是黑的.”数学家看看窗外,说:“云南至少有一块地上有一只羊,至少半边是黑的.”

数学中的严谨推理和一丝不苟的计算,使得每一个数学结论都是牢固的、不可动摇的.这点对于其他学科影响很大,以至有些学科中的理论,如果不能上升到用数学模型表达就不能令人信服.不过,数学的精确性并不是绝对的,数学的原则也不是一成不变的.

### 1.2.3 应用的广泛性

数学的应用广泛性是其他任何学科所不能比拟的,几乎所有学科都或多或少地应用着数学.我国著名数学家华罗庚(1910—1985)曾经这样说:“宇宙之大,粒子之微,火箭之速,化工之巧,地球之变,生物之谜,日用之繁,无处不用数学.”

科学通常分为自然科学和社会科学两大类,数学作为自然科学的一部分,它和哲学一样,是自然科学和社会科学共有的工具.

自然科学中物理学以及天文学上的定律就是用数学公式的形式来描述的;过去化学和生物学与数学联系较少,现在也需要借助数学来发展自己;农业方面要想提高农产品的产量和质量,就需要应用试验设计和优选法;海王星的发现,首先不是通过望远镜,而是利用纸笔,借助于数学公式“算”出来的,望远镜只不过印证了这个“计算结果”;天气预报、地震预报离不开数学;由于数学的关键性应用,有人甚至称海湾战争是数学战;等等.

社会科学中,这样的例子还有很多.金融经济学借助于数学中的随机分析方法取得了重大的突破;历史学家借助于数学方法,开辟了许多过去不为人重视或未很好利用的历史资料的新领域,并大大改进了研究的手段和方法;用数学方法研究语言现象已形成了一门新的交叉学科——数理语言学;数学方法加上计算机技术已成功地运用于文学和艺术的研究,对《红楼梦》作者及成书过程的研究以及分形图像的研究,就是典型的例子;电影、电视中引人入胜的动画制作,同样离不开数学.可以这样说,一个社会科学工作者如果掌握了数学工具,其研究领域将会展现一个新的视野.

**思考题**

1. 数学的特点是什么?
2. 举例说明数学应用的广泛性.

## 1.3 数学发展的四个阶段

数学的产生、发展来源于生产实际,其思想方法的发展经历了精确数学、随机数学、模糊数学、突变理论四个阶段.如果按质分类,大体可归四大类:必然现象、随机现象、模糊现象和突变现象.在第7章,我们将对数学的发展按时间分期进行阐述.

### 1.3.1 必然现象与必然数学

必然现象的例子非常多,如金属加热会膨胀,冷却会收缩;异性电荷互相吸引,同性电荷互相排斥;氢在氧气中燃烧生成水.

为描述和研究现实世界的必然现象及其规律,产生了必然数学.必然数学又称精确数学或经典数学,它是常量数学和变量数学的统称,包括算术、三角学、几何、代数、微积分、微分方程论和函数论等分支学科,主要应用在自然科学领域.

**1. 常量数学的形成**

常量数学是以常量即不变的数量和固定的图形为其研究对象，主要内容是初等数学，包括算术、初等代数、初等几何、三角学等. 常量数学的形成经历了从算术解题法到代数解题法这样一个演进过程.

**算术解题法**

这是我们小学数学的内容，它的特点是只限于对具体的、已知的数进行运算，不允许有抽象的未知数参加.

它的解题步骤：① 依据问题的条件列出关于具体的已知数的算式；② 通过四则运算求出算式的结果.

它的困难在于解决那些具有复杂数量关系的应用题时，第 ① 步难以办到. 于是产生了新的方法.

**代数解题法**

这是我们小学高年级和初中数学的内容，其特点：未知数与已知数有着同等的权利，而方程只是一种条件等式.

其步骤：列方程，解方程. 解方程的过程是未知数和已知数进行重新组合的过程，即未知数向已知数转化的过程.

总之，算术与代数作为最基础且最古老的两个数学分支学科，有着不可分割的亲缘关系，算术是代数产生的基础，代数是算术发展到一定阶段的必然产物.

方程在数学中占有重要的地位，代数解题法对后来整个数学的进程产生了巨大的影响.

**2. 变量数学的形成**

变量数学形成于 17 世纪，大体上经历了解析几何的产生和微积分的创立两个具有决定性的重大步骤.

虽然常量数学可以有效地描述事物和现象相对稳定的状态，但对于运动和变化的描述，却是无能为力的.

16、17 世纪人们提出了大量用常量数学无法描述的数学问题，大体可分为以下 5 种类型：

(1) 求非匀速运动物体的运动轨迹(天文学)；

(2) 求变速运动物体的速度或路程(物理学)；

(3) 求曲线在任一点的切线(光学、力学)；

(4) 求变量的极值(力学、天文学)；

(5) 计算曲线长度、曲边形面积、曲面体体积、物体的重心、变密度物体的重心以及大质量物体之间的引力等.

这些问题一个共同的特征就是要以“变量”作为研究对象，于是便推动了变量数学的发展. 变量数学是从量的角度描述事物的运动和变化规律，它的分支庞大，如解析数论、微分几何、常微分方程论、偏微分方程论、积分方程论、级数论、差分学、实变函数论和复变函数论等.

变量数学的产生和发展使数学自身在思想方法上发生了重大的变革.

### 1.3.2 随机现象与随机数学

随机现象，也叫或然现象或偶然现象. 例如，已经是大二学生的你，吃完晚饭，早早地来到公共教室自习，你不知道今天会来多少人，你会认识其中的几个人. 又如，你站在马路边观察

30 min,今天会有几辆公交汽车由此经过呢?对随机现象的研究就产生了随机数学.

据报道:1982年7月4日,有一位婴儿降生在美国北卡罗来纳州,巧合的是,他的父亲是1950年7月4日出生的,他的祖父是1920年7月4日出生,他的曾祖父同样也是7月4日出生的,而那天又正好是美国独立一百周年纪念日——1876年7月4日,这可谓惊人的巧合.

三百多年前,一些赌徒问著名的数学家伽利略:一次掷3粒骰子并计算总点数,为什么出现总和为10的情况比出现总和为9的情况要多呢?

平日里摸牌、抓阄、买彩票、投骰子等都与随机现象密切相关.

总之,随机现象是指事物的变化发展不受单值的确定的因果关系的制约,而是具有几种不同的可能性,究竟何种结果,有随机性、偶然性.

上面提到的美国惊人巧合之事,曾引起了一位数学家的兴趣,他专门为此进行了计算,最后得出结论:同一家族的四代人在同一日期出生的现象,约117亿人中才有一例.对于"巧合之谜",《科学美国人》杂志的数学专栏编辑马丁·加德纳(Martin Gardner)认为,每天在几十亿人身上发生几千亿桩大大小小的事件,时而出现一些令人惊诧的凑巧事件是难免的.

由此可见,在纷乱的大量偶然现象背后,往往隐藏着必然的规律.探索这些规律,利用这些规律来为人类服务,正是随机数学的任务.随机数学主要包括概率论、随机过程理论、数理统计学.

### 1.3.3　模糊现象与模糊数学

1965年,美国加利福尼亚大学自动控制专家L. A.扎德(L. A. Zadeh)第一次提出了"模糊集合"的概念,从而为模糊数学的诞生奠定了基础,模糊数学便由此产生了.

模糊现象又称为不分明现象,是指客观事物界限不分明的量和性质.其中最为著名的问题之一就是秃头悖论:人为指定一个自然数$N$,当人的头发$n = N$时此人就叫作秃头.若张三正好有$N$根头发,李四正好有$N+1$根头发,仅一根之差,便分楚汉,这难道合理吗?于是约定:若有$N$根头发的人是秃头,有$N+1$根头发的人也是秃头,这时就会导致"秃头悖论":一切人都是秃头.如果将约定改为:若有$N$根头发者不是秃头,则有$N-1$根头发者也不是秃头,可以得出"光头不是秃头"结论.这悖论反映了精确与模糊之间的矛盾,对于模糊的事物,比如秃与不秃,没有绝对的界限.再比如,同样的一个字,由同一个人写上千百次,它们不会绝对相同;天气预报时,在晴天与多云之间不存在明确的界限;在人的思维里,"暖和"与"较冷"、"高"与"矮"、"浓"与"淡"、"明"与"暗"、"胖"与"瘦"、"年老"与"年轻"、"美"与"丑"等,都是没有明确界限的.

如何描述这些模糊现象呢?模糊数学是用数量表示一个事物属于某个模糊概念的程度,即隶属度,以此说明该事物能否包括在那个模糊概念的论域之中.例如,以年龄为论域,取$U = [0,100]$.扎德曾给出"年老"$Q$与"年轻"$Y$两个模糊集的隶属函数如下:

$$U_Q(x) = \begin{cases} 0, & 0 \leqslant x \leqslant 50 \\ \left[1 + \left(\dfrac{x-50}{5}\right)^{-2}\right]^{-1}, & 50 < x \leqslant 100 \end{cases}$$

$$U_Y(x) = \begin{cases} 1, & 0 \leqslant x \leqslant 25 \\ \left[1 + \left(\dfrac{x-25}{5}\right)^{2}\right]^{-1}, & 25 < x \leqslant 100 \end{cases}$$

从上式可以得到，凡小于 25 岁和大于 75 岁，都分别明晰地属于“年轻”和“年老”，而大于 25 岁小于 75 岁的人都处于“年轻”到“年老”的中间过渡状态. 如把 55 岁、60 岁、65 岁分别代入 $U_Q(x)$ 得：0.5、0.8、0.9，这说明 55 岁、60 岁、65 岁的人属于“年老”范畴的程度分别为：0.5、0.8、0.9，而 70 岁则达0.94 以上了.

模糊数学在发展过程中，不断提出了新的应用研究课题，如模糊信息、模糊控制、模糊规划与决策、模糊语言、模糊逻辑等. 如今，模糊数学已经越来越广泛地应用到自然科学乃至社会科学的各个领域，如模糊技术可将红绿灯改造得更灵活，可用于计算机图像识别、手写文字自动识别、癌细胞的识别、劳动卫生环境综合评判、天气预报、气象资料分析与决策以及各类信息的分类与评估，等等.

### 1.3.4　突变现象与突变理论

在一个标准大气压下，当水温达到 100 ℃ 时，大量水分子吸收了足够的热量，克服了分子间的吸引力，逃离液体表面，于是水沸腾了；两块乌云的电荷不断累积，当到了一定的数量界限时便击穿空气，于是电闪雷鸣发生了；地应力不断增加，当它达到了一定程度时，就会突然地动山摇，地震爆发了. 这些现象都是突变现象.

对这些现象的研究，法国数学家托姆(Thom，1923—2002) 做了开创性的工作. 1972 年，他出版了《结构稳定性与形态发生学》一书，系统阐述了突变理论. 托姆的突变理论解释了所有不连续的、突变的现象. 有人赞誉它为“数学界的一次智力革命——微积分以后最重要的发现”.

突变以奇点理论为其数学基础，运用拓扑学、结构稳定性等数学工具，以形象而生动的模型来把握事物的量质互变过程.

**思考题**

简述数学发展的四个阶段.

## 1.4　社会科学中的数学

数学是人类文化的一个重要组成部分. 第二次世界大战以后，数学与社会的关系发生了根本性的变化，数学已经深入自然科学和社会科学的各个领域. 二十多年前，著名数学家 A. 卡普兰(A. Kaplan) 说：“由于最近二十年的进步，社会科学的许多重要领域已经发展到不懂数学的人望尘莫及的阶段.” 数学在文学、语言学、历史学、法学、考古学、美学、建筑学、体育、艺术等领域都起到令人信服的作用.

### 1.4.1　文学中的数学

文学意境有着和数学概念相通的地方. 徐利治先生曾说，唐诗“孤帆远影碧空尽”正是极限概念的意境.

在中小学，我们经常会看到这样的横幅，“一切为了孩子”“为了一切孩子”“为了孩子一切”，其实这就是数学中的排列与组合，这里只是“一切”“为了”“孩子”三个词的三种排列而已. 常用汉字有三千多个，一句完整的话就是一些单字的一种排列. 英文字母 26 个，每个英文单词就是若干个字母的一种排列.

在一些对联中巧用数字是很常见的事.

郑板桥是清代文学家和书画家.他在山东潍县任知县时,有一年春节与朋友外出,在南门外看到一副春联,上联是"二三四五",下联是"六七八九",横批是"南北"二字.他赶紧回衙取了一些粮食和衣物,给这户人家送去.朋友忙问:"你怎么知道他家就没有这些东西?"郑板桥回答:"对联上都写啦.上联缺一(衣),下联少十(食),横批是南北,没有东西."当他们敲开这家门时,果然这一家大小都挤在一张破床上,衣单灶冷,全无一点过年的气氛.见此情景,朋友十分佩服郑板桥的洞察才能和体恤民情的作风.

据说在乾隆五十年(1785)的一次千叟宴上,赴宴的有三千九百多位老人,其中最年长者已有一百四十一岁,仍然精神矍铄.这似乎是国泰民安的象征.乾隆心喜,即以这位老寿星的年龄为题出了一个上联:

花甲重开,又加三七岁月

60岁为一个花甲,这个上联用算式

$$60\times2+3\times7=141$$

点出了老寿星的年龄为141岁.大才子纪晓岚也如法炮制,对出的下联为

古稀双庆,更多一度春秋

古稀就是70岁,下联以另一个算式

$$70\times2+1=141$$

点出了老寿星年龄为141岁.君臣二人,巧妙地将数学上的四则运算对应在对联中,给千叟宴增添了不少欢乐的气氛.

将数学融于人文,体现出数学旺盛的生命力.

### 1.4.2 语言中的数学

我们日常使用的语言是生活习俗自然形成的,有很多语言将数学融入其中."不管三七二十一"涉及乘法口诀,"三下五除二就把它解决了"则是算盘口诀.再如"万无一失",在中国语言里比喻"有绝对把握",但是,这句成语可以联系"小概率事件"进行思考."十万有一失"在航天器的零件中也是不允许的.此外,"指数爆炸""直线上升"等已经进入日常语言."事业坐标""人生轨迹"也已经是人们耳熟能详的词语.

数学也是语言,但它是科学的语言,没有数学语言,大千世界就难以准确描述.很多自然规律必须用微分方程来描述,一些庞大系统需要用矩阵去概括,这时日常语言则显得无能为力.

### 1.4.3 体育中的数学

1973年,美国的应用数学家J. B. 凯勒(J. B. Keller,1923—2016)发表了赛跑的理论,并用他的理论训练中长跑运动员,取得了很好的成绩.美国的一位计算专家运用数学、力学,并借助计算机研究了当时铁饼世界冠军的投掷技术,据此提出了改进投掷技术的训练措施,从而使这位世界冠军在短期内将成绩提高了4 m.起跳点的选取对跳高运动员尤为重要.在一次亚运会上,某运动员向2.37 m的高度进军.只见他几个碎步,快速助跑,有力的弹跳,身体腾空而起,他的头部越过了横杆,上身越过了横杆,臀部、大腿、甚至小腿都越过了横杆,可惜,脚跟擦到了横杆,横杆摇晃了几下,掉了下来!问题出在哪里?出在起跳点上.那么如何选取起跳点呢?可以建立一个数学模型,其中涉及起跳速度、助跑曲线与横杆的夹角、身体重心的运动方向与地面

的夹角等诸多因素.这些例子说明,数学在体育训练中也在发挥着越来越明显的作用.

目前,数学在体育领域主要的研究方向有:赛跑理论,投掷技术,台球的击球方向,跳高的起跳点,足球场上的射门与守门,比赛程序的安排,博弈论与决策等.

### 1.4.4 法学中的数学

法学是社会科学中的一门重要学科,系统科学在运用新的数学方法对社会科学产生影响时也涉及法学.

在17—18世纪,许多法律问题都采用数学的方法进行论证.莱布尼茨(见附录1)曾写过一篇政治论文,利用几何学方法以60个命题和论证证明了自己认定的波兰国王候选人的正确性.维柯(Vico,1668—1744)"用一种严格的数学方法",即几何学方法,写成了一部名为《新科学》(第一版原名为《普遍法律和单一目的》)的著作.在中外学术界,曾有不少专著、论文阐述如何运用新的数学方法进行法学研究.在国外,尤其是在美国,运用博弈论来分析特定法律问题的法学家非常多,如杰克逊(Jackson)将囚徒困境应用到破产法的研究中去.

运用模拟等数学方法进行法律推理的人工智能研究也是20世纪下半叶中外法学家非常热衷的领域.另外,系统论、信息论、控制论、混沌理论、模糊理论、随机理论、概率论和数理统计等数学理论也常被用来进行法学研究.

### 1.4.5 建筑中的数学

从古到今,数学思想都影响着建筑设计,无论是建筑中的几何元素,还是对黄金比例等数学知识的运用,都反映了数学对建筑的影响. 如上海东方明珠广播电视塔,塔高468 m,由三根直径为9 m的立柱、塔座、下球体、上球体、太空舱等组成.而上球体所在位置正是塔身总高度八分之五的位置,遵循了黄金分割比例.法国巴黎圣母院的外观极具美感,其正面的高度与宽度之比以及每扇窗户的长度与宽度之比接近0.618;古希腊的帕特农神庙,其山花部分的高度与下侧柱子的高度比约为0.618,正面轮廓高度与其宽度比约为0.618.巴黎的埃菲尔铁塔、加拿大多伦多电视塔,在视觉上都给人一种和谐的美感,就是因为结合了黄金比例.

千百年来,数学与建筑一直如影随形,建筑设计的思想中,总能体现数学知识,数学可以说是建筑设计的基础. 由直线组成的直纹面(在几何中,直线运动所产生的曲面叫作直纹面),易于建构,集美观、实用于一体,所以在工程、建筑、艺术,甚至日常生活中都有着重要且广泛的应用. 如广州塔、普通火电厂的冷却塔、墨西哥的帕尔米拉教堂、中柱螺旋楼梯等,这些建筑的外观都是直纹面.

数学对于建筑的作用显而易见,可以肯定,在今后的建筑中,还会有更多的数学元素在视觉上带给我们美感.

**思考题**

举例说明数学在社会科学方面的应用.

# 第2章　微积分的理论基础

数学中的转折点是笛卡儿的变数，有了变数，运动进入了数学；有了变数，辩证法进入了数学；有了变数，微分和积分也就立刻成为必要的了.

——恩格斯

数学极限法的创造是对那些不能够用算术、代数及初等几何等简单方法来求解的问题进行了许多世纪的顽强探索的结果.

——拉夫连季耶夫(Lavrentiev)

一尺之棰，日取其半，万世不竭.

——《庄子·天下》

函数(主要是连续函数)是微积分学研究的对象，而研究函数的方法是极限法.从方法论的角度，这是高等数学区别于初等数学的显著标志.极限理论和方法是微积分学的理论基础.本章首先阐述函数概念的形成与发展过程以及函数的定义，然后学习极限理论，并利用极限讨论函数的连续性问题，介绍连续函数的有关性质.

## 2.1　函　数

### 2.1.1　函数概念的形成与发展

**1. 常量与变量**

我们将某一过程中保持不变的量称为相对于该过程的常量，简称**常量**，而将发生变化的量称为相对于该过程的变量，简称**变量**.一个量是常量还是变量，要根据具体情况进行具体分析.例如，就小范围地区来说，重力加速度可以看作常量，但就广大地区来说，重力加速度则是变量.由于变化是绝对的，不变是相对的，故有时也说常量是变量的特殊情形.通常用字母 $a$、$b$、$c$ 等表示常量，用字母 $x$、$y$、$t$ 等表示变量.

研究变量的意义在于：人们对于所关心的事物，总是想了解描述此事物的某几个关键量的属性，这些量是常量还是变量?如果是变量，那么它的变化范围是多大，变化方式如何，变化趋势怎样，等等.

为了回答这些问题，人们从描写变量之间的关系入手，引出了函数的概念.

**2. 函数概念的形成与发展**

在封建社会，由于生产力水平不高，人们对数学的需要停留在常量数学范围内.到了16、17世纪，随着生产力的发展，各种新的技术的兴起，机械、天文、航海和弹道学的大量实践活动纷纷对数学提出新的要求，常量数学已经远远不能满足客观需要了.加上当时欧洲的一些资本主义国家向外扩张，掠夺殖民地，向海外发动侵略战争，需要发展造船、军火等工业以及航海事业. 为了发展航海事业，迫切需要确定船只在大海中的位置，即船只在地球上的经纬度，这些问题推动了对天体运行规律的研究；要进行战争，也需要研究如何才能使炮弹打得准确的问题，这就促进了"弹道学"的研究. 据说在18世纪，法国海军之所以强大，就是由于造船家在制造巡洋舰和战列舰时充分运用了数学知识. 当时欧拉(见附录1)的很多研究成果就被直接应用到陆军和海军建设中去. 总之，社会多方面的需求需要人们对各种"运动"进行研究，对各种运动中的数量关系进行研究，这就为函数概念的产生提供了客观基础.

17世纪末，莱布尼茨首先用了"function"一词，不过意义是含糊的. 到了18世纪初，函数被看成是由主要变量的值求出因变量值的解析式子. 当时函数的定义是："所谓变量的函数，就是指由这些变量和常量所组成的解析表达式."后来欧拉又定义"函数就是一条可以随意描画的曲线". 以上两种定义都没有揭示函数的本质，还停留在现象上. 人们继续对各种函数关系进行研究，逐渐用"变化"和"运动"的观点来认识函数概念，于1755年进一步定义函数为："如果某一个量依赖于另一个量，使后一个量变化时，前一个量也随着变化，那么就把前一个量称为后一个量的函数."这里揭示了变量之间的依赖关系，是一个进步，但这个定义只是函数概念的雏形.

19世纪，人们对函数概念的认识飞跃到一个新的阶段，这就是建立了变量与函数之间的对应关系，因为"对应"是函数概念的一种本质属性与核心部分. "如果对于任意$x$的值，相应地有完全确定的$y$值与之对应，那么称$y$为$x$的函数. 在此用什么方法建立对应是完全不重要的."函数这一定义的优点，是直截了当地强调与突出了"对应"关系.

20世纪20年代，人类开始了对微观物理现象的研究，又引起函数概念新的尖锐矛盾. 在这样的历史条件下，产生了新的现代函数定义："若对集合$M$的任意元素$x$，总有集合$N$上确定的元素$y$与之对应，则称在集合$M$上定义了一个函数，记为$y=f(x)$. 元素$x$称为自变元，元素$y$称为因变元."

新的函数定义与旧的函数定义从形式上看，只相差几个字，如把"数"改为"元素"，讨论的对象从"数的范围"进入"一般集合". 但实质上并非几字之差，而是概念上的重大发展，是数学发展道路上的重大转折. 近代的"泛函分析"可以作为这种转折的标志，它研究的是一般集合上的函数关系. 根据近代函数定义，我们可以说，线段的长度是线段的函数，在这里自变元是线段，因变元是数. 至此，函数的概念就更加一般化了.

### 2.1.2　函数的定义

**定义 2.1**　设$X$、$Y$是实数集$\mathbf{R}$上的两个非空子集，如果按照某种确定的对应关系$f$，使对于集合$X$中的任意一个数$x$，在集合$Y$中都有唯一确定的数$f(x)$和它对应，则称这个从集合$X$到集合$Y$上的映射$f:X\to Y$是定义在$X$上的**函数**. 记作

$$y=f(x),x\in X$$

并称$x$为**自变量**，$y$为**因变量**，$X$为$f$的**定义域**，$f(x)$为$f$在$x$处的函数值；当$x$在$X$中变动时，函数值$f(x)$的全体(是$Y$的一个子集)

$$G=\{y\mid y=f(x),x\in X\}$$

称为函数$f$的**值域**.

关于这个定义，我们作几点重要说明：

(1) 与初等数学中称因变量 $y$ 是函数的说法不同,这里的“函数”一词指的是对应规则 $f$,这一方式表明,函数本质是变量之间的对应关系.

(2) 定义中,并未规定对应规则 $f$ 必须是用数学公式来表现的,尽管这是最常用的形式.依据定义,描写一个对应规则的方式不只限于这一种形式,还可以采用曲线、表格,甚至文字等各种方式.

(3) 定义中,对对应规则 $f$ 的一个基本要求是,它必须能以确定的方式指定唯一的一个 $y$ 值与 $x$ 值对应.在这里可操作性与唯一性是十分重要的,是数学的严密性和精确性的一个重要体现.

中学课本中关于单调函数、周期函数以及奇(偶)函数等内容都有比较详细的讲述,这里不再重复,下面只给出有界函数的定义.

**定义 2.2**　设函数 $f(x)$ 的定义域为 $X, I \subset X$,对于任意的 $x \in I$,若存在 $M > 0$($M$ 为常数),使得

$$|f(x)| \leqslant M$$

则称函数 $f(x)$ 在 $I$ 上**有界**,或称 $f(x)$ 在 $I$ 上是**有界函数**.如果这样的 $M$ 不存在,就称 $f(x)$ 在 $I$ 上**无界**.

例如,函数 $f(x) = \dfrac{1}{x}$ 在 $x \in (0,1)$ 内是无界的;而函数 $g(x) = \sin \dfrac{1}{x}$ 在 $x \in (0,1)$ 内是有界的.

### 2.1.3　初等函数

人类在从事社会实践的过程中,需要了解和用严密确切的方法描述各种事物发展的固有规律,而其中的很多量与量之间的关系是一环套一环的,这一类问题的研究最终可归结为所谓的复合函数的问题.

例如:每毁林 $x$ 亩,会造成水土流失面积 $u$ 亩,由此带来的直接经济损失 $y$ 元,如图 2.1 所示.假设 $u = \varphi(x), y = f(u)$,那么 $y$ 是 $u$ 的函数,而 $u$ 又是 $x$ 的函数,即变量 $y$ 经变量 $u$ 的中转最终是 $x$ 的函数,我们把类似的实际问题抽象为一个数学概念 —— 复合函数.

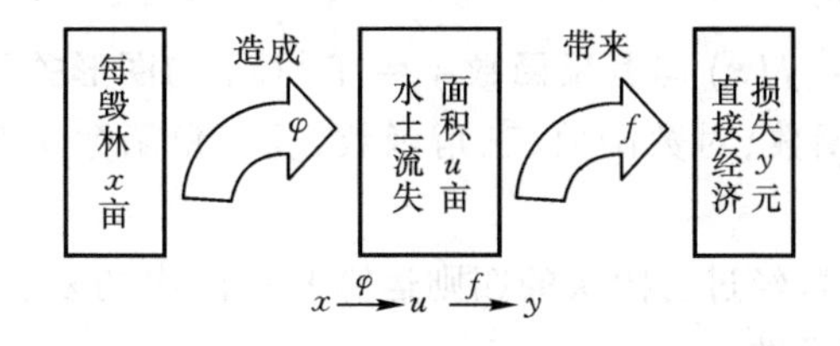


图 2.1　复合函数的复合过程

**定义 2.3**　设 $y$ 是 $u$ 的函数 $y = f(u)$,$u$ 是 $x$ 的函数 $u = \varphi(x)$,而且当 $x$ 在 $\varphi(x)$ 的定义域或定义域的一部分取值时,所对应的 $u$ 值使 $y = f(u)$ 有意义,则称 $y = f[\varphi(x)]$ 是由 $y = f(u)$ 和 $u = \varphi(x)$ 构成的**复合函数**,称 $u$ 为中间变量.

注意,不是任何两个函数都可以构成一个复合函数,例如 $y = \arcsin u$ 和 $u = 2 + x^2$ 就不可能复合成一个复合函数.因为对于 $u = 2 + x^2$ 的定义域内的任何 $x$ 值所对应的 $u$ 值都不在 $y = \arcsin u$ 的定义域内.

对于一个给定的复合函数,必须会分析它的复合过程(即会对复合函数进行分解).掌握这种分析复合过程的方法,对将来求函数的导数和积分会带来很多方便.

**例 2.1** 指出下列复合函数的复合过程:

(1) $y=\sqrt[4]{1+x^2}$;

(2) $y=\cos^2 x$;

(3) $y=e^{\arctan\frac{1}{\sqrt{x}}}$.

**解** (1) $y=\sqrt[4]{1+x^2}$ 是由 $y=\sqrt[4]{u}$ 与 $u=1+x^2$ 复合而成.

(2) $y=\cos^2 x$ 是由 $y=u^2$ 与 $u=\cos x$ 复合而成.

(3) $y=e^{\arctan\frac{1}{\sqrt{x}}}$ 是由 $y=e^u$,$u=\arctan v$ 和 $v=\dfrac{1}{\sqrt{x}}$ 复合而成.

在由 $y=f(x)$ 确定的函数关系中,强调了自变量 $x$ 的主动性:由 $x$ 的变化带来 $y$ 的变化.而有时候,我们也需要分析由 $y$ 来影响 $x$ 的所谓反函数关系.

**定义 2.4** 设 $X$ 是函数 $y=f(x)$ 的定义域,$Y=f(X)$ 是它的值域.任给 $y\in Y$,都存在唯一的一个 $x\in X$ 使 $f(x)=y$,则 $x$ 也是 $y$ 的函数,称为函数 $y=f(x)$ 的**反函数**,记为

$$x=f^{-1}(y)$$

函数 $y=f(x)$ 称为直接函数.$y=f(x)$ 与 $x=f^{-1}(y)$ 互为反函数.

注意,并非任何函数都有反函数,但单调函数一定有反函数.例如:函数 $y=f(x)=x$ 的反函数为 $x=f^{-1}(y)=y$;而函数 $y=f(x)=x^3$ 的反函数为 $x=f^{-1}(y)=\sqrt[3]{y}$.

习惯上自变量用 $x$ 表示,因变量用 $y$ 表示,于是 $y=x^3$,$x\in\mathbf{R}$ 的反函数通常写作 $y=x^{\frac{1}{3}}$,$x\in\mathbf{R}$.

一般地,$y=f(x)$,$x\in X$ 的反函数记作 $y=f^{-1}(x)$,$x\in Y$.

例如:函数 $y=e^x$($e=2.718281828\cdots$)的反函数为 $y=\ln x$(称为自然对数函数);正弦函数 $y=\sin x\left(x\in\left[-\dfrac{\pi}{2},\dfrac{\pi}{2}\right]\right)$ 的反函数是反正弦函数 $y=\arcsin x$($x\in[-1,1]$);正切函数 $y=\tan x\left(x\in\left(-\dfrac{\pi}{2},\dfrac{\pi}{2}\right)\right)$ 的反函数是反正切函数 $y=\arctan x$($x\in\mathbf{R}$).

从图形上看:**函数 $y=f(x)$ 与其反函数 $y=f^{-1}(x)$ 的图形关于直线 $y=x$ 对称.**

通常称幂函数、指数函数、对数函数、三角函数、反三角函数这 5 类函数为**基本初等函数**(见附录 2).

由常数和基本初等函数经过有限次的四则运算和有限次的复合步骤构成的,并能用一个式子表示的函数称为**初等函数**.

例如:$y=\cos(x^2+2x+3)$ 和 $t=\sqrt{\lg(x^2+1)}+e^{\sqrt{x}}$ 都是初等函数,而函数

$$f(x)=\begin{cases}x+1, & x\leqslant -1\\ x^2, & -1<x\leqslant 2\\ 0, & 2<x\end{cases}$$

就不是初等函数,该函数称为**分段函数**,点 $x=-1$ 以及 $x=2$ 称为分界点.

**习题 2.1**

1. 简述函数概念的形成.

2. 指出下列各函数是由哪些函数复合而成的，并确定它们的定义域：

(1) $y=\cos(3x^2)$；　(2) $y=\ln(1+\tan x)$；　(3) $y=\arcsin(x-1)$.

3. 求下列函数的反函数：

(1) $y=2\sin 3x\left(-\frac{\pi}{6}\leqslant x\leqslant\frac{\pi}{6}\right)$；　(2) $y=x^2+1(x\geqslant 0)$；　(3) $y=e^{2x}$；

(4) $y=\frac{1-x}{1+x}$.

## 2.2　数列的极限

极限概念是微积分中最基本的概念. 微积分学中几乎所有的概念，如导数、定积分等都是用极限来定义的，极限方法贯穿于微积分的始终. 马克思(Marx，1818—1883)在《数学手稿》中指出，微积分从一开始就“提供了一种奇妙的、不同于普通代数的计算方法”，这一方法经历了漫长的历史，特别是经过 17 世纪众多数学家的努力才成为现在的表达形式(参见第 7 章).

### 2.2.1　极限思想

极限概念是由求某些实际问题的精确解答而产生的. 我国魏晋时期(公元 3 世纪)杰出数学家刘徽的“割圆术”就含有朴素的极限思想. 他首先作圆的内接正六边形，其次平分每个边所对的弧，再作圆的内接正十二边形，由此，继续作圆的内接正二十四边形、内接正四十八边形……用这些正多边形的周长来近似表达圆周长，随着边数的增多，正多边形周长越来越接近圆周长. 这正是刘徽在割圆术中说的：“割之弥细，所失弥少，割之又割，以至于不可割，则与圆周合体而无所失矣.”正多边形周长的极限就是圆周长.

在解决实际问题中逐渐形成的这种极限方法，已成为研究变量(即函数)的一种基本方法，因此有必要作进一步的阐明.

### 2.2.2　数列极限

**定义 2.5**　对于函数 $x_n=f(n), n\in\mathbf{N}^+$，当 $n$ 依次取 $1,2,\cdots,n,\cdots$ 时所得到的一列数

$$x_1,x_2,\cdots,x_n,\cdots$$

称为无穷数列，简称为**数列**. 数列中的每个数称为数列的项，$x_n$ 称为数列的通项. 数列可简记为$\{x_n\}$.

例如以下数列：

(1) $x_n=\frac{1}{n}: 1,\frac{1}{2},\frac{1}{3},\cdots,\frac{1}{n},\cdots$；

(2) $x_n=(-1)^{n-1}: 1,-1,1,\cdots,(-1)^{n-1},\cdots$；

(3) $x_n=\frac{n}{n+1}: \frac{1}{2},\frac{2}{3},\frac{3}{4},\cdots,\frac{n}{n+1},\cdots$；

(4) $x_n=\frac{(-1)^{n-1}}{n}: 1,-\frac{1}{2},\frac{1}{3},-\frac{1}{4},\cdots,\frac{(-1)^{n-1}}{n},\cdots$；

(5) $x_n=n: 1,2,\cdots,n,\cdots$.

数列是一种特殊的函数，我们可以由函数的有界性和单调性引出有界数列和单调数列的

概念.

设有数列$\{x_n\}$,若存在$M>0$,使得任意$n\in\mathbf{N}^+$都有

$$|x_n|\leqslant M$$

则称数列$\{x_n\}$是**有界数列**.

不难验证,上述数列(1)、(2)、(3)、(4)都是有界数列.

对于**等比数列**(又称为**几何数列**):

$$a,aq,aq^2,aq^3,\cdots,aq^{n-1},\cdots\quad(a\neq 0)$$

其中,公比$q\neq 0$,当满足条件$|q|\leqslant 1$时,也是有界数列.

设有数列$\{x_n\}$:

若对$n\in\mathbf{N}^+$,总有$x_n\leqslant x_{n+1}$,则称该数列$\{x_n\}$为单调增数列;

若对$n\in\mathbf{N}^+$,总有$x_n\geqslant x_{n+1}$,则称该数列$\{x_n\}$为单调减数列.

不难验证,数列(1)是单调减数列,数列(3)、(5)是单调增数列.单调增数列与单调减数列统称为**单调数列**.

数列是一个变量,要研究的一个基本问题便是,随着下标$n$无限增大,$x_n$将如何变化?由于$n$变化到无限大,最初人们只能对最终情况进行推测,而推测时所遵循的原则是什么呢?当然是从现在推测未来,从有限推测无限.由此原则,可以推测(并不可靠)数列(1)与(4)最终趋于数0,而数列(3)最终趋于1.总结这一思想,我们给出数列$\{x_n\}$趋于常数$a$的定义.

**定义2.6**($\varepsilon-N$定义)设有数列$\{x_n\}$及常数$a$.如果任给一个正数$\varepsilon$(不管它多么小),总能找到一个正整数$N$,使得对于$n>N$的一切$x_n$,不等式

$$|x_n-a|<\varepsilon$$

都成立,则称数列$\{x_n\}$以$a$为极限或说数列$\{x_n\}$**收敛**于$a$,并称常数$a$为数列$\{x_n\}$的**极限**,记作

$$\lim_{n\to\infty}x_n=a\quad 或\quad x_n\to a\ (n\to\infty)$$

若数列$\{x_n\}$没有极限,则称它是**发散**的.

利用定义2.6可以证明许多重要的数列极限,如$\lim\limits_{n\to\infty}\frac{1}{n}=0$;$\lim\limits_{n\to\infty}\sqrt[n]{a}=1(a>0)$;$\lim\limits_{n\to\infty}\sqrt[n]{n}=1$;$\lim\limits_{n\to\infty}a^n=0(|a|<1)$.读者可以用计算器进行验证,当$n$并不是太大时,如$n=100$,这些数列中$x_n$的项已经十分接近于它的极限值了.

### 2.2.3 收敛数列的性质

下面所列的收敛数列的性质是十分基本的,在函数极限中也有相对应的结果.

**定理2.1**(唯一性)若数列$\{x_n\}$收敛,则它的极限是唯一的.

**证** 用反证法.假设数列$\{x_n\}$有两个极限$a$与$b$,即$\lim\limits_{n\to\infty}x_n=a$与$\lim\limits_{n\to\infty}x_n=b$,则根据数列极限的定义,任给$\varepsilon>0$,分别有:

存在正整数$N_1$,当$n>N_1$时,有$|x_n-a|<\frac{\varepsilon}{2}$;

存在正整数$N_2$,当$n>N_2$时,有$|x_n-b|<\frac{\varepsilon}{2}$.

令$N=\max\{N_1,N_2\}$($\max\{N_1,N_2\}$表示$N_1$与$N_2$中较大者),则当$n>N$时,同时有

$$|x_n-a|<\frac{\varepsilon}{2}\quad 与\quad |x_n-b|<\frac{\varepsilon}{2}$$

此时必有

$$|a-b|=|a-x_n+x_n-b|\leqslant|a-x_n|+|x_n-b|<\varepsilon$$

由于$\varepsilon$是任意小的正数，$a-b$是常数，所以必有$a=b$，即数列$\{x_n\}$的极限是唯一的.

**定理 2.2**（有界性）若数列$\{x_n\}$收敛，则数列$\{x_n\}$有界. 即存在数$M>0$，对任意$n\in\mathbf{N}^+$，有$|x_n|\leqslant M$.

**证**　设$\lim\limits_{n\to\infty}x_n=a$，由数列极限的定义，取$\varepsilon=1$，存在正整数$N$，对一切$n>N$，都有

$$|x_n-a|<1$$

又$|x_n|-|a|\leqslant|x_n-a|$，所以对一切$n>N$，有

$$|x_n|<|a|+1$$

取$M=\max\{|x_1|,|x_2|,\cdots,|x_N|,|a|+1\}>0$，则对任意$n\in\mathbf{N}^+$，有$|x_n|\leqslant M$.

**注**：定理2.2指出收敛数列必有界，但反过来，有界数列未必收敛. 例如，数列$\{(-1)^{n+1}\}$有界，但它是发散的. 换句话说，有界是数列收敛的必要条件，但不是充分条件.

**定理 2.3**（夹逼准则）若数列$\{a_n\}$、$\{b_n\}$及$\{x_n\}$满足$a_n\leqslant x_n\leqslant b_n$，且数列$\{a_n\}$与$\{b_n\}$收敛于同一个常数$a$，则数列$\{x_n\}$亦收敛于$a$.

**证**　由于$\lim\limits_{n\to\infty}a_n=a$，$\lim\limits_{n\to\infty}b_n=a$，依定义，对于任意给定的正数$\varepsilon$，存在正整数$N_1$，当$n>N_1$时，

$$|a_n-a|<\varepsilon$$

存在正整数$N_2$，当$n>N_2$时，

$$|b_n-a|<\varepsilon$$

于是当$n>N=\max\{N_1,N_2\}$时，

$$|a_n-a|<\varepsilon\quad 与\quad |b_n-a|<\varepsilon$$

都成立，亦即

$$a-\varepsilon<a_n<a+\varepsilon,\quad a-\varepsilon<b_n<a+\varepsilon$$

都成立. 又由于$a_n\leqslant x_n\leqslant b_n$，故当$n>N$时，$a-\varepsilon<x_n<a+\varepsilon$，即$|x_n-a|<\varepsilon$，由定义得$\lim\limits_{n\to\infty}x_n=a$.

**例 2.2**　证明$\lim\limits_{n\to\infty}\dfrac{\sin n}{n}=0$.

**证**　因为$-1\leqslant\sin n\leqslant1$，从而$-\dfrac{1}{n}\leqslant\dfrac{\sin n}{n}\leqslant\dfrac{1}{n}$，显然$\lim\limits_{n\to\infty}\dfrac{1}{n}=0$，$\lim\limits_{n\to\infty}\dfrac{-1}{n}=0$. 由定理2.3得，$\lim\limits_{n\to\infty}\dfrac{\sin n}{n}=0$.

**习题 2.2**

1. 下列数列极限是否存在？如果存在，写出其极限值.

(1) $x_n=1+(-1)^n$；　(2) $x_n=\dfrac{(-1)^n}{n}$；

(3) $x_n=\sin\dfrac{n}{2}\pi$；　(4) $x_n=\dfrac{n-1}{n+1}$.

2. 已知$\{x_n\}$和$\{y_n\}$的极限都不存在，能否断定$\{x_n+y_n\}$的极限一定不存在？

# 2.3　函数的极限

## 2.3.1　函数的极限

在初步理解数列极限概念的基础上，我们来学习函数的极限.

与离散型变量的变化方式($n\to\infty$)不同的是，函数的自变量$x$可以有多种变化方式，如对于在区间$(a,+\infty)$、$(-\infty,b)$、$(-\infty,+\infty)$或$(x_0-\delta,x_0+\delta)$($\delta$是某个正数)有定义的函数$y=f(x)$，则需要考虑在$x$以如下方式变化时函数$f(x)$的变化情况：

$x$沿坐标轴$Ox$正向无限增大，记作$x\to+\infty$；

$x$沿坐标轴$Ox$负向无限增大，记作$x\to-\infty$；

$x$的绝对值无限增大，记作$x\to\infty$；

$x$趋于有限值$x_0$，记作$x\to x_0$.

**1. 自变量趋于无穷大时函数的极限**

由数列极限的定义方式给出函数$f(x)$当$x\to+\infty$时的极限概念.

**定义2.7**($\varepsilon$-$X$定义) 设函数$f(x)$在区间$(a,+\infty)$上有定义，$A$是一个常数.若对任意给定的正数$\varepsilon$，存在正数$X$，使得当$x>X$，有不等式

$$|f(x)-A|<\varepsilon$$

成立，则说常数$A$是函数$f(x)$当$x\to+\infty$时的极限(见图2.2).记作

$$\lim_{x\to+\infty}f(x)=A \quad 或 \quad f(x)\to A(x\to+\infty)$$

类似地可以定义$x$趋于负无穷大时的极限$\lim\limits_{x\to-\infty}f(x)=A$.

若$x$的绝对值无限增大时，$f(x)$以$A$为极限，则记作$\lim\limits_{x\to\infty}f(x)=A$.

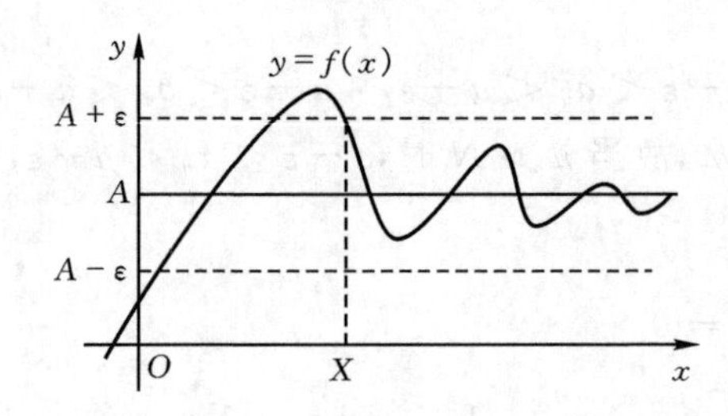


图2.2　$x\to+\infty$时函数极限的几何表示

**2. 自变量趋于有限值时函数的极限**

我们考虑当点$x$无限接近于$x_0$时函数$f(x)$的变化趋势问题.

考虑函数$f(x)=x+1$和$g(x)=\dfrac{x^2-1}{x-1}$，前者的定义域是实数集，后者的定义域为$x\neq 1$的实数集.当$x\to 1$，即$x$无限接近于1而不等于1时

$$f(x)\to 2, g(x)\to 2$$

这里所谓“$x$充分接近点$a$而不等于$a$”，可以用绝对值不等式

$$0<|x-a|<\delta$$

来表示，其中$\delta$是一个充分小的正数. 这一不等式表示实数轴上所有异于$a$而与$a$相距小于$\delta$的点的集合，通常也称为点 $a$ 的**去心 $\delta$ 邻域**，并记为$\mathring{U}(a,\delta)$，而

$$|x-a|<\delta$$

所表示的集合称为点 $a$ 的 **$\delta$ 邻域**，其中包含点 $a$，记为$U(a,\delta)$. $\delta$ 称为邻域的半径.

下面给出当 $x\to x_0$ 时函数 $f(x)$ 极限的定义.

**定义 2.8**（$\varepsilon$-$\delta$ 定义）设函数 $f(x)$ 在点 $x_0$ 的某个去心邻域内有定义，$A$ 是一确定的数. 若对任意给定的正数 $\varepsilon$，总存在某个正数$\delta$，使得对于满足条件 $0<|x-x_0|<\delta$ 的一切$x$，都有

$$|f(x)-A|<\varepsilon$$

则称当 $x\to x_0$ 时，函数 $f(x)$ 以 $A$ 为极限（见图 2.3），记作

$$\lim_{x\to x_0}f(x)=A \text{ 或 } f(x)\to A(x\to x_0)$$

由前面的讨论可知：

$$\lim_{x\to 1}(x+1)=2,\lim_{x\to 1}\frac{x^2-1}{x-1}=2$$

**注**：$f(x)$ 在点 $x_0$ 处有无极限与函数在该点处有无定义无关. 如 $g(x)=\dfrac{x^2-1}{x-1}$ 在 $x=1$ 处没有定义，但不妨碍当 $x\to 1$ 时它存在极限.

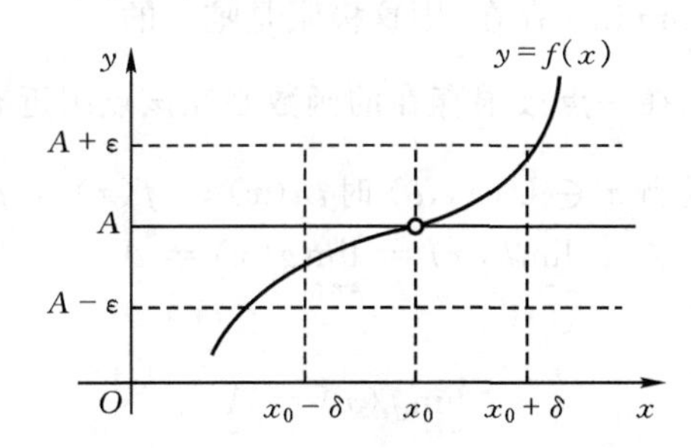


图 2.3　$x\to x_0$ 时函数极限的几何表示

此外，在定义 2.8 中，$x\to x_0$ 既可以从点 $x_0$ 的右侧（$x>x_0$），也可以从点 $x_0$ 的左侧（$x<x_0$）趋于 $x_0$，也就是所谓的“双侧极限”. 但有时仅需要考虑从点 $x_0$ 的一侧趋于 $x_0$ 时函数的极限.

例如，函数 $y=\sqrt{x-2}$，在点 $x=2$ 处，只能考虑当 $x>2$ 而趋于 2 时的极限. 这时称其极限值 0 为**右极限**. 一般地，若当 $x$ 从点 $x_0$ 的右侧（$x>x_0$）趋于 $x_0$ 时，函数 $f(x)$ 有极限值 $A$，则称 $A$ 为函数 $f(x)$ 当 $x$ 趋于 $x_0$ 时的**右极限**（见图 2.4），记作

$$\lim_{x\to x_0^+}f(x)=A \quad \text{或} \quad f(x_0+0)=A$$

类似地可以定义函数 $f(x)$ 在点 $x_0$ 的**左极限**，并记作

$$\lim_{x\to x_0^-}f(x)=A \quad \text{或} \quad f(x_0-0)=A$$

通常将左极限与右极限统称为**单侧极限**. **双侧极限**存在的充要条件是两个单侧极限存在且相等，即

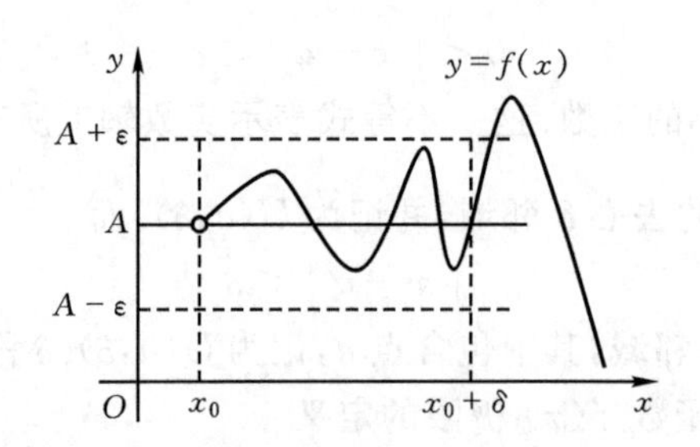


图 2.4　$x \to x_0$ 时函数右极限的几何表示

$$\lim_{x \to x_0} f(x) = A \Leftrightarrow \lim_{x \to x_0^-} f(x) = \lim_{x \to x_0^+} f(x) = A$$

**例 2.3**　证明 $f(x) = \dfrac{|x|}{x}$ 在 $x = 0$ 处的极限不存在.

**证**　当 $x > 0$ 时，$\dfrac{|x|}{x} = \dfrac{x}{x} \equiv 1$，由极限的定义有 $\lim\limits_{x \to 0^+} \dfrac{|x|}{x} = 1$；又当 $x < 0$ 时，$\dfrac{|x|}{x} = -\dfrac{x}{x} \equiv -1$，故 $\lim\limits_{x \to 0^-} \dfrac{|x|}{x} = -1$. 函数 $\dfrac{|x|}{x}$ 在 $x = 0$ 两侧的极限虽然都存在，但不相等，故所求极限不存在.

关于函数极限，也有以下类似数列极限的重要结论.

**定理 2.4**（唯一性）若 $\lim\limits_{x \to x_0} f(x)$ 存在，则这极限是唯一的.

**定理 2.5**（局部有界性）在一点极限存在的函数必在该点附近有界.

**定理 2.6**（夹逼准则）设当 $x \in \mathring{U}(x_0, \delta)$ 时，$h(x) \leqslant f(x) \leqslant g(x)$ 且

$$\lim_{x \to x_0} h(x) = \lim_{x \to x_0} g(x) = A$$

则

$$\lim_{x \to x_0} f(x) = A$$

上述定理中，将极限过程换成左极限、右极限或无穷大时的极限，结论仍然成立.

### 2.3.2　极限的运算

由极限的定义，可以证明下面的极限运算法则.

**定理 2.7**（四则运算法则）若对自变量的同一变化过程，$\lim f(x) = A$，$\lim g(x) = B$，则有

(1) $\lim[f(x) \pm g(x)] = \lim f(x) \pm \lim g(x) = A \pm B$；

(2) $\lim[f(x) \cdot g(x)] = \lim f(x) \cdot \lim g(x) = AB$；

特别地，

$$\lim[cf(x)] = c\lim f(x) = cA\text{（常数可以提到极限符号外面）}$$

(3) $\lim\left[\dfrac{f(x)}{g(x)}\right] = \dfrac{\lim f(x)}{\lim g(x)} = \dfrac{A}{B}\ (B \neq 0)$.

有了极限的四则运算法则，只要我们知道了一些基本函数的极限结果，就可以计算更多函数的极限.

**注**：上述函数极限的四则运算法则对数列极限也成立.

由极限的定义容易证明：

$$\lim_{x \to x_0} c = c\ (c\ 为常数),\quad \lim_{x \to x_0} x = x_0,\quad \lim_{x \to \infty} \frac{1}{x} = 0$$

**例 2.4**　求下列函数的极限：

(1) $\lim\limits_{x \to 1}(x^2 - 2x + 3)$；

(2) $\lim\limits_{x \to 1} \dfrac{x+1}{x^2 - 2x + 3}$；

(3) $\lim\limits_{x \to 1} \dfrac{x^2 + 2x - 3}{x^2 + x - 2}$.

**解**　(1) $\lim\limits_{x \to 1}(x^2 - 2x + 3) = \lim\limits_{x \to 1} x^2 - 2\lim\limits_{x \to 1} x + \lim\limits_{x \to 1} 3$

$$= (\lim_{x \to 1} x)^2 - 2 \times 1 + 3 = 1^2 - 2 + 3 = 2$$

(2) 由(1) 分母的极限不为零，故由商的极限运算法则，有

$$\lim_{x \to 1} \frac{x+1}{x^2 - 2x + 3} = \frac{\lim\limits_{x \to 1}(x+1)}{\lim\limits_{x \to 1}(x^2 - 2x + 3)} = \frac{\lim\limits_{x \to 1} x + \lim\limits_{x \to 1} 1}{2} = \frac{1+1}{2} = 1$$

(3) 由于$\lim\limits_{x \to 1}(x^2 + x - 2) = 0$，所以不能直接用商的极限运算法则，但当 $x \neq 1$ 时，有

$$\frac{x^2 + 2x - 3}{x^2 + x - 2} = \frac{(x-1)(x+3)}{(x-1)(x+2)} = \frac{x+3}{x+2}$$

所以

$$\lim_{x \to 1} \frac{x^2 + 2x - 3}{x^2 + x - 2} = \lim_{x \to 1} \frac{x+3}{x+2} = \frac{4}{3}$$

作为定理 2.6 的应用，下面证明一个重要的极限

$$\lim_{x \to 0} \frac{\sin x}{x} = 1$$

因为当 $x \to 0$ 时函数的极限取决于函数在 $x = 0$ 的邻域的状态，所以只需考虑$\dfrac{\sin x}{x}$在 $0 < |x| < \dfrac{\pi}{2}$ 的状态就可以了.

在如图 2.5 所示的单位圆中，设圆心角 $\angle AOB = x\left(0 < x < \dfrac{\pi}{2}\right)$，点 $A$ 处的切线与 $OB$ 的延长线交于 $D$，又 $CB \perp OA$，则

$$\sin x = CB,\ x = \widehat{AB},\ \tan x = AD$$

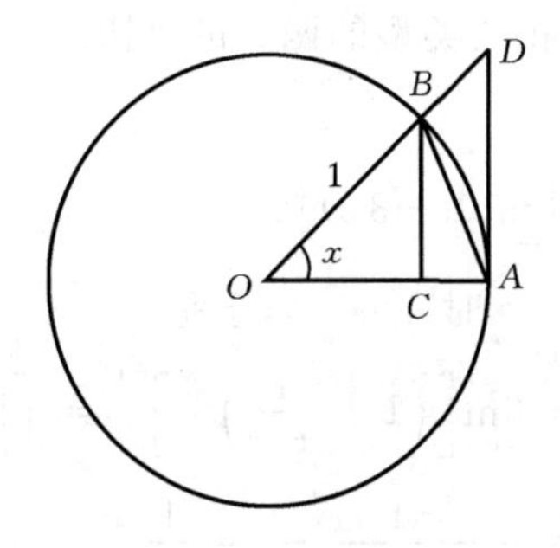


图 2.5　单位圆

因为

$$\triangle AOB \text{ 的面积} < \text{圆扇形 } AOB \text{ 的面积} < \triangle AOD \text{ 的面积}$$

所以

$$\frac{1}{2}\sin x < \frac{1}{2}x < \frac{1}{2}\tan x$$

化简得

$$\cos x < \frac{\sin x}{x} < 1$$

由于

$$\lim_{x\to 0}\cos x = 1$$

此式请读者自己用夹逼准则证明(见第 2 章复习题第 5 题).

故由夹逼准则知

$$\lim_{x\to 0^+}\frac{\sin x}{x} = 1$$

因为当用 $-x$ 代替 $x$ 时，$\frac{\sin x}{x}$ 和 $\cos x$ 都不变号，所以 $\lim\limits_{x\to 0^-}\frac{\sin x}{x} = 1$，从而

$$\lim_{x\to 0}\frac{\sin x}{x} = 1$$

**例 2.5**　计算以下极限：

(1) $\lim\limits_{x\to 0}\frac{\tan x}{x}$；　　(2) $\lim\limits_{x\to 0}\frac{1-\cos x}{x^2}$.

**解**　(1) $\lim\limits_{x\to 0}\frac{\tan x}{x} = \lim\limits_{x\to 0}\frac{\sin x}{x}\cdot\frac{1}{\cos x} = \lim\limits_{x\to 0}\frac{\sin x}{x}\cdot\lim\limits_{x\to 0}\frac{1}{\cos x} = 1$

(2) $\lim\limits_{x\to 0}\frac{1-\cos x}{x^2} = \lim\limits_{x\to 0}\frac{2\sin^2\frac{x}{2}}{x^2} = \frac{1}{2}\lim\limits_{x\to 0}\left(\frac{\sin\frac{x}{2}}{\frac{x}{2}}\right)^2 = \frac{1}{2}$

利用 $\lim\limits_{n\to\infty}\left(1+\frac{1}{n}\right)^n = \mathrm{e}$（此极限的证明要用到更多的知识，这里从略）以及夹逼准则可以证明另一个重要的函数极限

$$\lim_{x\to\infty}\left(1+\frac{1}{x}\right)^x = \mathrm{e}\quad \text{或} \lim_{x\to 0}(1+x)^{\frac{1}{x}} = \mathrm{e}$$

这一极限可以用来计算一些相关类型的函数的极限.

**例 2.6**　计算以下极限：

(1) $\lim\limits_{x\to\infty}\left(1-\frac{1}{x}\right)^x$；　　(2) $\lim\limits_{x\to 0}(1+3x)^{\frac{2}{x}}$.

**解**　(1) 令 $t=-x$，则 $x\to\infty$ 时，$t\to\infty$，于是

$$\lim_{x\to\infty}\left(1-\frac{1}{x}\right)^x = \lim_{x\to\infty}\left[\left(1+\frac{1}{-x}\right)^{-x}\right]^{-1} = \left[\lim_{t\to\infty}\left(1+\frac{1}{t}\right)^t\right]^{-1}$$

$$= \frac{1}{\lim\limits_{t\to\infty}\left(1+\frac{1}{t}\right)^t} = \frac{1}{\mathrm{e}}$$

(2) 令 $t=3x$，则 $x\to 0$ 时，$t\to 0$，于是

$$\lim_{x\to 0}(1+3x)^{\frac{2}{x}}=\lim_{x\to 0}(1+3x)^{\frac{1}{3x}\cdot 6}=[\lim_{t\to 0}(1+t)^{\frac{1}{t}}]^6=\mathrm{e}^6$$

一般地

$$\lim_{x\to 0}(1+ax)^{\frac{b}{x}}=\mathrm{e}^{ab}$$

### 2.3.3　无穷小与无穷大

**定义 2.9**　以零为极限的变量(连续变量或离散变量)称作**无穷小**.

**定义 2.10**　在自变量的某变化趋势下，$|f(x)|$ 无限增大，则称 $f(x)$ 是该变化趋势下的**无穷大**，记作 $\lim f(x)=\infty$.

显然，$x\to\infty$ 时，$x,x^2,x^3,\cdots$ 都是无穷大；$x\to 0$ 时，$x,x^2,x+x^2,\sin x,\tan x$ 都是无穷小.

**注**：无穷大、无穷小的概念是反映变量的变化趋势的，因此任何常量都不是无穷大，任何非零常量都不是无穷小.谈及无穷大、无穷小时，首先应给出自变量的变化趋势.

无穷大与无穷小之间有着非常密切的关系.

**定理 2.8**　在自变量的同一变化过程中，如果 $f(x)$ 为无穷大，则 $\frac{1}{f(x)}$ 为无穷小；反之，如果 $f(x)$ 为无穷小，且 $f(x)\neq 0$，则 $\frac{1}{f(x)}$ 为无穷大.

**例 2.7**　求下列极限：

(1) $\lim\limits_{x\to\infty}\frac{3x^2+2x}{4x^2+1}$；　(2) $\lim\limits_{x\to\infty}\frac{3x^2+1}{4x^3}$；　(3) $\lim\limits_{x\to\infty}\frac{4x^3}{3x^2+1}$.

**解**　这三个极限的共同点是，当 $x\to\infty$ 时，分子和分母都是无穷大，因此都不能直接利用商的极限运算法则，需做一些变化才行.

(1) 用 $x^2$ 去除分子及分母，然后求极限：

$$\lim_{x\to\infty}\frac{3x^2+2x}{4x^2+1}=\lim_{x\to\infty}\frac{3+\frac{2}{x}}{4+\frac{1}{x^2}}=\frac{3}{4}$$

这是因为

$$\lim_{x\to\infty}\frac{a}{x^n}=a\lim_{x\to\infty}\frac{1}{x^n}=a\left(\lim_{x\to\infty}\frac{1}{x}\right)^n=0$$

(2) 用 $x^3$ 去除分子及分母，然后求极限：

$$\lim_{x\to\infty}\frac{3x^2+1}{4x^3}=\lim_{x\to\infty}\frac{\frac{3}{x}+\frac{1}{x^3}}{4}=0$$

(3) 利用上面(2)的结果并根据定理 2.8，得

$$\lim_{x\to\infty}\frac{4x^3}{3x^2+1}=\infty$$

例 2.7 是下列一般情形的特例，即当 $a_n\neq 0,b_m\neq 0,n,m$ 为自然数时，有

$$\lim_{x\to\infty}\frac{a_0+a_1x+\cdots+a_nx^n}{b_0+b_1x+\cdots+b_mx^m}=\begin{cases}\frac{a_n}{b_m}, & n=m\\ 0, & n<m\\ \infty, & n>m\end{cases}$$

由定义可推出无穷小的以下性质.

**定理 2.9**　(1) 有限个无穷小之和或积仍是无穷小；

(2) 有界量与无穷小之积是无穷小.

当 $x\to 0$ 时,$x$ 与 $x^2$ 都趋于零,同是无穷小,显然 $x^2$ 要比 $x$"小"得快,而 $\sin x$ 与 $x$ 和零接近的程度几乎是相同的.鉴于此,有必要对无穷小进行比较,以便对它们进行处理,故有以下定义.

**定义 2.11**　设 $\alpha(x)$、$\beta(x)$ 均是同一个极限过程的无穷小.

(1) 若 $\lim\dfrac{\alpha(x)}{\beta(x)}=0$,则称 $\alpha(x)$ 是比 $\beta(x)$ 高阶的无穷小,记作 $\alpha(x)=o(\beta(x))$. 若 $\lim\dfrac{\alpha(x)}{\beta(x)}=\infty$,则称 $\alpha(x)$ 是比 $\beta(x)$ 低阶的无穷小.

(2) 若 $\lim\dfrac{\alpha(x)}{\beta(x)}=c(c\neq 0)$,则称 $\alpha(x)$ 与 $\beta(x)$ 是同阶无穷小.特别地,当 $c=1$ 时,称 $\alpha(x)$ 与 $\beta(x)$ 是**等价无穷小**,记作 $\alpha(x)\sim\beta(x)$.

例如,当 $x\to 0$ 时,有 $x^2=o(x)$;当 $x\to 0$ 时,由 $\lim\limits_{x\to 0}\dfrac{\sin x}{x}=1$ 及例 2.5 得

$$\tan x\sim\sin x\sim x,\quad 1-\cos x\sim\frac{1}{2}x^2$$

下面的定理,可用于简化分子和分母都是无穷小的商的极限的计算.

**定理 2.10**　设 $\alpha(x)\sim\alpha_1(x)$,$\beta(x)\sim\beta_1(x)$,且 $\lim\dfrac{\alpha_1(x)}{\beta_1(x)}=A$,则

$$\lim\frac{\alpha(x)}{\beta(x)}=\lim\frac{\alpha_1(x)}{\beta_1(x)}=A$$

**例 2.8**　求 $\lim\limits_{x\to 0}\dfrac{\tan 5x}{\sin 2x}$.

**解**　因为 $x\to 0$ 时,$\tan 5x\sim 5x$,$\sin 2x\sim 2x$,所以

$$\lim_{x\to 0}\frac{\tan 5x}{\sin 2x}=\lim_{x\to 0}\frac{5x}{2x}=\frac{5}{2}$$

**例 2.9**　求 $\lim\limits_{x\to 0}\dfrac{1-\cos x}{x\tan x}$.

**解**　因为 $x\to 0$ 时,$1-\cos x\sim\dfrac{1}{2}x^2$,$\tan x\sim x$,所以

$$\lim_{x\to 0}\frac{1-\cos x}{x\tan x}=\lim_{x\to 0}\frac{\frac{1}{2}x^2}{x^2}=\frac{1}{2}$$

**习题 2.3**

1. 计算下列函数的极限：

(1) $\lim\limits_{x\to 2}\dfrac{x-2}{x^2-4}$;　(2) $\lim\limits_{x\to\infty}\dfrac{(x^3+1)^2}{x^6}$;　(3) $\lim\limits_{x\to 2}\dfrac{x^2+1}{x+3}$;

(4) $\lim\limits_{x\to 1}\dfrac{x^2+3x-4}{x^2+x-2}$;　(5) $\lim\limits_{x\to\infty}\dfrac{6x^4-7x^3+2}{2x^4+6x^2-1}$;　(6) $\lim\limits_{n\to\infty}\dfrac{2n^2+1}{n^2+3}$;

(7) $\lim\limits_{n\to\infty}\dfrac{1+2+\cdots+n}{n^2}$;　(8) $\lim\limits_{x\to 6}\dfrac{(x-6)^2}{x^2-6^2}$;　(9) $\lim\limits_{n\to\infty}\dfrac{1+(-1)^n}{n}$;

(10) $\lim\limits_{n\to\infty}\left[\dfrac{1}{1\times 2}+\dfrac{1}{2\times 3}+\cdots+\dfrac{1}{n(n+1)}\right]$.

2. 设 $f(x)=\begin{cases}x, & x<0\\ \cos x, & x\geqslant 0\end{cases}$,问 $\lim\limits_{x\to 0}f(x)$ 是否存在,为什么?

3. 利用两个重要极限求下列函数的极限:

(1) $\lim\limits_{x\to 0}\dfrac{\sin\alpha x}{x}$;　(2) $\lim\limits_{x\to\infty}x\arcsin\dfrac{1}{x}$;

(3) $\lim\limits_{x\to 0}\dfrac{\tan 2x}{x}$;　(4) $\lim\limits_{x\to 0}\dfrac{\sin 3x}{\tan 2x}$;

(5) $\lim\limits_{x\to 0}\dfrac{1-\cos 2x}{x^2}$;　(6) $\lim\limits_{x\to\infty}\left(\dfrac{x+4}{x+1}\right)^{x+1}$;

(7) $\lim\limits_{x\to 0}(1+2x)^{\frac{1}{x}}$;　(8) $\lim\limits_{x\to\infty}\left(1+\dfrac{1}{2x}\right)^{4x}$;

(9) $\lim\limits_{x\to 0}(1+3\sin x)^{\csc x}$;　(10) $\lim\limits_{x\to 0}(1+\tan x)^{2\cot x}$.

4. 利用等价无穷小代换求下列极限:

(1) $\lim\limits_{x\to 0}\dfrac{1-\cos 2x}{x^2}$;　(2) $\lim\limits_{x\to 0}\dfrac{\sin(\sin x^2)}{x\tan 2x}$.

## 2.4　函数的连续性

自然界的各种变量在变化过程中呈现两种不同的特点:一种是变量在其整个变化过程中,量的变化是连续的,例如树木的生长、河水的流动、气温的变化,等等;另一种则是在变化过程中的某个时刻发生了突变,量的变化是间断的,例如沉睡多年的火山突然爆发,在江水的长期侵蚀下堤岸顷刻崩塌,等等.前一种变化在函数关系上的反映,就是函数的连续性;而后一种变化在函数关系上的反映,就是函数有间断点.

### 2.4.1　连续的定义

直观上看,如图 2.6 所示的曲线在点 $a$ 是连续的,在点 $b$ 是间断的.但这是借助于几何图形所得,若得不到函数 $y=f(x)$ 的图形,该如何去判断函数的连续和间断呢?

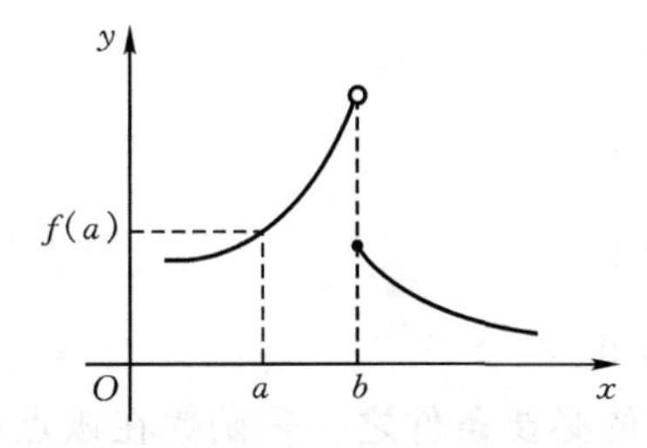


图 2.6　函数的连续点与间断点

从图 2.6 知,函数 $f(x)$ 在点 $a$ 处有这样一种**稳定性**:当 $x$ 很接近 $a$ 时,$f(x)$ 也很接近于 $f(a)$;但在点 $b$ 则不然,当 $x$ 在 $b$ 的左边与 $b$ 哪怕只有一点点差异,也会导致 $f(x)$ 与 $f(b)$ 有较大差异;与之相比,在点 $b$ 的右侧 $f(x)$ 则是稳定的,$x>b$ 的一点小的差异不会带来 $f(x)$ 与 $f(b)$ 很大的不同.

如果记 $x$ 与 $a$ 的差为 $\Delta x = x - a$(称为自变量的增量),相应的函数值 $f(x)$ 与 $f(a)$ 的差记作 $\Delta y = f(x) - f(a)$(称为函数的增量),则连续意味着,当 $\Delta x$ 趋于零时,$\Delta y$ 也趋于零;而间断意味着,$\Delta y$ 不会因 $\Delta x$ 变小而随之变小.用极限的语言来描述就是

$$f(x)\text{ 在点 } a \text{ 连续} \Leftrightarrow \lim_{\Delta x \to 0} \Delta y = 0 \Leftrightarrow \lim_{x \to a} f(x) = f(a)$$

类似地,在点 $b$ 处函数的特点表现为以下极限关系:

$$\lim_{x \to b^+} f(x) = f(b), \qquad \lim_{x \to b^-} f(x) \neq f(b)$$

这样看来,连续的描述可以借助极限语言严格地表示如下:

**定义 2.12**(在一点连续) 设 $f(x)$ 在 $x_0$ 的某邻域有定义,若 $\lim\limits_{x \to x_0} f(x) = f(x_0)$,则称函数 $f(x)$ 在点 $x_0$ 处**连续**,点 $x_0$ 称为 $f(x)$ 的连续点.

由定义 2.12 可知,函数 $f(x)$ 在 $x = x_0$ 处连续需满足以下三条:

(1) 在 $x = x_0$ 处有定义;

(2) $\lim\limits_{x \to x_0} f(x)$ 存在;

(3) $\lim\limits_{x \to x_0} f(x) = f(x_0)$.

上述三条有一条不满足,则称函数 $f(x)$ 在 $x = x_0$ 处不连续或间断,点 $x_0$ 称为 $f(x)$ 的不连续点或间断点.

**定义 2.13**(右连续) 设 $f(x)$ 在区间 $[x_0, b)$ 上有定义.若 $\lim\limits_{x \to x_0^+} f(x) = f(x_0)$,则称函数 $f(x)$ 在点 $x_0$ 处**右连续**.

根据 $\lim\limits_{x \to x_0^-} f(x) = f(x_0)$,可类似地定义 $f(x)$ 在点 $x_0$ **左连续**.

根据极限的定义,若 $f(x)$ 在点 $x_0$ 处连续,则意味着 $f(x)$ 在点 $x_0$ 处既是左连续,又是右连续,反之亦然.即

$$f(x)\text{ 在点 } x_0 \text{ 连续} \Leftrightarrow \lim_{x \to x_0^+} f(x) = \lim_{x \to x_0^-} f(x) = f(x_0)$$

**例 2.10**　考察以下函数在点 $x = 0$ 处的连续性:

(1) $f(x) = \dfrac{x}{\tan x}, x \neq 0$;

(2) $f(x) = \begin{cases} \dfrac{x}{\tan x}, & x \neq 0 \\ 0, & x = 0 \end{cases}$;

(3) $f(x) = \begin{cases} \dfrac{x}{\tan x}, & x \neq 0 \\ 1, & x = 0 \end{cases}$.

**解**　(1) 函数在一点连续的必要条件之一是函数在该点有定义,因 $f(x)$ 在 $x = 0$ 无定义,所以 $f(x)$ 在 $x = 0$ 不连续,即 $x = 0$ 是 $f(x)$ 的间断点.

(2) 函数 $f(x)$ 虽然在 $x = 0$ 有定义,但是 $f(0) = 0$ 与 $f(x)$ 在该点的极限 $\lim\limits_{x \to 0} \dfrac{x}{\tan x} = 1$ 不相同,故 $f(x)$ 在 $x = 0$ 不连续,即 $x = 0$ 是 $f(x)$ 的间断点.

(3) 函数 $f(x)$ 在点 $x = 0$ 满足定义 2.12,

$$\lim_{x\to 0}f(x)=\lim_{x\to 0}\frac{x}{\tan x}=1=f(0)$$

故它在 $x=0$ 连续.

通常在谈到函数的间断时是指函数在某些点的间断,而在谈到函数的连续时,往往会考虑函数在某个区间每一点的连续情况.为此给出函数 $f(x)$ 在一个区间上连续的定义.

**定义 2.14**(在区间上连续) 若 $f(x)$ 在开区间 $(a,b)$ 中的每一点都连续,则说 $f(x)$ **在开区间 $(a,b)$ 内连续**.若 $f(x)$ 还在端点 $a$ 右连续,在端点 $b$ 左连续,则说 $f(x)$ **在闭区间 $[a,b]$ 上连续**.

例如,函数 $f(x)=\arctan x$ 在定义区间 $(-\infty,+\infty)$ 内每一点 $a$ 都有

$$\lim_{x\to a}f(x)=\lim_{x\to a}\arctan x=\arctan a=f(a)$$

故 $f(x)=\arctan x$ 在它的定义域内处处连续.

按照定义可以证明基本初等函数在它们的定义域内都是连续的.

由函数在一点连续的定义及极限的运算法则,可以得到下面的结论.

**定理 2.11**　设 $f(x)$ 与 $g(x)$ 在点 $x_0$ 连续,则 $f(x)\pm g(x)$, $f(x)\cdot g(x)$, $\dfrac{f(x)}{g(x)}(g(x_0)\neq 0)$ 均在 $x_0$ 连续.

**定理 2.12**(复合函数的连续性) 如果函数 $u=\varphi(x)$ 在点 $x_0$ 处连续,而函数 $y=f(u)$ 在点 $u_0=\varphi(x_0)$ 处连续,则复合函数 $y=f[\varphi(x)]$ 在点 $x=x_0$ 处连续.即

$$\lim_{x\to x_0}f[\varphi(x)]=f[\lim_{x\to x_0}\varphi(x)]=f[\varphi(x_0)]$$

上式告诉我们,在已知复合函数连续时,极限符号可穿透函数符号,进入复合函数的核心中求极限.如

$$\lim_{x\to 2}\ln(x^2+x+1)=\ln[\lim_{x\to 2}(x^2+x+1)]=\ln 7$$

由定理 2.12 及初等函数的定义可得:

**定理 2.13**(初等函数的连续性) 初等函数在其定义区间内都是连续的.

依据定理 2.13,初等函数的定义区间就是其连续区间,初等函数的这一性质可以用来求函数的极限.如果 $x_0$ 是初等函数 $f(x)$ 的定义区间内的点,则

$$\lim_{x\to x_0}f(x)=f(x_0)$$

例如,$x_0=0$ 是初等函数 $f(x)=\sqrt{1-x^2}$ 的定义区间 $[-1,1]$ 上的点,所以

$$\lim_{x\to 0}\sqrt{1-x^2}=\sqrt{1}=1$$

**例 2.11**　证明以下极限公式:

(1) $\displaystyle\lim_{x\to 0}\frac{\ln(1+x)}{x}=1$;

(2) $\displaystyle\lim_{x\to 0}\frac{a^x-1}{x}=\ln a\ (a>0,a\neq 1)$.

**证**　(1) 函数 $\ln x$ 的连续区间是 $(0,+\infty)$,并且 $\mathrm{e}=\lim\limits_{x\to 0}(1+x)^{\frac{1}{x}}>0$,于是

$$\lim_{x\to 0}\frac{\ln(1+x)}{x}=\lim_{x\to 0}\ln(1+x)^{\frac{1}{x}}=\ln\lim_{x\to 0}(1+x)^{\frac{1}{x}}=\ln \mathrm{e}=1$$

(2) 记 $y=a^x-1$,则 $x\to 0$ 时,$y\to 0$,且 $x=\ln(1+y)/\ln a$,于是由(1)得

$$\lim_{x\to 0}\frac{a^x-1}{x}=\lim_{y\to 0}\frac{y}{\dfrac{\ln(1+y)}{\ln a}}=\ln a$$

特别地，当 $a=\mathrm{e}$ 时，有 $\lim\limits_{x\to 0}\dfrac{\mathrm{e}^x-1}{x}=1$.

### 2.4.2　闭区间上连续函数的性质

**定义 2.15**（最大值与最小值）设函数 $f(x)$ 在区间 $I$ 上有定义，若对每个 $x\in I$，都有 $f(x)\leqslant f(x_0)$（或 $f(x)\geqslant f(x_0)$），则称 $f(x_0)$（$x_0\in I$）是函数 $f(x)$ 的一个最大（或最小）值. 相应地，称 $x_0$ 为函数 $f(x)$ 的**最大**（或**最小**）值点.

连续函数的几个重要性质的证明涉及实数理论的构造，在此只着重介绍其含义与应用.

**定理 2.14**（最值定理）设函数 $f(x)$ 在闭区间 $[a,b]$ 上连续，则 $f(x)$ 在 $[a,b]$ 上一定有最小值 $m$ 及最大值 $M$.

**注**：开区间内的连续函数，或闭区间上不连续的函数，就未必能在该区间上取得最大、最小值. 例如，函数 $f(x)=x$ 在开区间 $(0,1)$ 内连续，但在 $(0,1)$ 内函数不能取得其最大、最小值；又如函数 $g(x)=\dfrac{1}{x}$ 在闭区间 $[-1,1]$ 上不连续，它在 $x=0$ 点间断，这个函数在 $[-1,1]$ 上既不能取得最大值，也不能取得最小值.

研究最大值与最小值的问题称为最值问题或优化问题. 优化问题的用途十分广泛. 无论是日常生活中的学习计划、购物决策、日程安排，还是一个工厂的生产计划，一个国家的货币政策，无论是动物界的物竞天择，还是植物界的进化演变，都有意无意地受到优化原则的影响或控制.

定理 2.14 只是告诉我们，闭区间上的连续函数一定有最大值与最小值，但却未告诉我们如何去寻找它们，这一点将在微分学一章中系统介绍.

**定理 2.15**（介值定理）设函数 $f(x)$ 在闭区间 $[a,b]$ 上连续，若实数 $c$ 介于 $f(a)$ 及 $f(b)$ 之间，则必存在 $x_0\in(a,b)$ 使 $f(x_0)=c$.

定理 2.15 的几何意义：连续曲线 $y=f(x)$ 与直线 $y=c$ 至少有一个交点（见图 2.7）.

**定理 2.16**（零点定理）设函数 $f(x)$ 在 $[a,b]$ 上连续，且 $f(a)$ 与 $f(b)$ 异号，则至少存在一点 $x_0\in(a,b)$ 使 $f(x_0)=0$.

定理 2.16 的几何意义是十分明显的（见图2.8）：若连续曲线段的两个端点分别在 $x$ 轴的两侧，则该曲线与 $x$ 轴至少有一个交点. 也就是说，两端点函数值异号的连续函数 $f(x)$ 在 $(a,b)$ 内至少有一个零点 $x_0$，或者说方程 $f(x)=0$ 在 $(a,b)$ 内至少有一个根 $x=x_0$.

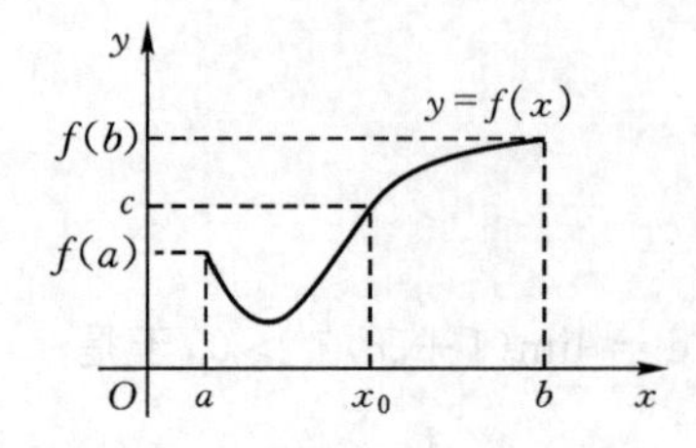

图 2.7　介值定理的几何表示

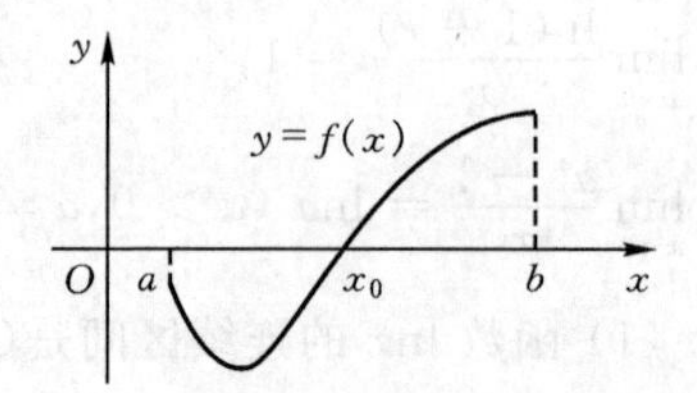

图 2.8　零点定理的几何表示

**例 2.12(根的存在问题)** 证明方程 $x^3-2x=1$ 在(1,2)内至少有一实根.

**证**　设 $f(x)=x^3-2x-1$,则易知 $f(x)$ 是[1,2]上的连续函数.又 $f(1)=-2$,$f(2)=3$,故由定理2.15知,在开区间(1,2)内函数 $f(x)$ 至少有一个零点,从而原方程在(1,2)内至少有一实根.

**习题 2.4**

1. 讨论下列函数的连续性:

(1) $f(x)=\begin{cases}2x+1, & x\geqslant 0\\ x+1, & x<0\end{cases}$;

(2) $f(x)=\begin{cases}x^2-1, & x<0\\ 3+x, & x\geqslant 0\end{cases}$.

2. 当 $k$ 取何值时,函数

$$f(x)=\begin{cases}k, & x=0\\ x\sin\dfrac{1}{x}+1, & x\neq 0\end{cases}$$

在其定义域内连续,为什么?

3. 证明方程 $x^3-3x^2+1=0$ 在区间(0,1)内至少有一个实根.

4. 利用函数的连续性求下列函数的极限:

(1) $\lim\limits_{x\to 0}\cos\dfrac{1-x}{1+x}$;

(2) $\lim\limits_{x\to 0}\ln\dfrac{\sin x}{x}$;

(3) $\lim\limits_{x\to 1}\arcsin(2x-1)$;

(4) $\lim\limits_{x\to x_0}(ax+b)$.

## 2.5　应用实例

生产和科学技术的发展,往往向数学提出新的课题,而数学如果突破了这个课题,形成了新的理论和方法,就会在更广泛的领域里,为更多的生产和科学技术项目服务,并且在反复的实践中,使这些理论不断地得到检验、丰富和发展.

这一节,我们将介绍函数与极限在实际生活中的几个应用.

**1. 外币兑换问题**

按某个时期的汇率,若将美元兑换成加拿大元,币面值增加35.83%.有一美国人准备到加拿大度假,他将一定数额的美元兑换成了加拿大元,但后来因故未能成行,于是他又将加拿大元兑换成了美元,这时加拿大元兑换成美元,币面值减少了25.83%,经过这样一来一回的兑换,他是亏损了还是赚了呢?

下面我们把两种不同的兑换用函数关系表示出来进行分析.

设 $x$ 美元可兑换成的加元数为 $y=f(x)$,$y$ 加元可兑换成的美元数为 $x=\varphi(y)$,则

$$y=f(x)=x+0.3583x=1.3583x \tag{2.1}$$

$$x=\varphi(y)=y-0.2583y=0.7417y \tag{2.2}$$

于是，先把 $x$ 美元兑换成加元，可得的加元数为 $f(x)$，再把这些加元兑换成美元，所得的美元数应为 $z=\varphi[f(x)]$，即

$$z=\varphi[f(x)]=0.7417f(x)=0.7417\times 1.3583x\approx 1.0075x>x$$

显然，他赚了 0.75%. 之所以出现这样的结果，是因为不同时期美元和加元的汇率发生了变化，即两种兑换所对应的函数(2.1) 和(2.2) 并非互为反函数.

**2. 连续复利问题**

设某公司有一笔贷款 $A_0$(称为本金) 元，年利率为 $x(x>0)$，则，

一年后的本利和 $A_1=A_0+A_0x=A_0(1+x)$

二年后的本利和 $A_2=A_1(1+x)=A_0(1+x)^2$

三年后的本利和 $A_3=A_2(1+x)=A_0(1+x)^3$

…

$n$ 年后的本利和 $A_n=A_0(1+x)^n$

这样，我们得到本金为 $a$，利率为 $x$ 的一笔贷款，$n$ 年后的连续复利的本利和 $f(x)$ 与利率之间的关系为

$$f(x)=a(1+x)^n(x>0)$$

**3. 产品利润中的极限问题**

**成本函数**：总成本 $C$ 是指生产一定数量的产品消耗生产要素所支付费用的总和，它包括两部分：一是固定成本 $C_0$，即在一定限度内不随产量变动而变化的费用，如厂房、人员工资、保险费、广告费等；二是可变成本 $C_1$，即随产量变动而变化的费用，如材料费、燃料费、提成奖金等. 如以 $x$ 表示产量，则有

$$C(x)=C_0+C_1(x)$$

显然，$C(0)=C_0$，而 $C_A(x)=\dfrac{C(x)}{x}$ 则是平均单位成本.

**例 2.13** 已知生产 $x$ 对汽车挡泥板的成本是 $C(x)=10+\sqrt{1+x^2}$(美元)，每对挡泥板的售价为 5 美元. 于是销售 $x$ 对挡泥板的收入为 $R(x)=5x$.

(1) 出售 $x+1$ 对挡泥板比出售 $x$ 对挡泥板所产生的利润增长额为

$$I(x)=[R(x+1)-C(x+1)]-[R(x)-C(x)]$$

当生产稳定、产量很大时，这个增长额为 $\lim\limits_{x\to+\infty}I(x)$，试求这个极限值；

(2) 生产 $x$ 对挡泥板时，每对的平均成本为 $\dfrac{C(x)}{x}$，同样当产品产量很大时，每对挡泥板的成本为 $\lim\limits_{x\to+\infty}\dfrac{C(x)}{x}$，试求这个极限值.

**解** (1) $I(x)=[5(x+1)-(10+\sqrt{1+(1+x)^2})]-[5x-(10+\sqrt{1+x^2})]$

$=5+\sqrt{1+x^2}-\sqrt{1+(1+x)^2}$

由于

$$\lim_{x\to+\infty}(\sqrt{1+x^2}-\sqrt{1+(1+x)^2})=\lim_{x\to+\infty}\frac{1+x^2-[1+(1+x)^2]}{\sqrt{1+x^2}+\sqrt{1+(1+x)^2}}$$

$$= \lim_{x\to+\infty} \frac{-2x-1}{\sqrt{1+x^2}+\sqrt{1+(1+x)^2}} = -1$$

所以

$$\lim_{x\to+\infty} I(x) = 5-1 = 4 \text{ 美元}$$

(2) $\lim_{x\to+\infty} \frac{C(x)}{x} = \lim_{x\to+\infty} \frac{10+\sqrt{1+x^2}}{x} = \lim_{x\to+\infty}\left(\frac{10}{x}+\sqrt{\frac{1}{x^2}+1}\right) = 1$ 美元

**4. 一刀剪问题**

任意画一个面积为 $S$ 的有限图形(见图2.9)，总有办法一刀将其剪成面积相同的两块.

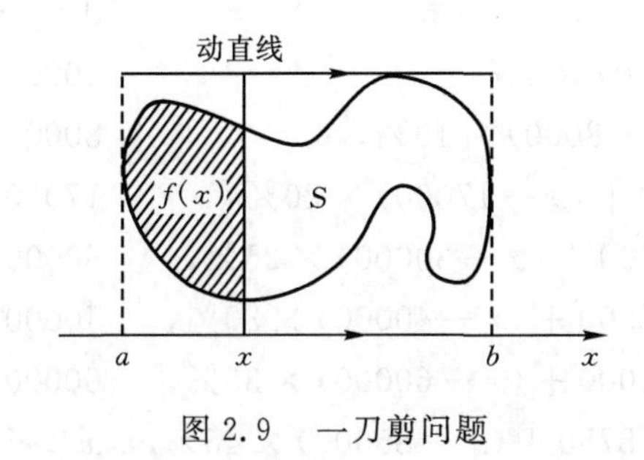


图 2.9　一刀剪问题

事实上，作一个矩形外切此图形，记图形中的阴影部分的面积为 $f(x)$，则 $f(a)=0$，$f(b)=S$. 显然 $f(x)$ 是$[a,b]$上的连续函数，从而对于$\frac{1}{2}S$，由介值定理，必有一个点 $x_0$ 使 $f(x_0)=\frac{S}{2}$，即沿 $x=x_0$ 处垂线剪开时，两块图形面积相等.

**5. 纳税问题**

依法纳税是每一位公民的义务. 2018 年 8 月 31 日，十三届全国人大常委会第五次会议通过的《关于修改〈中华人民共和国个人所得税法〉的决定》(第七次修正)规定，居民个人工资、薪金所得、劳务报酬所得、稿酬所得等综合所得，以每一纳税年度收入额减除费用六万元以及专项扣除、专项附加扣除和依法确定的其他扣除后的余额为应纳税所得额，适用超额累进税率，税率为 3% 至 45%，修改后的个税法于 2019 年 1 月 1 日起施行. 按此规定，我们得到按月计算的个人所得税税率表，如表 2.1 所示.

**表 2.1　个人所得税税率表(居民个人工资、薪金所得适用)**

| 级数 | 月应纳税所得额(月收入额－5000)/元 | 税率/% | 速算扣除数/元 |
|---|---|---|---|
| 1 | 不超过 3000 元的 | 3 | 0 |
| 2 | 超过 3000 元至 12000 元的部分 | 10 | 210 |
| 3 | 超过 12000 元至 25000 元的部分 | 20 | 1410 |
| 4 | 超过 25000 元至 35000 元的部分 | 25 | 2660 |
| 5 | 超过 35000 元至 55000 元的部分 | 30 | 4410 |
| 6 | 超过 55000 元至 80000 元的部分 | 35 | 7160 |
| 7 | 超过 80000 元的部分 | 45 | 15160 |

**例 2.14** 若某人的月工资、薪金所得(扣除基本养老保险、医疗保险、工伤保险、失业保险,以及按省级政府规定标准缴纳的住房公积金)为 $x$ 元,请给出他应缴纳的税款 $y$ 与其所得 $x$ 之间的函数关系.

**解** 按税法规定,当月收入不足5000元时无需缴纳个人所得税,即,当 $x \leqslant 5000$(元)时,$y=0$;当 $5000 < x \leqslant 8000$(元)时,纳税部分为 $x-5000$,税率为 $3\%$,应纳税 $y=(x-5000)\times 3\%$(元);当 $8000 < x \leqslant 17000$(元)时,其中5000元不纳税,即 $x-5000$(元)后其中的3000元应纳税 $3000\times 3\% = 90$ 元,多余部分 $x-8000$ 按 $10\%$ 纳税,即应纳税 $y=90+(x-8000)\times 10\%$(元);如此,可得所求函数关系为

$$y=\begin{cases}0, & 0 \leqslant x \leqslant 5000 \\ (x-5000)\times 3\%, & 5000 < x \leqslant 8000 \\ 90+(x-8000)\times 10\%, & 8000 < x \leqslant 17000 \\ 90+900+(x-17000)\times 20\%, & 17000 < x \leqslant 30000 \\ 990+2600+(x-30000)\times 25\%, & 30000 < x \leqslant 40000 \\ 3590+2500+(x-40000)\times 30\%, & 40000 < x \leqslant 60000 \\ 6090+6000+(x-60000)\times 35\%, & 60000 < x \leqslant 85000 \\ 12090+8750+(x-85000)\times 45\%, & x > 85000\end{cases}$$

也可以利用公式:个人所得税税额 = 全月应纳税所得额 × 税率 − 速算扣除数,即

$$y=\begin{cases}0, & 0 \leqslant x \leqslant 5000 \\ (x-5000)\times 3\%, & 5000 < x \leqslant 8000 \\ (x-5000)\times 10\%-210, & 8000 < x \leqslant 17000 \\ (x-5000)\times 20\%-1410, & 17000 < x \leqslant 30000 \\ (x-5000)\times 25\%-2660, & 30000 < x \leqslant 40000 \\ (x-5000)\times 30\%-4410, & 40000 < x \leqslant 60000 \\ (x-5000)\times 35\%-7160, & 60000 < x \leqslant 85000 \\ (x-5000)\times 45\%-15160, & x > 85000\end{cases}$$

**6. 个人贷款买房问题**

自从中国启动住房市场化改革,逐步建立健全商品房制度,并随之推出个人住房贷款服务以来,个人住房贷款就成为大家关注的焦点.表2.2是中国建设银行某分行按2023年6月20日中国人民银行公布的商业贷款利率发布的个人住房贷款(以贷款100万元计算)的还款情况.

**表 2.2 以个人贷款 100 万元计算的还款情况表**

| 贷款年限 | 等额本息 | | | 等额本金 | | |
|---|---|---|---|---|---|---|
| | 年利率/% | 每月还款/元 | 本息合计/元 | 年利率/% | 首月还款/元 | 本息合计/元 |
| 1 | 3.55 | 84944.44 | 1019333.30 | 3.55 | 86291.67 | 1019229.17 |
| 5 | 4.20 | 18506.61 | 1110414.88 | 4.20 | 20166.67 | 1106750.00 |
| 10 | 4.20 | 10219.84 | 1226380.80 | 4.20 | 11833.33 | 1211750.00 |
| 15 | 4.20 | 7497.50 | 1349550.62 | 4.20 | 9055.56 | 1316750.00 |
| 20 | 4.20 | 6165.71 | 1479769.77 | 4.20 | 7666.67 | 1421750.00 |

**续表**

| 贷款年限 | 等额本息 | | | 等额本金 | | |
|---|---|---|---|---|---|---|
| | 年利率 /% | 每月还款 / 元 | 本息合计 / 元 | 年利率 /% | 首月还款 / 元 | 本息合计 / 元 |
| 25 | 4.20 | 5389.42 | 1616826.95 | 4.20 | 6833.33 | 1526750.00 |
| 30 | 4.20 | 4890.17 | 1760461.83 | 4.20 | 6277.78 | 1631750.00 |

注：此表中只列出 1 ～ 30 年每 5 年的数据.

现在来分析一下这套数据是如何计算出来的. 目前个人住房贷款还款方式主要有两种：等额本息和等额本金. 等额本息是指每个还款周期(通常是每月) 偿还的本息金额相同，但是每个月偿还的利息和本金所占比例不同. 等额本金是指每个还款周期偿还的本金金额相同，但每个月偿还的利息金额不同.

以等额本息贷款 10 年期为例，到期全部还清本息. 月还款额 10219.84 元，共 120 个月，应还 $10219.84 \times 120 = 1226380.8$ 元. 换言之，除还本金 1000000 元之外，付了 226380.8 元的利息，每月付息 $226380.8 \div 120 = 1886.51$ 元，这和月利率 $4.2\% \div 12 = 0.35\%$ 有何关系呢？显然 $1000000 \times 0.35\% = 3500$ 比 1886.51 大，其原因不难理解，因为你每月还款部分包括了一部分本金，这样本金是逐月减少的. 因此我们必须考查每月欠款的余额.

现设贷款 $k$ 个月后(即经过 $k$ 期还贷后) 欠款余额是 $y_k$ 元，月还款额为 $m$ 元，则可得数学模型：

$$y_k = y_{k-1}(1+r) - m, \qquad k = 1,2,\cdots \tag{2.3}$$

其中，初期贷款总额 $y_0 = 1000000$，$r$ 为月利率，是年利率的 1/12. 现在要问：月还款额 $m$ 是如何确定的？

对式(2.3) 用递推的方法可得

$$y_k = y_0(1+r)^k - \frac{m}{r}[(1+r)^k - 1], \qquad k = 1,2,\cdots \tag{2.4}$$

把 $y_0 = 1000000, m = 10219.84, r = 0.35\%$ 代入方程(2.4)，验证一下，看看是否 $y_{120} = 0$?如果想根据国家规定的利率来确定月还款额 $m$，只需在式(2.4) 中令 $y_k = 0$，解得

$$m = \frac{y_0(1+r)^k \cdot r}{(1+r)^k - 1}, \qquad k = 1,2,\cdots \tag{2.5}$$

如 $k = 120, y_{120} = 0, r = 0.35\%$ 代入式(2.5)，即可解出 $m = 10219.84$ 元.

下面讨论等额本金还款的计算公式.

等额本金每个月所还的本金相同，假设为 $y$，即 $y = \frac{y_0}{n}$(其中 $y_0$ 为贷款总额，$n$ 为贷款时间，以月为单位)，所以剩余本金为 $y_0 - \frac{y_0}{n}k$，本月还款利息为 $k-1$ 期剩余本金乘以月利率 $r$，即 $\left[y_0 - \frac{y_0}{n}(k-1)\right]r$，所以月供 $y_k = \left[y_0 - \frac{y_0}{n}(k-1)\right]r + y$，进而得到本息合计为 $\sum_{k=1}^{n} y_k = \frac{n+1}{2} y_0 \cdot r + y_0$.

如 $n = 120, r = 0.35\%, y_0 = 1000000$，取 $k = 1$ 可得首月还款金额 11833.33 元.

请根据上文计算公式计算表 2.2 中其他贷款年限的月还款额，看看是否和表中数据一致？

**7. 养老保险问题**

养老保险是保证劳动者在年老丧失劳动能力时，给予基本生活保障的制度. 养老保险是社会保障体系的重要组成部分，是社会保险五大险种中最重要险种之一. 除了国家立法强制实行的基本养老保险之外，很多保险公司会提供多种方式的养老金计划供投保人选择，在计划中详细列出保险费和养老金的数额，这实质上是在确定的时间内支付一定收益的一种投资. 例如某保险公司的一份材料指出：在每月交费 200 元至 60 岁开始领取养老金的约定下，男子若 25 岁起投保，届时月领取养老金 2282 元；若 35 岁起投保，月领取养老金 1056 元；若 45 岁起投保，月领取养老金 420 元. 那么，这些数据是怎么计算出来的呢？

下面我们来考察从投保人开始缴纳保险费以后，整个过程中投保人账户上资金的变化情况.

设投保人在投保后第 $k$ 个月所交保险费及利息累计总额为 $F_k$，那么很容易得到数学模型

$$F_k = F_{k-1}(1+r)+p,\quad k=1,2,\cdots,N \tag{2.6}$$

$$F_k = F_{k-1}(1+r)-q,\quad k=N+1,N+2,\cdots,M \tag{2.7}$$

其中，$p$ 是 60 岁前所交的月保险费(单位:元)；$q$ 是 60 岁起每月领的养老金数(单位:元)；$r$ 是所交保险费获得的月利率；$N$ 表示保险费交至第 $N$ 月；$M$ 表示养老金领至第 $M$ 月. 显然 $M$ 依赖于投保人的寿命.

对式(2.6)、(2.7) 用递推的方法不难得到

$$F_k = F_0(1+r)^k+\frac{p}{r}[(1+r)^k-1],\quad k=1,2,\cdots,N \tag{2.8}$$

$$F_k = F_N(1+r)^{k-N}-\frac{q}{r}[(1+r)^{k-N}-1],\quad k=N+1,N+2,\cdots,M \tag{2.9}$$

初始值 $F_0=0$. $F_k$ 实际上就表示了从投保人开始缴纳保险费以后投保人账户上的资金数额，它反映了整个过程中投保人养老金账户上资金的变化情况.

## 第 2 章复习题

1. 单项选择题.

(1) 函数 $f(x)$ 在 $x=x_0$ 处有定义是当 $x\to x_0$ 时，$f(x)$ 有极限的(　).

A. 必要条件　　B. 充分条件　　C. 充要条件　　D. 无关条件

(2) 设 $f(x)=\sin\frac{1}{x}$，当 $x\to 0$ 时，$f(x)$ 是(　).

A. 有界变量　　B. 无界变量　　C. 无穷大　　D. 无穷小

(3) 当 $x\to 0$ 时，$1-\cos x$ 是 $x$ 的(　).

A. 同阶无穷小　　B. 等价无穷小　　C. 高阶无穷小　　D. 低阶无穷小

(4) $\lim\limits_{x\to 0}\frac{\sin^2 mx}{x^2}$($m$ 为常数) 等于(　).

A. 0　　B. 1　　C. $m^2$　　D. $\frac{1}{m^2}$

(5) 已知 $\lim\limits_{n\to+\infty}\frac{3n^3-4n-5}{an^3+5n^2-6}=2$，则 $a=$(　).

A. $\frac{2}{3}$　　B. $\frac{3}{2}$　　C. 1　　D. 3

(6) 函数 $f(x)$ 在点 $x_0$ 连续，则下列结论不正确的是(  ).

A. $f(x)$ 在点 $x_0$ 有定义　　B. $\lim\limits_{x\to x_0^+}f(x)=\lim\limits_{x\to x_0^-}f(x)$

C. $\lim\limits_{x\to x_0}f(x)=f(x_0)$　　D. 以上结论都不对

2. 填空题.

(1) 如果 $f(x)=A+\alpha(x)$，其中 $A$ 为常数，$\lim\limits_{x\to x_0}\alpha(x)=0$，则 $\lim\limits_{x\to x_0}f(x)=$ ________.

(2) $\lim\limits_{x\to 0}x\sin\dfrac{1}{x}=$ ________.

(3) $\lim\limits_{n\to\infty}\left(1-\dfrac{1}{2n}\right)^n=$ ________.

(4) 要使函数 $f(x)=\begin{cases}x+3, & x\leqslant 1\\ 2x-a, & x>1\end{cases}$ 在 $x=1$ 处连续，则 $a=$ ________.

(5) 设 $f(x)=\dfrac{x^2-3x+2}{x-2}$，由于 $x=2$ 时，函数 $f(x)$ 没有定义，所以 $f(x)$ 在 $x=2$ 处不连续，要使 $f(x)$ 在 $x=2$ 处连续，应补充定义 $f(2)=$ ________.

(6) $\lim\limits_{x\to\infty}\left(1-\dfrac{2}{x}\right)^{3x}=$ ________.

3. 计算题.

(1) 求 $\lim\limits_{x\to\infty}\dfrac{(3x+1)(2x-3)}{(5x+1)^2}$.

(2) 求 $\lim\limits_{x\to 0}\dfrac{x^2\cos\dfrac{1}{x}}{\tan x}$.

(3) 求 $\lim\limits_{x\to+\infty}(\sqrt{x+1}-\sqrt{x})$.

(4) 求 $\lim\limits_{x\to 0}(1+2x)^{-\frac{1}{x}}$.

(5) 求 $\lim\limits_{x\to+\infty}[x\ln(1+x)-x\ln x]$.

4. 设函数

$$f(x)=\begin{cases}k, & x=0\\ \dfrac{\sin 2x}{x}, & x\neq 0\end{cases}$$

问 $k$ 取何值时，$f(x)$ 为连续函数？

5. 用夹逼准则证明 $\lim\limits_{x\to 0}\cos x=1$.

## 引导思考

### 不积小流，无以成江海

**1. 导引**

无穷多个无穷小的和是否仍为无穷小？“不积跬步，无以至千里；不积小流，无以成江海”

体现了什么数学思想?

**2. 资料**

微积分是以极限理论为基础,而无穷小是极限的灵魂与内核.19世纪20年代,利用极限的概念,人们定义了无穷小——以零为极限的变量,从而完美地解决了历史上的“第二次数学危机”,建立了微积分这门学科.微积分的建立,解决了大量的物理问题、天文问题、数学问题,大大推进了工业革命的发展.

按照极限的运算法则,很容易理解“有限个无穷小之和仍为无穷小”,但如果是无穷多个无穷小的和呢?看看下面几个极限问题:

$$\lim_{n\to\infty}\left(\frac{1}{n^3}+\frac{2}{n^3}+\cdots+\frac{n}{n^3}\right)=\lim_{n\to\infty}\frac{\frac{1}{2}n(n+1)}{n^3}=0$$

$$\lim_{n\to\infty}\left(\frac{1}{n^2}+\frac{2}{n^2}+\cdots+\frac{n}{n^2}\right)=\lim_{n\to\infty}\frac{\frac{1}{2}n(n+1)}{n^2}=\frac{1}{2}$$

$$\lim_{n\to\infty}\left(\frac{1}{n^{\frac{3}{2}}}+\frac{2}{n^{\frac{3}{2}}}+\cdots+\frac{n}{n^{\frac{3}{2}}}\right)=\lim_{n\to\infty}\frac{\frac{1}{2}n(n+1)}{n^{\frac{3}{2}}}=\infty$$

就是说,无穷多个无穷小的和可能是无穷小,可能是一个非零数,也可能是无穷大.

**3. 思考**

以上三个例子,同样都是无穷多个无穷小的和的极限,为什么结果会不一样呢?仔细看看就会发现,这三个例子中每个无穷小的对应项,如$\frac{1}{n^3}$,$\frac{1}{n^2}$,$\frac{1}{n^{\frac{3}{2}}}$,前者都是后者的高阶无穷小,所以结果才有了如此大的不同.

在韩非的《韩非子·喻老》里有“千丈之堤,以蝼蚁之穴溃”,意即巍峨的长堤,因为不起眼的蚂蚁窝而决堤,从而造成不可挽回的损失.在《三国志·蜀书》中,刘备给其子刘禅的诏书中也有言:“勿以恶小而为之,勿以善小而不为”,即小恶可能会形成极恶,小善能积成大善.

爱因斯坦曾说:“人的差异在于业余时间.”每个人所拥有的时间是一样的,课余时间大部分用于提升自己还是用于娱乐,时间久了,其结果显而易见.为自己制定一份科学合理的课余时间利用计划,除了休息娱乐,充分利用时间增长知识、培养技能,提升自己的综合素质,坚持下来,你就会看到一个不一样的自己,正所谓“不积跬步,无以至千里;不积小流,无以成江海”.

“九层之台,起于累土”,学习知识的过程是不断积累的过程,不急于求成,脚踏实地,努力进取,才能有所成就.

# 第3章　微分学

只有微分学才能使自然科学有可能用数学来不仅仅表明状态,并且也表明过程:运动.

——恩格斯

微积分学,或者数学分析,是人类思维的伟大成果之一,它处于自然科学与人文科学之间的地位,使它成为高等教育的一种特别有效的工具.

——柯朗(Courant)

微分学是微积分的重要组成部分,它的基本概念是导数与微分.上一章介绍了极限的基本理论,并以极限为工具研究了函数的连续性,本章首先阐述微积分产生的背景,使读者对微积分讨论的问题有所了解,然后利用极限理论研究函数的局部性态,包括导数与微分的概念及计算;以微分中值定理为基础,给出求函数极限的洛必达法则,研究函数的单调性、极值和曲线的凹凸性;最后介绍几个应用实例.

## 3.1　微积分的产生

微积分是近代自然科学和工程技术中广泛应用的一种基本数学工具.它出现于17世纪后半叶的欧洲,是为适应当时社会生产发展的需要而产生的.

从常量到变量,这是数学发展史中的一个重要转折.变量引入数学以后,对数学研究的方法也提出了新的要求.17世纪30年代,出现了解析几何.在解析几何里可以用代数方程刻画一般平面曲线,用代数演算代替对几何量的逻辑推导,从而把对几何图形性质的研究转化为对解析式的研究,使数与形紧密地结合起来.从此,全新的数学方法取代了古老的欧几里得几何的综合方法.这种数学发展中的质变,为17世纪下半叶微积分方法的出现准备了条件.

17世纪,有许多科学问题需要解决,这些问题也就成了促使微积分产生的因素.归结起来,大约有四种主要类型的问题:第一类是求瞬时速度的问题,这类问题是研究运动的时候直接出现的;第二类问题是求曲线的切线的问题;第三类问题是求函数的最大值和最小值问题;第四类问题是求曲线长、曲线围成的图形面积、曲面围成的立体体积、物体的重心、一个体积相当大的物体作用于另一物体上的引力.

17世纪的许多著名的数学家、天文学家、物理学家都为解决上述几类问题做了大量的研究工作,在前人工作的基础上,17世纪下半叶,英国科学家牛顿和德国数学家莱布尼茨分别在自己的国度里独自完成了微积分的创立工作.牛顿研究微积分着重于从运动学来考虑,莱布尼茨却侧重于从几何学来考虑.他们的最大功绩是把两个貌似毫不相关的问题联系在一起,即切线问题(微分学的中心问题)和求面积问题(积分学的中心问题).

牛顿在1671年撰写的《流数法和无穷级数》中指出,变量是由点、线、面的连续运动产生的,否定了以前自己认为的变量是无穷小元素的静止集合.他把连续变量叫作流动量,其导数叫作流数.牛顿在流数术中所提出的中心问题是:已知连续运动的路程,求给定时刻的速度(微分法);已知运动的速度求给定时间内经过的路程(积分法).

莱布尼茨1684年发表了一篇被认为最早的微分文献,有划时代的意义,含有现代的微分符号和基本微分法则.1686年,莱布尼茨发表了第一篇积分学的文献.我们现在使用的微积分通用符号“d”“$\int$”,就是莱布尼茨创设的,这些符号远远优于牛顿的符号,对微积分的发展产生了巨大的影响.

微积分学的创立,极大地推动了数学的发展,过去很多初等数学束手无策的问题,运用微积分,立刻迎刃而解,微积分学显示出非凡威力.

## 3.2　导数的概念

### 3.2.1　问题的引入

导数是人们在解决实际问题、研究函数几何性质过程中抽象和归纳出的一种既科学又十分简单的数学方法.以下从实际问题与纯数学的需要两方面来引入导数概念.

**1. 切线问题**

在初等几何的研究中,人们对圆的性质研究得十分详尽,圆的切线定义为“与曲线只有一个交点的直线”,但对于其他曲线,这个定义就不一定合适.例如,对于抛物线 $y = x^2$,在原点 $O$ 处两个坐标轴都符合上述定义,而实际上只有 $x$ 轴是该曲线在点 $O$ 处的切线.下面给出切线的定义.

设有曲线 $C$ 及 $C$ 上的一点 $M$(见图3.1),在 $C$ 上另取一点 $N$,作割线 $MN$.当点 $N$ 沿曲线 $C$ 趋于点 $M$ 时,如果割线 $MN$ 绕点 $M$ 旋转而趋于极限位置 $MT$,直线 $MT$ 就称为曲线 $C$ 在点 $M$ 处的**切线**.这里极限位置的含义:弦长 $|MN|$ 趋于零,$\angle NMT$ 也趋于零.

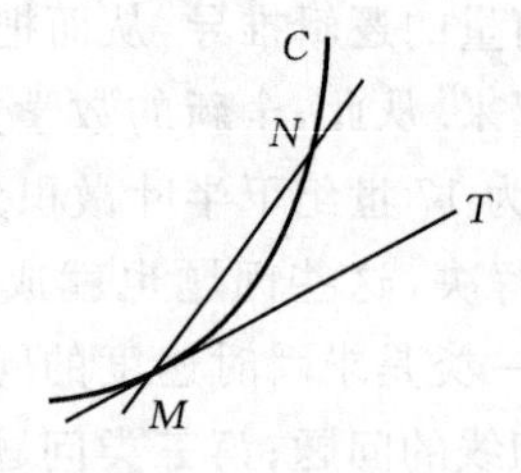


图3.1　切线的定义

现在就曲线 $C$ 作为函数 $y = f(x)$ 的图形来讨论切线问题.设 $M(x_0, y_0)$ 是曲线 $C$ 上的一点(见图3.2),则 $y_0 = f(x_0)$.根据上述定义要求出曲线 $C$ 在点 $M$ 处的切线,只要求出切线的斜率就行了.为此,另取 $C$ 上一点 $N(x, y)$,并设 $\Delta x = x - x_0$,于是割线 $MN$ 的斜率为

$$\tan\varphi = \frac{y - y_0}{x - x_0} = \frac{f(x) - f(x_0)}{x - x_0} = \frac{f(x_0 + \Delta x) - f(x_0)}{\Delta x}$$

其中,$\varphi$ 为割线 $MN$ 的倾角.当点 $N$ 沿曲线 $C$ 趋于点 $M$ 时,$x \to x_0$.如果当 $x \to x_0$ 时(这时 $\Delta x \to 0$),上式的极限存在,设为 $k$,即

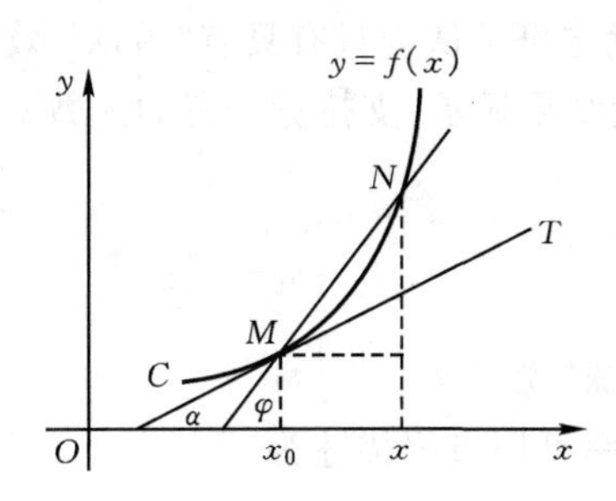


图 3.2　切线的斜率

$$k=\lim_{x\to x_0}\frac{f(x)-f(x_0)}{x-x_0}=\lim_{\Delta x\to 0}\frac{f(x_0+\Delta x)-f(x_0)}{\Delta x}$$

存在，则此极限 $k$ 是割线斜率的极限，也就是切线的斜率. 这里 $k=\tan\alpha$，其中 $\alpha$ 是切线 $MT$ 的倾角. 于是通过点 $M(x_0,f(x_0))$ 且以 $k$ 为斜率的直线 $MT$ 便是曲线 $C$ 在点 $M$ 处的切线.

**2. 瞬时速度**

短跑运动员合理掌握和提高自己的瞬时速度对夺冠至关重要；汽车、飞机的瞬时速度对行驶安全十分重要；两种化学物质在某时刻的瞬时反应速度对化学物质的合成与制作十分重要；等等，这些和我们生活密切相关的活动都涉及所谓“瞬时速度”，它的本质是什么？如何用数学（即量的）形式准确地描述它们的内在规律？

若质点做匀速直线运动，即质点在任一时刻的速度是相同的，则无论取哪一段时间间隔，其速度 = 经过的路程 / 所花的时间.

现在设质点做变速直线运动，其路程函数为 $s=s(t)$，则它在时间区间 $[t,t+\Delta t]$ $(\Delta t>0)$ 上的平均速度可定义为

$$\bar{v}=\frac{s(t+\Delta t)-s(t)}{\Delta t}$$

我们想知道，质点在时刻 $t$ 的运动速度 $v(t)$ 是多少？

显然，当 $|\Delta t|$ 很小时，速度的变化也很小，物体可以近似看成匀速运动，因此，$\bar{v}$ 可以作为 $v(t)$ 的近似值，即

$$v(t)\approx\bar{v}=\frac{s(t+\Delta t)-s(t)}{\Delta t}$$

不难看出，$|\Delta t|$ 越小，$\bar{v}$ 越接近于 $v(t)$，从而质点在时刻 $t$ 的瞬时速度可以定义为当 $\Delta t\to 0$ 时的极限（如果极限存在）：

$$v(t)=\lim_{\Delta t\to 0}\bar{v}=\lim_{\Delta t\to 0}\frac{s(t+\Delta t)-s(t)}{\Delta t}$$

这既给出了瞬时速度的定义也给出了它的计算方法.

进一步可以定义质点在 $t$ 时刻的加速度 $a$ 为以下极限：

$$a(t)=\lim_{\Delta t\to 0}\frac{v(t+\Delta t)-v(t)}{\Delta t}=\lim_{\Delta t\to 0}\frac{\Delta v}{\Delta t}$$

**3. 竞选问题**

某人参加美国某州州长的竞选，随选举日的一天天到来，当支持该竞选者的选民人数增加的变化率大于零时，称该候选人在此次选举中具有“雪球”效应.

一个人参加州长的初选，竞选班子认为只有具有"雪球"效应的竞选者，才有可能获胜.现设在竞选的第$x$周时，民意测验结果显示，支持竞选者的人数$s(x)$随时间$x$的变化而变化的函数关系为

$$s(x)=3+\frac{1}{\sqrt{x}}$$

试问，这位竞选者是否具有"雪球"效应？

该竞选者支持人数的增长率可用极限描述为

$$\lim_{x\to x_0}\frac{s(x)-s(x_0)}{x-x_0}=\lim_{x\to x_0}\frac{-1}{(\sqrt{x_0}+\sqrt{x})\sqrt{x}\cdot\sqrt{x_0}}=-\frac{1}{2\sqrt{x_0^3}}<0$$

由于$x_0>0$，所以支持这位竞选者人数的增长率随选举日的临近而减少.因此，该竞选者不具备"雪球"效应，前景不乐观，需采取新的竞选策略.

以上三个问题虽然它们所涉及的领域各不相同，但它们所研究的问题最终都可归结为函数增量与自变量增量之比的极限问题.这种极限是什么？作为一个数学概念，人们称其为函数$f(x)$在点$x_0$的导数，我们将通过对导数解析性质的研究，透视函数的几何性态.

### 3.2.2 导数的概念

**1. 函数在一点处的导数**

**定义3.1** 设函数$y=f(x)$在点$x_0$的某个邻域内有定义，当自变量$x$在$x_0$处取得增量$\Delta x$（$x_0+\Delta x$仍在该邻域内），相应地函数取得增量$\Delta y=f(x_0+\Delta x)-f(x_0)$，若

$$\lim_{\Delta x\to 0}\frac{f(x_0+\Delta x)-f(x_0)}{\Delta x}=\lim_{\Delta x\to 0}\frac{\Delta y}{\Delta x}$$

存在，则称函数$y=f(x)$在点$x_0$处可导，并称此极限值为函数$y=f(x)$在点$x_0$处的导数，记作$f'(x_0)$，也可记作$y'\big|_{x=x_0}$或$\frac{\mathrm{d}y}{\mathrm{d}x}\Big|_{x=x_0}$.

由定义可知，导数描述了函数变化的快慢程度.

如果函数$f(x)$在开区间$(a,b)$内每一点都可导，就称函数$f(x)$在开区间$(a,b)$内可导.

于是曲线$y=f(x)$在点$(x_0,y_0)$的切线斜率$k=f'(x_0)$，而切线方程为

$$y-y_0=f'(x_0)(x-x_0)$$

物体在时刻$t=t_0$的瞬时速度便是路程$s$关于时间$t$的导数

$$v=s'(t_0)$$

**2. 左导数与右导数**

根据函数$f(x)$在点$x_0$处的导数的定义，导数

$$f'(x_0)=\lim_{\Delta x\to 0}\frac{f(x_0+\Delta x)-f(x_0)}{\Delta x}$$

是一个极限，而极限存在的充分必要条件是左、右极限都存在且相等，因此$f'(x_0)$存在即$f(x)$在点$x_0$处可导的充分必要条件是左、右极限

$$\lim_{\Delta x\to 0^-}\frac{f(x_0+\Delta x)-f(x_0)}{\Delta x}\text{ 及 }\lim_{\Delta x\to 0^+}\frac{f(x_0+\Delta x)-f(x_0)}{\Delta x}$$

都存在且相等.这两个极限分别称为函数$f(x)$在点$x_0$处的**左导数**和**右导数**，记作$f'_-(x_0)$及$f'_+(x_0)$，即

$$f'_-(x_0)=\lim_{\Delta x\to 0^-}\frac{f(x_0+\Delta x)-f(x_0)}{\Delta x};f'_+(x_0)=\lim_{\Delta x\to 0^+}\frac{f(x_0+\Delta x)-f(x_0)}{\Delta x}$$

现在可以说，函数在点 $x_0$ 处可导的充分必要条件是左导数 $f'_-(x_0)$ 和右导数 $f'_+(x_0)$ 都存在且相等.

如果函数 $f(x)$ 在开区间 $(a,b)$ 内可导，且 $f'_+(a)$ 及 $f'_-(b)$ 都存在，就说 $f(x)$ 在闭区间 $[a,b]$ 上可导.

### 3.2.3 可导与连续的关系

**例 3.1** 讨论连续函数 $y=f(x)=|x|$ 在点 $x=0$ 处的导数是否存在.

**解** 由于 $\lim\limits_{\Delta x\to 0}\dfrac{f(0+\Delta x)-f(0)}{\Delta x}=\lim\limits_{\Delta x\to 0}\dfrac{|\Delta x|}{\Delta x}$.

于是 $f'_+(0)=1, f'_-(0)=-1$，二者不相等，故 $y=f(x)=|x|$ 在点 $x=0$ 处的导数不存在.

由此说明，函数在一点连续不一定在该点可导，反之则有下面的定理.

**定理 3.1** 若函数 $y=f(x)$ 在点 $x_0$ 可导，则它在点 $x_0$ 连续.

因此，函数在一点连续与可导的关系是：可导必连续，连续未必可导.

**习题 3.2**

1. 选择题.

(1) 所谓 $f(x)$ 在点 $x_0$ 可导，是指（ ）.

A. 极限 $\lim\limits_{x\to x_0}f(x)$ 存在

B. 极限 $\lim\limits_{x\to x_0}\dfrac{f(x)-f(x_0)}{x-x_0}$ 存在

C. 极限 $\lim\limits_{\Delta x\to 0^+}\dfrac{f(x_0+\Delta x)-f(x_0)}{\Delta x}$ 存在

D. 极限 $\lim\limits_{\Delta x\to 0^-}\dfrac{f(x_0+\Delta x)-f(x_0)}{\Delta x}$ 存在

(2) 设 $f(x)$ 在 $x_0$ 处可导，则 $\lim\limits_{\Delta x\to 0}\dfrac{f(x_0)-f(x_0-\Delta x)}{\Delta x}=$（ ）.

A. $-f(x_0)$ B. $-2f'(x_0)$ C. $2f'(x_0)$ D. $f'(x_0)$

(3) 函数 $f(x)$ 在点 $x_0$ 处可导是该函数在点 $x_0$ 处连续的（ ）.

A. 充分条件 B. 必要条件

C. 充要条件 D. 既非充分也非必要条件

(4) 函数 $f(x)=|x-1|$ 在 $x=1$ 处满足（ ）.

A. 连续但不可导 B. 可导但不连续

C. 不连续也不可导 D. 连续且可导

2. 填空题.

(1) 设 $f(x)$ 在 $x_0$ 处可导，则极限 $\lim\limits_{\Delta x\to 0}\dfrac{f(x_0+\Delta x)-f(x_0-\Delta x)}{\Delta x}=$ ________.

(2) 曲线 $y=x^3$ 在 $x=$ ________ 处的切线斜率等于 12.

3. 讨论函数 $y=\begin{cases} x\sin\dfrac{1}{x}, & x\neq 0 \\ 0, & x=0 \end{cases}$ 在点 $x=0$ 的连续性与可导性.

## 3.3 导数的计算

我们的目标是能够计算出任意一个初等函数的导数(若该函数可导). 根据初等函数的构造特点,应当先研究常数和基本初等函数的导数,然后学习函数的求导法则,最后综合运用它们来计算各种初等函数的导数.

根据导数的定义可以求一些简单函数的导数.

**例 3.2** 求函数 $f(x)=C$($C$ 为常数) 在点 $x$ 处的导数.

**解** 由于 $\lim\limits_{\Delta x\to 0}\dfrac{f(x+\Delta x)-f(x)}{\Delta x}=\lim\limits_{\Delta x\to 0}\dfrac{C-C}{\Delta x}=0$, 于是 $f'(x)=0$, 即 $(C)'=0$. 这就是说,常数的导数等于零.

**例 3.3** 求函数 $f(x)=\sin x$ 在点 $x$ 处的导数.

**解** 由于

$$\begin{aligned}\lim_{\Delta x\to 0}\frac{f(x+\Delta x)-f(x)}{\Delta x}&=\lim_{\Delta x\to 0}\frac{\sin(x+\Delta x)-\sin x}{\Delta x}\\&=\lim_{\Delta x\to 0}\frac{1}{\Delta x}\cdot 2\cos\left(x+\frac{\Delta x}{2}\right)\sin\frac{\Delta x}{2}\\&=\lim_{\Delta x\to 0}\cos\left(x+\frac{\Delta x}{2}\right)\cdot\frac{\sin\frac{\Delta x}{2}}{\frac{\Delta x}{2}}\\&=\cos x\end{aligned}$$

于是 $f'(x)=\cos x$, 即 $(\sin x)'=\cos x$.

这就是说,正弦函数的导数是余弦函数. 用类似的方法,可求得 $(\cos x)'=-\sin x$.

从这两个例子可以看出,函数 $f(x)$ 在点 $x$ 处的导数仍然是 $x$ 的函数,我们称之为导函数,简称导数. 仿照例 3.2 和例 3.3,可以得到其他基本初等函数的导数(有些导数用定义计算会麻烦一些,可用下面的定理 3.2 计算,如正切函数 $\tan x$ 的导数可用定理 3.2 中商的求导公式计算),现将常数和基本初等函数的导数公式列举如下.

### 3.3.1 基本导数公式

(1) $(C)'=0$.

(2) $(x^n)'=nx^{n-1}$, 一般地 $(x^\alpha)'=\alpha x^{\alpha-1}$($\alpha$ 为常数).

(3) $(a^x)'=a^x\ln a\,(a>0,a\neq 1)$, 特别地 $(\mathrm{e}^x)'=\mathrm{e}^x$.

(4) $(\log_a x)'=\dfrac{1}{x\ln a}\,(a>0,a\neq 1)$, 特别地 $(\ln x)'=\dfrac{1}{x}$.

(5) $(\sin x)'=\cos x$; $(\cos x)'=-\sin x$;
$(\tan x)'=\sec^2 x$; $(\cot x)'=-\csc^2 x$;
$(\sec x)'=\sec x\tan x$; $(\csc x)'=-\csc x\cot x$.

(6) $(\arcsin x)' = \dfrac{1}{\sqrt{1-x^2}}$；　$(\arccos x)' = -\dfrac{1}{\sqrt{1-x^2}}$；

$(\arctan x)' = \dfrac{1}{1+x^2}$；　$(\text{arccot} x)' = -\dfrac{1}{1+x^2}$.

### 3.3.2　函数的和、差、积、商的求导法则

**定理 3.2**　设 $f(x)$、$g(x)$ 都在点 $x$ 可导，则它们的和、差、积、商(除分母为零的点外)也都在点 $x$ 可导，且有以下求导法则：

(1) $[f(x) \pm g(x)]' = f'(x) \pm g'(x)$.

(2) $[f(x) \cdot g(x)]' = f'(x)g(x) + f(x)g'(x)$,

特别地，$(cf(x))' = cf'(x)$ ($c$ 为常数).

(3) $\left[\dfrac{f(x)}{g(x)}\right]' = \dfrac{f'(x)g(x) - f(x)g'(x)}{g^2(x)}$　$(g(x) \neq 0)$,

特别地，$\left[\dfrac{1}{g(x)}\right]' = -\dfrac{g'(x)}{g^2(x)}$.

以上求导法则，都可以用导数定义证明，请读者尝试完成.

**例 3.4**　求下列初等函数的导数：

(1) $y = e^x + 5\ln x + \arctan 3$；　(2) $y = \dfrac{e^x + e}{\cos x}$；

(3) $y = x\sin x$；　(4) $y = \dfrac{1+x+x^2}{x}$.

**解**　(1) $y' = (e^x)' + (5\ln x)' + (\arctan 3)' = e^x + \dfrac{5}{x} + 0 = e^x + \dfrac{5}{x}$

(2) $y' = \left(\dfrac{e^x + e}{\cos x}\right)' = \dfrac{(e^x + e)'\cos x - (e^x + e)(\cos x)'}{\cos^2 x}$

$= \dfrac{e^x \cos x + (e^x + e)\sin x}{\cos^2 x}$

(3) $y' = (x\sin x)' = (x)'\sin x + x(\sin x)' = \sin x + x\cos x$

(4) $y' = \left(\dfrac{1}{x} + 1 + x\right)' = \left(\dfrac{1}{x}\right)' + (1)' + (x)' = \dfrac{-1}{x^2} + 1 = \dfrac{x^2 - 1}{x^2}$

### 3.3.3　复合函数的导数

**定理 3.3**　若函数 $u = \varphi(x)$ 在点 $x$ 处可导，$y = f(u)$ 在 $u = \varphi(x)$ 处可导，则复合函数 $y = f[\varphi(x)]$ 在 $x$ 处可导，且有以下求导公式：

$$\frac{dy}{dx} = \frac{dy}{du} \cdot \frac{du}{dx} = f'(u) \cdot \varphi'(x)$$

**例 3.5**　求函数 $y = \ln x^2 (x > 0)$ 的导数.

**解**　方法一：因为 $y = \ln x^2 = 2\ln x$，所以 $y' = (2\ln x)' = \dfrac{2}{x}$.

方法二：$y = \ln x^2$ 可看作由 $y = \ln u$，$u = x^2$ 复合而成，因此

$$\frac{dy}{dx} = \frac{dy}{du}\frac{du}{dx} = (\ln u)' \cdot (x^2)' = \frac{1}{u} \cdot 2x = \frac{1}{x^2} \cdot 2x = \frac{2}{x}$$

比较上述两种方法，方法二验证了定理 3.3 中公式的正确性. 但显然方法一比方法二简单. 可见求函数的导数时，如果函数可以化简，尽量化简后再求导.

**例 3.6**　求函数 $y=\ln\sqrt{1+x^2}$ 的导数.

**解**　$y=\ln\sqrt{1+x^2}=\dfrac{1}{2}\ln(1+x^2)$，则 $y=\dfrac{1}{2}\ln(1+x^2)$ 可看作由

$$y=\frac{1}{2}\ln u,u=1+x^2$$

复合而成，因此

$$\begin{aligned}\frac{dy}{dx}&=\frac{dy}{du}\cdot\frac{du}{dx}=\left(\frac{1}{2}\ln u\right)'\cdot(1+x^2)'\\&=\frac{1}{2}\cdot\frac{1}{u}\cdot 2x=\frac{1}{2}\cdot\frac{1}{1+x^2}\cdot 2x=\frac{x}{1+x^2}\end{aligned}$$

对复合函数的分解比较熟练后，就不必再写出中间变量.

**例 3.7**　求下列函数的导数：

(1) $y=\sin 7x$；　(2) $y=\ln(1+\tan x)$；　(3) $y=\sqrt{1+\sqrt{1+x}}$.

**解**　(1) $y'=(\sin 7x)'=\cos 7x\cdot(7x)'=7\cos 7x$

(2) $y'=[\ln(1+\tan x)]'=\dfrac{1}{1+\tan x}\cdot(1+\tan x)'=\dfrac{1}{1+\tan x}\cdot\sec^2 x$

(3) $y'=(\sqrt{1+\sqrt{1+x}})'=\dfrac{1}{2\sqrt{1+\sqrt{1+x}}}\cdot(1+\sqrt{1+x})'$

$$=\frac{1}{4}\cdot\frac{1}{\sqrt{1+\sqrt{1+x}}}\cdot\frac{1}{\sqrt{1+x}}$$

### 3.3.4　隐函数和由参数方程所确定的函数的导数

**1. 隐函数的导数**

变量与变量之间函数关系的表示方式是多种多样的，称具有形式 $y=f(x)$（即因变量 $y$ 可由自变量 $x$ 的表达式表示）的函数为显函数；在一定条件下，由方程 $F(x,y)=0$ 可以确定一个函数，称由方程 $F(x,y)=0$ 所确定的函数为隐函数，如由方程 $xe^y-y+1=0$ 便确定了一个隐函数. 下面通过例子说明由方程所确定的隐函数的导数的求法.

**例 3.8**　设由方程 $xy^3-3x^2-xy+5=0$ 确定了 $y$ 是 $x$ 的函数，试求出 $y'$.

**解**　在方程中视 $y$ 为 $x$ 的函数，等式两边对 $x$ 求导，得

$$(y^3+3xy^2y')-6x-(y+xy')=0$$

解出 $y'$，得

$$y'=\frac{6x+y-y^3}{3xy^2-x}\quad(3xy^2-x\neq 0)$$

**例 3.9**　求由方程 $e^{xy}+y\ln x=x$ 所确定的函数 $y=y(x)$ 的导数 $y'$，并求曲线 $y=y(x)$ 在 $(1,0)$ 处的切线方程.

**解**　先对方程两边关于 $x$ 求导，其中的 $y$ 应理解为 $x$ 的函数，并记其导数为 $y'$，即

$$e^{xy}(y+xy')+y'\ln x+\frac{y}{x}=1$$

从中解出 $y'$ 得

$$y' = \frac{1 - \dfrac{y}{x} - y\mathrm{e}^{xy}}{x\mathrm{e}^{xy} + \ln x} \quad (x\mathrm{e}^{xy} + \ln x \neq 0)$$

又由方程知 $x = 1$ 时，$y = 0$，所以 $y'\Big|_{x=1} = 1$，代入曲线 $y = y(x)$ 在点$(x_0, y_0)$处的切线方程 $y - y_0 = y'(x_0)(x - x_0)$，从而得切线方程为 $y = x - 1$.

**例 3.10** 求 $y = \sqrt{\dfrac{\mathrm{e}^x(1+x)}{1+x^2}}$ 的导数.

**解** 两边取对数，有 $\ln y = \dfrac{1}{2}[x + \ln(1+x) - \ln(1+x^2)]$，方程两边对 $x$ 求导有$\dfrac{y'}{y} = \dfrac{1}{2}\left(1 + \dfrac{1}{1+x} - \dfrac{2x}{1+x^2}\right)$，从而

$$y' = \frac{y}{2}\left(\frac{2+x}{1+x} - \frac{2x}{1+x^2}\right) = \frac{1}{2}\sqrt{\frac{\mathrm{e}^x(1+x)^2}{1+x^2}}\left(\frac{2+x}{1+x} - \frac{2x}{1+x^2}\right)$$

这种求函数导数的方法称为**对数**求导法，它可以使具有上述形式的函数以及幂指函数(底数和指数都是 $x$ 的函数)的求导运算变得简单一些.

**例 3.11** 求幂指函数 $y = x^{\ln x}$ 的导数.

**解** 两边取对数，有 $\ln y = \ln x \ln x$，方程两边对 $x$ 求导有$\dfrac{y'}{y} = \dfrac{2\ln x}{x}$，从而

$$y' = y\,\frac{2\ln x}{x} = x^{\ln x}\,\frac{2\ln x}{x} = 2x^{\ln x - 1} \cdot \ln x$$

**2. 由参数方程所确定的函数的导数**

在很多实际问题的研究中，变量 $y$ 与 $x$ 的函数关系往往通过第三个变量 $t$ 分别与 $x$ 和 $y$ 的关系反映出来.

例如$\begin{cases} x = r\cos t \\ y = r\sin t \end{cases}$，消去 $t$ 则得圆的方程 $x^2 + y^2 = r^2$，前者称为圆的参数方程. 一般地，由参数方程

$$\begin{cases} x = x(t) \\ y = y(t) \end{cases} \quad (\alpha \leqslant t \leqslant \beta)$$

确定了 $y$ 与 $x$ 的函数关系，称此函数关系所表达的函数为由参数方程确定的函数.

我们的问题是：如果由参数方程确定了一个函数，那么这个函数的导数怎样求？

事实上，若 $x = x(t)$ 与 $y = y(t)$ 都可导，$x'(t) \neq 0$，且函数 $x = x(t)$ 有反函数 $t = x^{-1}(x)$，可以证明$\dfrac{\mathrm{d}t}{\mathrm{d}x} = \dfrac{1}{\dfrac{\mathrm{d}x}{\mathrm{d}t}} = \dfrac{1}{x'(t)}$. 将 $t = x^{-1}(x)$ 代入关系式 $y = y(t)$ 得 $y = y[x^{-1}(x)]$，由复合函数求导法：

$$\frac{\mathrm{d}y}{\mathrm{d}x} = \frac{\mathrm{d}y}{\mathrm{d}t} \cdot \frac{\mathrm{d}t}{\mathrm{d}x} = \frac{y'(t)}{x'(t)} \quad (x'(t) \neq 0)$$

**例 3.12** 抛射体运动轨迹的参数方程为

$$\begin{cases} x = v_1 t \\ y = v_2 t - \dfrac{1}{2}gt^2 \end{cases}$$

求抛射体在时刻 $t$ 运动速度的大小和方向.

**解** 先求速度大小：

如图 3.3 所示，速度的水平分量为 $v_x(t)=\frac{\mathrm{d}x}{\mathrm{d}t}=v_1$，垂直分量为 $v_y(t)=\frac{\mathrm{d}y}{\mathrm{d}t}=v_2-gt$，故抛射体速度的大小

$$v=\sqrt{v_x^2(t)+v_y^2(t)}=\sqrt{\left(\frac{\mathrm{d}x}{\mathrm{d}t}\right)^2+\left(\frac{\mathrm{d}y}{\mathrm{d}t}\right)^2}=\sqrt{v_1^2+(v_2-gt)^2}$$

再求速度方向(即轨迹的切线方向)：

设 $\varphi$ 为切线倾角，则

$$\tan\varphi=\frac{\mathrm{d}y}{\mathrm{d}x}=\frac{\mathrm{d}y/\mathrm{d}t}{\mathrm{d}x/\mathrm{d}t}=\frac{v_2-gt}{v_1}$$

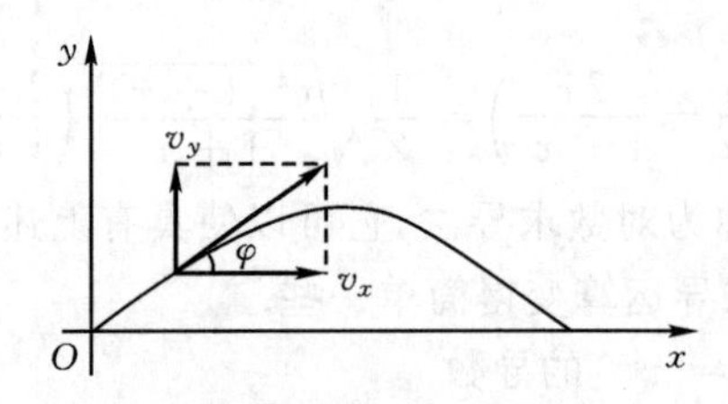


图 3.3 抛射体的运动轨迹

### 3.3.5 高阶导数

对于一个在区间 $(a,b)$ 内可导的函数 $y=f(x)$，如果导函数 $f'(x)$ 在 $(a,b)$ 内仍然可导，则称 $f'(x)$ 的导函数为 $f(x)$ 的二阶导数，记为 $f''(x)$ 或 $y''$ 或 $\frac{\mathrm{d}^2y}{\mathrm{d}x^2}=\frac{\mathrm{d}}{\mathrm{d}x}\left(\frac{\mathrm{d}y}{\mathrm{d}x}\right)$.

类似地，可以定义三阶(记作 $y'''$ 或 $f'''(x)$ 等)及更高阶的导数.

**例 3.13** 求以下函数的二阶导数：

(1) $y=\cos x$；

(2) $y=\ln(1+x)$；

(3) $y=\mathrm{e}^x+2x+x^2$.

**解** (1) $y'=-\sin x, y''=-\cos x$

(2) $y'=\frac{1}{1+x}, y''=\frac{-1}{(1+x)^2}$

(3) $y'=\mathrm{e}^x+2+2x, y''=\mathrm{e}^x+2$

利用二阶导数可以表示直线运动的加速度：

$$a=\lim_{\Delta t\to 0}\frac{v(t_0+\Delta t)-v(t_0)}{\Delta t}=\frac{\mathrm{d}v}{\mathrm{d}t}=\frac{\mathrm{d}}{\mathrm{d}t}\left(\frac{\mathrm{d}s}{\mathrm{d}t}\right)=\frac{\mathrm{d}^2s}{\mathrm{d}t^2}$$

**习题 3.3**

1. 求下列函数的导数：

(1) $y=\sqrt[6]{x^5}$；

(2) $y=3x^2+4\tan x$；

(3) $y=5\sin x+3\cos x$；

(4) $y=2\ln x-3\cos x+\sin\frac{\pi}{4}$；

(5) $y = x^2 \ln x$；　　(6) $y = \dfrac{x}{1+x^2}$；

(7) $y = 3e^x + \sec x$；　　(8) $y = \ln 3x + \arcsin x$.

2. 求下列函数在指定点的导数：

(1) $y = \sin x - \cos x$，求 $y'\left(\dfrac{\pi}{4}\right)$，$y'(0)$；

(2) $y = x^2 \sin(x-2)$，求 $y'(2)$.

3. 求下列函数的导数：

(1) $y = (2x+1)^2$；　　(2) $y = \sin 2x + \cos x^2$；

(3) $y = e^{\cos x}$；　　(4) $y = \ln \tan \dfrac{x}{2}$；

(5) $y = x^2 \cos \sqrt{x}$；　　(6) $y = 3\cos^2 \dfrac{2x}{3}$；

(7) $y = \ln \sqrt{x} + \sqrt{\ln x}$；　　(8) $y = \dfrac{x}{\sqrt{1-x}}$.

4. 下列方程确定了 $y = y(x)$，求 $y'$：

(1) $y = \cos(x+y)$；　　(2) $x + y = \arctan y$；

(3) $\begin{cases} x = 3e^{-t} \\ y = 2e^t \end{cases}$；　　(4) $\begin{cases} x = a\cos^2 t \\ y = a\sin^3 t \end{cases}$.

5. (1) 求曲线 $y = x(\ln x - 1)$ 在点 $(e,0)$ 处的切线方程；

(2) 求曲线 $x^2 + xy + y^2 = 3$ 在点 $(1,1)$ 处的切线方程.

6. 求下列函数的二阶导数：

(1) $y = e^{x^2}$；　　(2) $y = \cos(2x+1)$.

## 3.4　函数的微分

微分是与导数密切相关又有本质差异的一个概念. 导数描述了函数在一点变化的快慢程度，而微分描述了当自变量在一点有微小变化时，函数变化的程度.

### 3.4.1　微分的定义

一般来说，函数增量 $\Delta y = f(x_0 + \Delta x) - f(x_0)$ 的计算是比较复杂的，因此我们希望寻求一种函数增量的近似计算方法.

先分析一个具体问题. 一块正方形金属薄片受温度变化的影响，其边长由 $x_0$ 变到 $x_0 + \Delta x$（见图 3.4），问此薄片的面积改变了多少？

设此薄片的边长为 $x$，面积为 $S$，则 $S$ 是 $x$ 的函数：$S = x^2$. 薄片受温度变化的影响时面积的改变量，可以看成是当自变量 $x$ 在 $x_0$ 处取得增量 $\Delta x$ 时，函数 $S$ 相应的增量 $\Delta S$，即

$$\Delta S = (x_0 + \Delta x)^2 - x_0^2 = 2x_0 \Delta x + (\Delta x)^2$$

从上式可以看出，$\Delta S$ 分成两部分，第一部分 $2x_0 \Delta x$ 是 $\Delta S$ 的线性函数，即图3.4 中带有斜线的两个矩形面积之和，而第二部分 $(\Delta x)^2$ 在图中是带有交叉斜线的小正方形的面积，当 $\Delta x \to 0$ 时，第二部分 $(\Delta x)^2$ 是比 $\Delta x$ 高阶的无穷小，即 $(\Delta x)^2 = o(\Delta x)$. 由此可见，如果边长改

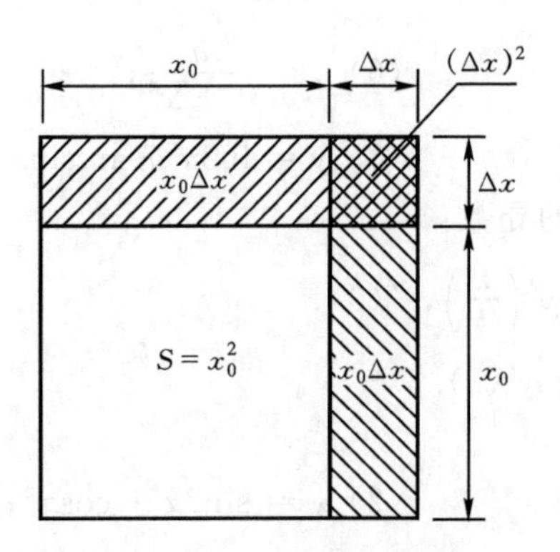


图 3.4　金属薄片面积的改变量

变很微小，即 $|\Delta x|$ 很小时，面积的改变量 $\Delta S$ 可近似地用第一部分来代替.

一般地，如果函数 $y=f(x)$ 满足一定条件，则函数的增量 $\Delta y$ 可表示为

$$\Delta y = A\Delta x + o(\Delta x)$$

其中 $A$ 是不依赖于 $\Delta x$ 的常数，因此 $A\Delta x$ 是 $\Delta x$ 的线性函数，且它与 $\Delta y$ 之差

$$\Delta y - A\Delta x = o(\Delta x)$$

是比 $\Delta x$ 高阶的无穷小. 所以，当 $A\neq 0$，且 $|\Delta x|$ 很小时，我们就可以用 $A\Delta x$ 来近似代替 $\Delta y$.

**定义 3.2**　设函数 $y=f(x)$ 在某区间内有定义，$x_0+\Delta x$ 及 $x_0$ 在这区间内，如果函数的增量

$$\Delta y = f(x_0+\Delta x) - f(x_0)$$

可表示为

$$\Delta y = A\Delta x + o(\Delta x)$$

其中 $A$ 是不依赖于 $\Delta x$ 的常数，$o(\Delta x)$ 是比 $\Delta x$ 高阶的无穷小，那么称函数 $y=f(x)$ 在点 $x_0$ 是可微的，$A\Delta x$ 叫作函数 $y=f(x)$ 在点 $x_0$ 相应于自变量增量 $\Delta x$ 的微分，记作 $\mathrm{d}y|_{x=x_0}$，即 $\mathrm{d}y|_{x=x_0}=A\Delta x$.

函数 $y=f(x)$ 在任意点 $x$ 的微分，称为函数的微分，记作 $\mathrm{d}y$ 或 $\mathrm{d}f(x)$.

事实上，早在创立微积分之前，已出现微分三角形（图 3.5 中的 $\triangle PRT$）的概念. 借助于微分三角形，人们可以从微观的角度方便地处理切线问题和面积问题. 例如，人们认为，当 $\Delta x$ 非常小时，曲线段 $PQ$ 可以用切线长 $PT$ 来近似；而以曲线段 $PQ$ 为一边的三边形 $PRQ$ 的面积则可用微分三角形 $\triangle PRT$ 的面积近似. 但是当时人们并没有弄清这样处理的数学原理所在. 莱布尼茨便是受到微分三角形的启发而创立了微积分理论.

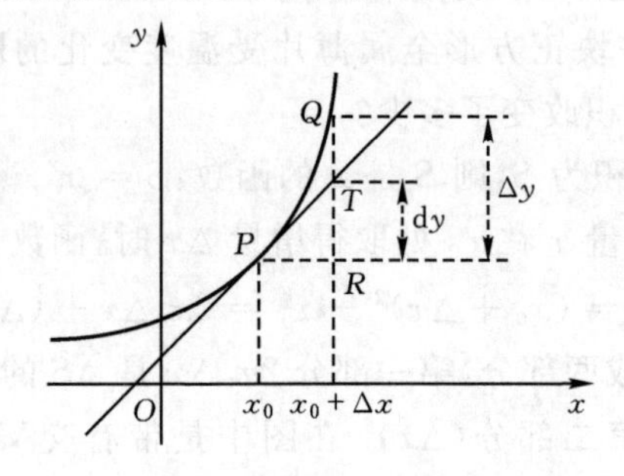


图 3.5　微分的几何表示

从几何上看(见图 3.5),函数 $y=f(x)$ 在 $x_0$ 处可微是指当 $\Delta x\to 0$ 时,用 $RT$ 来代替 $RQ$ 所出现的绝对误差 $TQ$ 是比 $PR=\Delta x$ 高阶的无穷小,因而在微观的意义上是可以忽略 $TQ$ 的影响的.那么,可微的条件是什么呢?

**定理 3.4**　函数 $y=f(x)$ 在点 $x$ 可微的充分必要条件是它在点 $x$ 处可导,并且有

$$\mathrm{d}y=f'(x)\Delta x \quad 或 \quad \mathrm{d}f(x)=f'(x)\Delta x \tag{3.1}$$

通常记 $\mathrm{d}x=\Delta x$,即自变量的增量等于自变量的微分,因此公式(3.1) 可以写成

$$\mathrm{d}y=f'(x)\mathrm{d}x \quad 或 \quad \mathrm{d}f(x)=f'(x)\mathrm{d}x \tag{3.2}$$

从而有

$$f'(x)=\frac{\mathrm{d}y}{\mathrm{d}x}=\frac{\mathrm{d}f(x)}{\mathrm{d}x}$$

这就是说,函数的导数 $f'(x)$ 等于函数的微分 $\mathrm{d}y$ 与自变量微分 $\mathrm{d}x$ 的商,因而也称导数为“微商”.

### 3.4.2　微分的计算

由微分公式(3.2),函数的微分等于函数的导数与自变量微分的乘积,因此,由函数的导数公式立即可以得到相应的微分公式.

基本微分公式:

(1) $\mathrm{d}c=0$;

(2) $\mathrm{d}(x^{\alpha})=\alpha x^{\alpha-1}\mathrm{d}x$;

(3) $\mathrm{d}(a^x)=a^x\ln a\mathrm{d}x(a>0 且 a\neq 1)$,　　$\mathrm{d}(\mathrm{e}^x)=\mathrm{e}^x\mathrm{d}x$;

(4) $\mathrm{d}(\log_a x)=\dfrac{1}{x\ln a}\mathrm{d}x(a>0 且 a\neq 1)$,　　$\mathrm{d}(\ln x)=\dfrac{1}{x}\mathrm{d}x$;

(5) $\mathrm{d}(\sin x)=\cos x\mathrm{d}x$,　　$\mathrm{d}(\cos x)=-\sin x\mathrm{d}x$;

(6) $\mathrm{d}(\tan x)=\sec^2 x\mathrm{d}x$,　　$\mathrm{d}(\cot x)=-\csc^2 x\mathrm{d}x$;

(7) $\mathrm{d}(\arctan x)=\dfrac{1}{1+x^2}\mathrm{d}x$,　　$\mathrm{d}(\arcsin x)=\dfrac{1}{\sqrt{1-x^2}}\mathrm{d}x$.

同样,由导数的运算法则可以得到微分运算法则如下:

设函数 $u=u(x)$,$v=v(x)$,$c$ 为常数,则有

(1) $\mathrm{d}(cu)=c\mathrm{d}u$,　$\mathrm{d}(u\pm v)=\mathrm{d}u\pm\mathrm{d}v$;

(2) $\mathrm{d}(uv)=u\mathrm{d}v+v\mathrm{d}u$;

(3) $\mathrm{d}\left(\dfrac{u}{v}\right)=\dfrac{v\mathrm{d}u-u\mathrm{d}v}{v^2}(v\neq 0)$.

特别地,若由 $y=f(u)$,$u=\varphi(x)$ 复合成函数 $y=f[\varphi(x)]$,且 $y=f(u)$,$u=\varphi(x)$ 均可微,则有

$$\mathrm{d}y=f'(u)\varphi'(x)\mathrm{d}x=f'(u)\mathrm{d}\varphi(x)=f'(u)\mathrm{d}u$$

这个形式与 $u$ 为自变量时是一样的,故称其为**微分形式的不变性**.

**例 3.14**　求以下函数的微分 $\mathrm{d}y$:

(1) $y=x+\cos x$;　(2) $y=x\arcsin x$;　(3) $y=\ln(1+x^2)$.

**解**　(1) $\mathrm{d}y=(x+\cos x)'\mathrm{d}x=(1-\sin x)\mathrm{d}x$

(2) $dy = (x\arcsin x)'dx = \left(\arcsin x + \dfrac{x}{\sqrt{1-x^2}}\right)dx$

(3) $dy = \dfrac{1}{1+x^2}d(1+x^2) = \dfrac{2x}{1+x^2}dx$

### 3.4.3 微分在近似计算中的应用

当 $\Delta x$ 较小时，$dy$ 与 $\Delta y$ 的近似程度便提高，于是，人们用 $dy$ 来近似代替 $\Delta y$，即

$$\Delta y = f(x_0 + \Delta x) - f(x_0) \approx f'(x_0)\Delta x \tag{3.3}$$

从而得到近似公式：

$$f(x_0 + \Delta x) \approx f(x_0) + f'(x_0)\Delta x \tag{3.4}$$

若令 $x = x_0 + \Delta x$，则上式成为

$$f(x) \approx f(x_0) + f'(x_0)(x - x_0) \tag{3.5}$$

如果 $f(x_0)$ 与 $f'(x_0)$ 容易计算，则利用式(3.3)可以近似计算 $\Delta y$，利用式(3.4)可以近似计算 $f(x_0+\Delta x)$，利用式(3.5)可以近似计算 $f(x)$，这种近似计算的实质就是用 $x$ 的线性函数 $f(x_0)+f'(x_0)(x-x_0)$ 来近似表达函数 $f(x)$.

事实上，如图 3.5 所示，曲线 $y = f(x)$ 在点 $P$ 处的切线方程为

$$y = f(x_0) + f'(x_0)(x - x_0) \tag{3.6}$$

显然式(3.5)的右边与式(3.6)的右边是一样的，故从几何上，就是在点 $P$ 的微小局部，用切线上点的纵坐标近似曲线上点的纵坐标，即在点 $P$ 的微小局部“以直代曲”，从分析的角度，就是在微小局部用线性函数近似代替非线性函数，这是数学中非常重要的思想方法.

在式(3.5)中，取 $x_0 = 0$，可以得到

$$f(x) \approx f(0) + f'(0)x \tag{3.7}$$

在式(3.7)中，$f(x)$ 分别取 $\sin x$、$\ln(1+x)$、$(1+x)^{\frac{1}{n}}$，便可得到以下近似公式($|x|$ 较小)：

$$\sin x \approx x, \quad \ln(1+x) \approx x, \quad (1+x)^{\frac{1}{n}} \approx 1 + \frac{1}{n}x$$

**例 3.15** 求 $\sqrt{8.9}$ 的近似值.

**解** 由于 $\sqrt{8.9} = 3\sqrt{1-\dfrac{1}{90}}$，取 $x = -\dfrac{1}{90}$，则由公式 $(1+x)^{\frac{1}{n}} \approx 1+\dfrac{1}{n}x$ 得

$$\sqrt{8.9} = 3\sqrt{1-\frac{1}{90}} \approx 3\left(1 - \frac{1}{2}\times\frac{1}{90}\right) \approx 2.983$$

**习题 3.4**

1. 已知 $y = x^3 - x$，计算当 $x = 2$，$\Delta x = 0.01$ 时该函数的增量及微分.

2. 求下列函数的微分：

(1) $y = x\sin 2x$； (2) $y = \arctan\dfrac{1-x}{1+x}$；

(3) $y = \ln(\ln x)$； (4) $y = \tan(1+x^2)$；

(5) $y = \dfrac{\cos x}{1-x^2}$； (6) $y = e^{2x}\cos 3x$；

(7) $y = \ln(x+\sqrt{1+x^2})$； (8) $y = \dfrac{\ln x}{x^2}$.

3. 下列方程确定了 $y = y(x)$，求 $\mathrm{d}y$.

(1) $y = 1 - x\mathrm{e}^{y}$；　　(2) $xy = \mathrm{e}^{x+y}$.

4. 求 $\sqrt[6]{65}$ 的近似值.

5. 如何用微分做近似计算？这种近似计算的实质是什么？

## 3.5　导数的应用

导数有着广泛的应用.本节我们将应用导数研究函数和曲线的某些性态，并应用导数解决一些最值问题.

### 3.5.1　微分中值定理

微分中值定理是导数应用的理论基础，是沟通导数和函数关系的桥梁.

微分学的早期工作是研究切线问题与极值问题.法国数学家费马(Fermat,1601—1665)早在 1629 年，便获得了寻求函数极值的代数研究方法，借助于切线的语言，费马声称函数的极值出现在有水平切线的地方.问题如下：做一个周长为 $2B$ 的矩形，如何设计才能使其面积最大.设矩形的长为 $x$，则宽为 $B-x$，于是面积是 $x(B-x)$.令 $S(x) = x(B-x)$，则 $S'(x) = B - 2x$，令 $S'(x) = 0$，得 $x = \frac{B}{2}$.而这恰好就是 $S(x)$ 取得最大面积的 $x$ 值.

下面我们先给出极值的定义.

**定义 3.3**　如果存在点 $x_0$ 的邻域 $U(x_0,\delta)$，使得对任意 $x \in \mathring{U}(x_0,\delta)$，有

$$f(x) < f(x_0) \quad (f(x) > f(x_0))$$

则称 $x_0$ 是函数 $f(x)$ 的**极大值点(极小值点)**；$f(x_0)$ 称为函数 $f(x)$ 的**极大值(极小值)**.

**定理 3.5**(费马引理) 若 $x_0$ 是可导函数 $f(x)$ 的极值点，则有 $f'(x_0) = 0$.

**证**　因为函数 $f(x)$ 在 $x_0$ 可导，所以其左、右导数不仅存在，而且应该相等.不妨设 $x_0$ 是 $f(x)$ 的极大值点，则当 $x \in \mathring{U}(x_0,\delta)$ 时，$f(x) - f(x_0) < 0$，从而

$$\lim_{x \to x_0^+} \frac{f(x) - f(x_0)}{x - x_0} = f'_+(x_0) \leqslant 0$$

$$\lim_{x \to x_0^-} \frac{f(x) - f(x_0)}{x - x_0} = f'_-(x_0) \geqslant 0$$

于是便有定理的结论 $f'(x_0) = 0$.

此引理肯定了对于可导函数，如果某一点是函数的极值点，那么函数在该点的导数为零(导数为零的点称为函数的**驻点**)，即 $f'(x_0) = 0$ 是可导函数在 $x = x_0$ 取得极值的必要条件，反之未必正确.例如，$f(x) = x^3$，虽然 $f'(0) = 0$，但点 $x = 0$ 既不是函数的极大值点，也不是极小值点.这就是说，可导函数的驻点是可能的极值点.

这样，寻求可导函数 $y = f(x)$ 在 $[a,b]$ 上的极值问题归结为曲线 $y = f(x)$ 在 $(a,b)$ 内是否有水平切线的问题.

单调函数因为其极值不可能在区间的内部取得，所以不予考虑.但如果曲线 $y = f(x)$ 的端点等高，即 $f(a) = f(b)$，则在一定条件下会有水平切线，或者说有平行于弦 $AB$ 的切线(见

图 3.6).

**定理 3.6**[罗尔(Rolle,1652—1719) 中值定理] 设 $f(x)$ 在$[a,b]$连续,在$(a,b)$可导,且 $f(a)=f(b)$,则存在 $\xi \in (a,b)$,使 $f'(\xi)=0$.

**证** 如图 3.6 所示,由于连续函数 $f(x)$ 在闭区间$[a,b]$上有最大值 $M$ 及最小值 $m$:

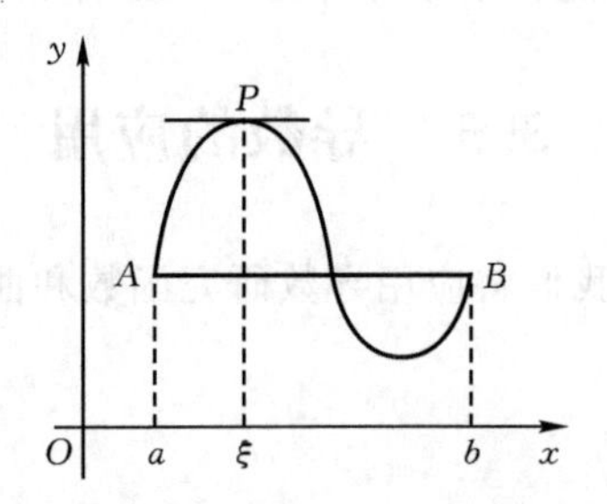


图 3.6 罗尔中值定理的几何表示

(1) 若 $M=m$,则 $f(x)=M$,从而 $f'(x)=0$,结论成立.

(2) 若 $M\neq m$,由于 $f(a)=f(b)$,$M$、$m$ 中必有一个在开区间$(a,b)$内某点 $x_0$ 取到,不妨设 $M=f(x_0)$,则 $f(x_0)$ 必是一个极大值. 因此,由费马引理知,必有 $f'(x_0)=0$.

罗尔中值定理表明:对于可导函数 $f(x)$,在方程 $f(x)=0$ 的两个实根之间至少存在方程 $f'(x)=0$ 的一个实根.

**例 3.16** 试证明:方程 $x^3-3x^2+7=0$ 不可能有两个小于 1 的正根.

**证** (反证法)设方程有两个小于 1 的正根 $x_1$、$x_2$,则对函数 $f(x)=x^3-3x^2+7$,有 $f(x_1)=f(x_2)=0$. 不妨设 $x_1<x_2$,则函数 $f(x)$ 在区间$[x_1,x_2]$上满足罗尔中值定理的条件,于是,一方面应存在 $\xi\in(x_1,x_2)\subset(0,1)$,使得 $f'(\xi)=0$,即$3\xi^2-6\xi=0$. 另一方面,方程 $f'(x)=0$ 的两个根 $\xi_1=0$,$\xi_2=2\notin(0,1)$,由此得到矛盾结论,故原方程不可能在$(0,1)$内有两个不同的实根.

如果将罗尔中值定理中的条件"$f(a)=f(b)$"去掉,你会发现什么?如图 3.7 所示,此时,点 $P$ 处的切线不再是水平的,但是它与弦 $AB$ 相互平行的关系却并没有改变,于是有:

**定理 3.7**(拉格朗日中值定理) 设 $f(x)$ 在$[a,b]$连续,在$(a,b)$可导,则存在$\xi\in(a,b)$,使

$$f'(\xi)=\frac{f(b)-f(a)}{b-a}$$

此公式称为**拉格朗日中值公式**.

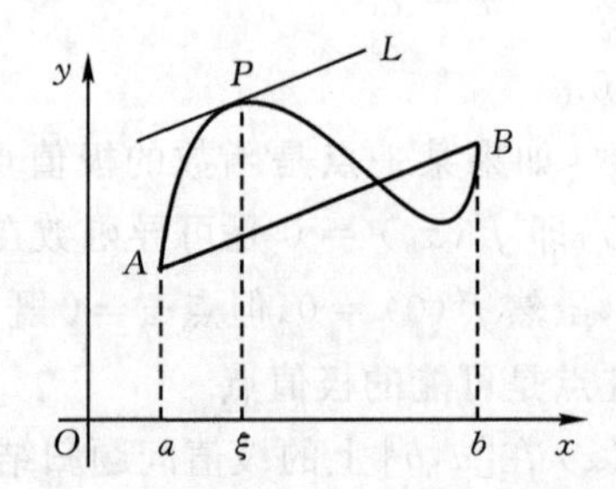


图 3.7 拉格朗日中值定理的几何表示

将拉格朗日中值公式变形可得

$$f(b)-f(a)=f'(\xi)(b-a) \tag{3.8}$$

公式(3.8)对于$b<a$也是成立的.公式(3.8)意味着可以用导数$f'(\xi)$来表达区间端点处的函数值之差“$f(b)-f(a)$”,这在分析函数的单调性、极值,证明不等式时十分有用.若$x_0$是$(a,b)$内任意一点,$x=x_0+\Delta x$也在$(a,b)$内,则$f(x)$在$[x,x_0]$或$[x_0,x]$上满足定理3.7的条件,从而由公式(3.8)可得如下公式:

$$f(x)=f(x_0)+f'(\xi)(x-x_0) \tag{3.9}$$

这里$\xi$位于$x$与$x_0$之间.

由公式(3.9)可以得到下面的推论:

**推论 1**　若函数$f(x)$在$(a,b)$上的导数恒为0,则$f(x)$是常函数.

**推论 2**　若函数$f(x)$、$g(x)$在$(a,b)$上的导数处处相等,即$f'(x)=g'(x)$,则$f(x)=g(x)+C$($C$为常数).

**例 3.17**　证明恒等式$\arcsin x+\arccos x\equiv\frac{\pi}{2}(-1\leqslant x\leqslant 1)$.

**证**　设$f(x)=\arcsin x+\arccos x$,则$f'(x)=\frac{1}{\sqrt{1-x^2}}-\frac{1}{\sqrt{1-x^2}}=0(-1<x<1)$,所以由推论1有$f(x)\equiv c$,由于$f(0)=\frac{\pi}{2}$,所以$c=\frac{\pi}{2}$,又由于$f(x)$在$x=\pm 1$处是连续的,故

$$\arcsin x+\arccos x\equiv\frac{\pi}{2}(-1\leqslant x\leqslant 1)$$

**例 3.18**　证明不等式$|\sin a-\sin b|\leqslant|a-b|$

**证**　当$a=b$时,等式成立;当$a\neq b$时,取$f(x)=\sin x$,显然$f(x)$在闭区间$[a,b]$(或$[b,a]$)上连续,在开区间$(a,b)$内[或$(b,a)$]可导,所以由拉格朗日中值定理,存在$\xi\in(a,b)$[或$\xi\in(b,a)$],使得

$$f(b)-f(a)=f'(\xi)(b-a)$$

即$\sin b-\sin a=\cos\xi\cdot(b-a)$,从而

$$|\sin b-\sin a|=|\cos\xi\cdot(b-a)|=|\cos\xi|\cdot|b-a|\leqslant|b-a|$$

### 3.5.2　洛必达法则

两个无穷小之比的极限以及两个无穷大之比的极限,可能存在,也可能不存在,故称它们为$\frac{0}{0}$型与$\frac{\infty}{\infty}$型的**未定式**.其他如$0\cdot\infty,\infty-\infty,1^\infty,0^0,\infty^0$等类型都是未定式.借助导数求未定式极限的方法,称为**洛必达法则**.

**定理 3.8**　设

(1) 当$x\to x_0$时,$f(x)$、$F(x)$同时趋于零或同时趋于无穷大;

(2) 在某$\mathring{U}(x_0,\delta)$内,$f'(x)$和$F'(x)$都存在且$F'(x)\neq 0$;

(3) $\lim\limits_{x\to x_0}\frac{f'(x)}{F'(x)}$存在(或为无穷大),那么

$$\lim_{x\to x_0}\frac{f(x)}{F(x)}=\lim_{x\to x_0}\frac{f'(x)}{F'(x)}$$

这就是说,$\frac{0}{0}$或$\frac{\infty}{\infty}$型未定式的极限$\lim\limits_{x\to x_0}\frac{f(x)}{F(x)}$可以通过其分子分母的导函数的比的极限

$\lim\limits_{x \to x_0} \dfrac{f'(x)}{F'(x)}$ 来计算，当 $\lim\limits_{x \to x_0} \dfrac{f'(x)}{F'(x)}$ 存在时，$\lim\limits_{x \to x_0} \dfrac{f(x)}{F(x)}$ 也存在且等于 $\lim\limits_{x \to x_0} \dfrac{f'(x)}{F'(x)}$；当 $\lim\limits_{x \to x_0} \dfrac{f'(x)}{F'(x)}$ 为无穷大时，$\lim\limits_{x \to x_0} \dfrac{f(x)}{F(x)}$ 也是无穷大.

定理 3.8 对于其他极限过程也是成立的.

**例 3.19** 计算以下函数极限：

(1) $\lim\limits_{x \to 0} \dfrac{e^x - 1}{x^2 - x}$；(2) $\lim\limits_{x \to +\infty} \dfrac{\ln x}{x}$；(3) $\lim\limits_{x \to 0^+} x\ln x$；

(4) $\lim\limits_{x \to 0}\left(\dfrac{1}{x} - \dfrac{1}{\tan x}\right)$；(5) $\lim\limits_{x \to 0} \dfrac{x - \sin x}{x^2 \tan x}$.

**解** (1) $\lim\limits_{x \to 0} \dfrac{e^x - 1}{x^2 - x} = \lim\limits_{x \to 0} \dfrac{e^x}{2x - 1} = -1$

(2) $\lim\limits_{x \to +\infty} \dfrac{\ln x}{x} = \lim\limits_{x \to +\infty} \dfrac{\frac{1}{x}}{1} = 0$

(3) $\lim\limits_{x \to 0^+} x\ln x = \lim\limits_{x \to 0^+} \dfrac{\ln x}{\frac{1}{x}} = \lim\limits_{x \to 0^+} \dfrac{\frac{1}{x}}{-\frac{1}{x^2}} = -\lim\limits_{x \to 0^+} x = 0$

(4) $\lim\limits_{x \to 0}\left(\dfrac{1}{x} - \dfrac{1}{\tan x}\right) = \lim\limits_{x \to 0} \dfrac{\tan x - x}{x\tan x} = \lim\limits_{x \to 0} \dfrac{\tan x - x}{x^2} = \lim\limits_{x \to 0} \dfrac{\sec^2 x - 1}{2x}$

$$= \lim_{x \to 0} \frac{\tan^2 x}{2x} = \lim_{x \to 0} \frac{\tan x}{2} = 0$$

(5) $\lim\limits_{x \to 0} \dfrac{x - \sin x}{x^2 \tan x} = \lim\limits_{x \to 0} \dfrac{x - \sin x}{x^3} = \lim\limits_{x \to 0} \dfrac{1 - \cos x}{3x^2} = \lim\limits_{x \to 0} \dfrac{\sin x}{6x} = \dfrac{1}{6}$

**注**：对于 $\dfrac{0}{0}$ 型的未定式，可先用等价无穷小代换，再用洛必达法则计算.

**例 3.20** 验证极限 $\lim\limits_{x \to \infty} \dfrac{x + \sin x}{x}$ 存在，但不能用洛必达法则得出.

**解** $\lim\limits_{x \to \infty} \dfrac{x + \sin x}{x} = \lim\limits_{x \to \infty}\left(1 + \dfrac{1}{x} \cdot \sin x\right) = 1$

若用洛必达法则，则有

$$\lim_{x \to \infty} \frac{x + \sin x}{x} = \lim_{x \to \infty} \frac{1 + \cos x}{1} = \lim_{x \to \infty}(1 + \cos x)$$

由于 $x \to \infty$ 时，$\cos x$ 没有极限，故本极限不能用洛必达法则得出.

### 3.5.3 函数的单调性与曲线的凹凸性

有了中值定理这个桥梁，我们便可以导数为工具研究函数的单调性与曲线的凹凸性了.

**定理 3.9**（单调判别法）设 $f(x)$ 在 $[a,b]$ 上连续，在 $(a,b)$ 内可导，则在 $(a,b)$ 内，当 $f'(x) > 0$（$f'(x) < 0$）时，$f(x)$ 在 $[a,b]$ 上是单调增（减）函数.

**例 3.21** 讨论以下函数的单调性：

(1) $y = x^2$；(2) $y = e^x$；(3) $y = \text{arccot}x$.

**解** (1) $y' = 2x\begin{cases} >0, & x>0 \\ =0, & x=0 \\ <0, & x<0 \end{cases}$

所以 $y=x^2$ 在区间$[0,+\infty)$上单调增加,在区间$(-\infty,0]$上单调减少.显然,$x=0$是函数 $y=x^2$ 单调增加与单调减少区间的分界点.

(2) 因为 $y'=e^x>0, x\in(-\infty,+\infty)$,所以 $y=e^x$ 在区间$(-\infty,+\infty)$上单调增加.

(3) 因为 $y'=\dfrac{-1}{1+x^2}<0, x\in(-\infty,+\infty)$,所以 $y=\operatorname{arccot}x$ 在区间$(-\infty,+\infty)$上单调减少.

对于函数 $y=x^3$ 和函数 $y=\sqrt[3]{x}$,读者可以发现,前者在 $x=0$ 处导数为零,而后者在 $x=0$ 处导数不存在,但 $x=0$ 并没有影响其单调性.说明:**导数为零的点和导数不存在的点是函数单调区间可能的分界点.**

若函数 $f(x)$ 在区间$[a,b]$上单调增加,则当 $a\leqslant x\leqslant b$ 时,

$$f(a)\leqslant f(x)\leqslant f(b),\quad a\leqslant x\leqslant b$$

故单调性可用来证明不等式.

**例 3.22** 证明:当 $x>1$ 时,$2\sqrt{x}>3-\dfrac{1}{x}$.

**证** 设 $f(x)=2\sqrt{x}-\left(3-\dfrac{1}{x}\right)$,则

$$f'(x)=\frac{1}{\sqrt{x}}-\frac{1}{x^2}=\frac{1}{x^2}(x\sqrt{x}-1)>0, x>1$$

故 $f(x)$ 在$(1,+\infty)$上单调增加,又因为 $f(x)$ 在 $x=1$ 处连续,从而 $f(x)>f(1)\ (x>1)$,由于 $f(1)=0$,所以

$$f(x)>0\ (x>1)$$

即当 $x>1$ 时,

$$2\sqrt{x}-\left(3-\frac{1}{x}\right)>0$$

亦即 $2\sqrt{x}>3-\dfrac{1}{x}$.

虽然我们已经了解了判断函数单调性的方法,然而,仅凭单调性并不能完整、精确地反映函数的几何特征.如图 3.8 所示的曲线弧 $PQ$ 对应的函数都是单调增加的,但显然它们的形态相差太远.为此,我们给出下面的定义.

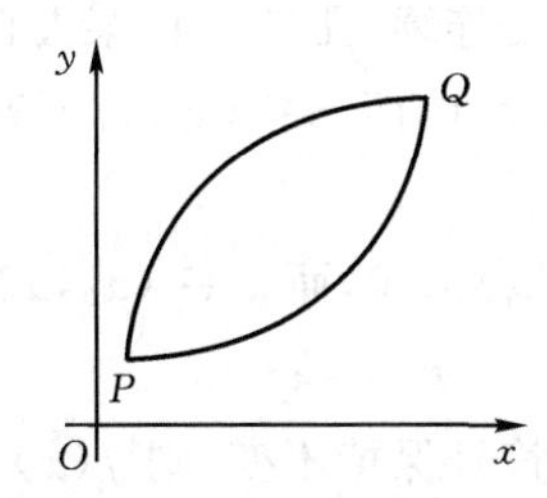


图 3.8 单调增加函数的图形

**定义 3.4**　若曲线弧 $PQ$ 上每一点都有切线，且切点附近曲线总在切线的上方(或下方)，称曲线弧 $PQ$ 是凹(或凸)的，这时也称曲线弧 $PQ$ 为**凹弧**(或凸弧). 连续曲线上**凹弧**与凸弧的分界点称为**拐点**.

**定理 3.10**　设 $f(x)$ 在$[a,b]$上连续，在$(a,b)$内二阶可导，则当 $f''(x)>0$(或 $<0$)时，$f(x)$ 的图形在$[a,b]$上是凹(或凸)的.

**例 3.23**　讨论以下曲线的凹凸性：

(1) $y=x^3$；　(2) $y=\ln x$.

**解**　(1) 因为 $y''=6x$，当 $x\in(0,+\infty)$ 时，$y''>0$，所以曲线在区间$[0,+\infty]$上是凹的；当 $x\in(-\infty,0)$ 时，$y''<0$，所以曲线在区间$(-\infty,0]$上是凸的；$x=0$ 对应的点$(0,0)$是曲线凹凸的分界点，因而是拐点.

(2) 因为 $y''=-\dfrac{1}{x^2}<0$，所以曲线在其定义区间$(0,+\infty)$上是凸的.

当我们知道直线上的两个点时，便可以确定该直线及其无穷远处的走势. 直线的这一特性可以用来描述曲线在无穷远处的状态. 这就是渐近线的概念.

**渐近线**　当 $x$ 无限增大时，如果曲线 $y=f(x)$ 上的点无限接近于直线 $L$，则称 $L$ 是该曲线的**渐近线**. 利用函数极限便可以给出渐近线的准确定义.

**水平渐近线**　设 $\lim\limits_{x\to-\infty}f(x)=A$ 或 $\lim\limits_{x\to+\infty}f(x)=A$，则称直线 $y=A$ 是曲线$y=f(x)$ 的一条水平渐近线.

**铅直渐近线**　设 $\lim\limits_{x\to x_0}f(x)=\infty$，则称 $x=x_0$ 是曲线 $y=f(x)$ 的一条铅直渐近线.

**例 3.24**　求曲线 $y=\dfrac{1}{x}$ 的水平渐近线和铅直渐近线.

**解**　因为 $\lim\limits_{x\to+\infty}\dfrac{1}{x}=0$，故当 $x$ 无限增大时，曲线 $y=\dfrac{1}{x}$ 有渐近线 $y=0$；又由于 $\lim\limits_{x\to-\infty}\dfrac{1}{x}=0$，故在 $x\to-\infty$ 时曲线 $y=\dfrac{1}{x}$ 亦趋近于直线 $y=0$，从而 $y=0$ 是曲线 $y=\dfrac{1}{x}$ 的水平渐近线.

因为 $\lim\limits_{x\to0}\dfrac{1}{x}=\infty$，故 $x=0$ 是曲线 $y=\dfrac{1}{x}$ 的铅直渐近线.

我们已经知道，可导函数的驻点是可能的极值点. 此外，函数在它的导数不存在的点处也可能取得极值. 例如，$f(x)=|x|$ 在不可导的点 $x=0$ 处取得极小值.

那么，如何判断驻点和不可导的点是否是极值点呢？有了单调性的判别法，我们就可以给出求极值点的方法了.

**定理 3.11**　设函数 $f(x)$ 在 $x_0$ 处连续，且在 $x_0$ 的某去心邻域 $\mathring{U}(x_0,\delta)$ 内可导.

(1) 若 $x\in(x_0-\delta,x_0)$ 时，$f'(x)>0$，而 $x\in(x_0,x_0+\delta)$ 时，$f'(x)<0$，则 $f(x)$ 在 $x_0$ 处取得极大值；

(2) 若 $x\in(x_0-\delta,x_0)$ 时，$f'(x)<0$，而 $x\in(x_0,x_0+\delta)$ 时，$f'(x)>0$，则 $f(x)$ 在 $x_0$ 处取得极小值；

(3) 若 $x\in\mathring{U}(x_0,\delta)$，$f'(x)$ 的符号保持不变，则 $f(x)$ 在 $x_0$ 处没有极值.

由定理 3.11 容易判断例 3.21 中，$x=0$ 是 $y=x^2$ 的极小值点，而 $y=e^x$ 和$y=\operatorname{arccot}x$ 在$(-\infty,+\infty)$上没有极值点.

到此为止,我们学会了用导数这个工具,判断函数的单调性、曲线的凹凸性、求函数的极值,以及用极限的方法讨论函数图形的渐近线.现在就可以描绘函数的图形了.

描绘函数图形的步骤如下:

① 求出已知函数的定义域;

② 判断函数的奇偶性、周期性;

③ 求出函数图形的渐近线;

④ 求出一、二阶导数,找出函数一、二阶导数不存在的点以及一、二阶导数为零的点,确定图形的升降、凹凸及拐点;

⑤ 将以上结果列表,作函数图形.

**例 3.25**　描绘函数 $y = x^3 - x^2 - x + 1$ 的图形.

**解**　(1) 所给函数 $y = f(x)$ 的定义域为$(-\infty, +\infty)$,而

$$f'(x) = 3x^2 - 2x - 1 = (3x+1)(x-1)$$
$$f''(x) = 6x - 2 = 2(3x-1)$$

(2) $f'(x) = 0$ 的根为 $x = -\frac{1}{3}$ 和 1,$f''(x) = 0$ 的根为 $x = \frac{1}{3}$.将点 $x = -\frac{1}{3}, \frac{1}{3}, 1$ 由小到大排列,依次把定义域$(-\infty, +\infty)$ 划分成下列四个部分区间,函数在每个区间上单调性及图形的凹凸性如表 3.1 所示.

**表 3.1　函数 $y = x^3 - x^2 - x + 1$ 的单调性及其图形的凹凸性**

| $x$ | $\left(-\infty, -\frac{1}{3}\right)$ | $-\frac{1}{3}$ | $\left(-\frac{1}{3}, \frac{1}{3}\right)$ | $\frac{1}{3}$ | $\left(\frac{1}{3}, 1\right)$ | 1 | $(1, +\infty)$ |
|---|---|---|---|---|---|---|---|
| $f'(x)$ | + | 0 | − | − | − | 0 | + |
| $f''(x)$ | − | − | − | 0 | + | + | + |
| $y = f(x)$ | 凸,增 | 极大 | 凸,减 | 拐点* | 凹,减 | 极小 | 凹,增 |

注:* 拐点为$\left(\frac{1}{3}, \frac{16}{27}\right)$.

此曲线没有渐近线,简图如图 3.9 所示.

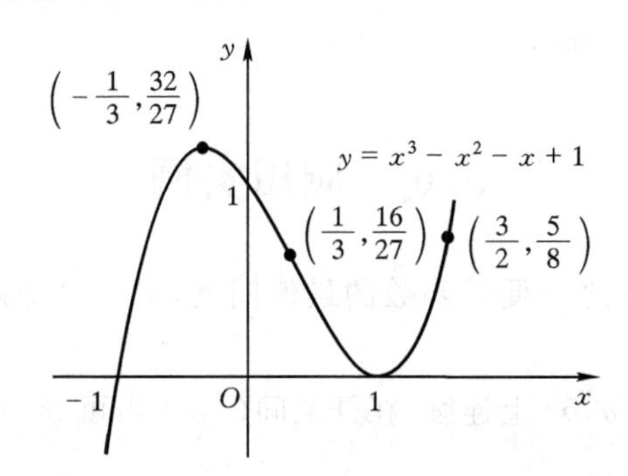


图 3.9　函数 $y = x^3 - x^2 - x + 1$ 的图形

**习题 3.5**

1. 求下列函数的极限:

(1) $\lim\limits_{x\to 0}\dfrac{x-\sin x}{x^3}$；　(2) $\lim\limits_{x\to+\infty}\dfrac{\ln x}{x^a}(a>0)$；

(3) $\lim\limits_{x\to 0}\dfrac{\ln(1+x)}{x^2}$；　(4) $\lim\limits_{x\to 0}\dfrac{e^x-1}{x^2-x}$；

(5) $\lim\limits_{x\to+\infty}\dfrac{\dfrac{\pi}{2}-\arctan x}{\dfrac{1}{x}}$；　(6) $\lim\limits_{x\to 0^+}\dfrac{\ln x}{\ln\sin x}$；

(7) $\lim\limits_{x\to 0}\dfrac{x^2\sin\dfrac{1}{x}}{\sin x}$；　(8) $\lim\limits_{x\to+\infty}\dfrac{\sqrt{1+x^2}}{x}$；

(9) $\lim\limits_{x\to 1}\left(\dfrac{x}{x-1}-\dfrac{1}{\ln x}\right)$；　(10) $\lim\limits_{x\to 1}x^{\frac{1}{1-x}}$；

(11) $\lim\limits_{x\to 0^+}\left(\dfrac{1}{x}\right)^{\tan x}$；　(12) $\lim\limits_{x\to+\infty}\dfrac{x^n}{e^x}$.

2. 讨论下列函数的单调性：

(1) $y=x-e^x$；　(2) $f(x)=\ln(1-x^2)$；　(3) $f(x)=\arctan x+x$.

3. 设函数 $y=x^3+3x^2$，填写下表：

| | |
|---|---|
| (1) 增区间 | |
| (2) 减区间 | |
| (3) 图形的凹区间 | |
| (4) 图形的凸区间 | |
| (5) 极值点 | |
| (6) 图形拐点 | |
| (7) $\lim\limits_{x\to-\infty}(x^3+3x^2)=?$ | |

4. 证明：(1) 当 $x>0$ 时，$\dfrac{x}{1+x}<\ln(1+x)<x$；

(2) 当 $0\leqslant x<\dfrac{\pi}{2}$ 时，$\tan x\geqslant x$.

## 3.6　应用实例

微分学应用的精彩部分之一便是函数的最值问题，对于可微函数来说，寻求最值的步骤如下.

(1) 若 $f(x)$ 在闭区间 $[a,b]$ 上连续，在开区间 $(a,b)$ 内可导，则它在 $[a,b]$ 上的最大值与最小值存在于下列函数值中：

$$f(a),f(b),f(x_i)$$

其中，$x_i$ 是 $f(x)$ 的驻点，$i=1,2,\cdots,s$.

(2) 若 $f(x)$ 是开区间 $(a,b)$ 内的可微函数，则最值点就在 $f(x)$ 的驻点 $x_i$ 中寻找 $(i=1,2,\cdots,s)$.

读者可以给出上述方法的证明(提示:结合极值与最值的定义及二者的关系).

**1. 体能消耗问题**

**例 3.26** 大马哈鱼每到繁殖季节,要到河流的上游去产卵,为了保持体能,它必须保证在匀速游往上游时的速度 $v$ 使体能消耗最少,以达到顺利产子的目的. 人们发现,如果大马哈鱼以速度 $v$(单位:km/h) 逆流上游时间 $t$(单位:h),其体能消耗量 $E$ 的数学模型是

$$E(v,t)=Cv^3t \quad (C\text{ 为常数})$$

试问,如果水流速度 4 km/h,大马哈鱼逆流游了 200 km,那么,为使体能消耗最少,它应以什么速度游往目的地?

**解** 我们的问题是求出函数 $E(v,t)=Cv^3t$ 为最小值时 $v$ 的值. 因为大马哈鱼是以匀速游往目的地的,所以它游向目的地所用时间是 $t=\dfrac{200}{v-4}$,这时问题成为求 $E(v)=\dfrac{200Cv^3}{v-4}$ 最小时对应的 $v$ 值. 由

$$E'(v)=400Cv^2\cdot\frac{v-6}{(v-4)^2}=0$$

得 $v=6$ km/h 是其驻点,因为鱼的体能消耗一定有最小值,而该函数仅有一个驻点. 所以该点处的值一定是体能消耗函数 $E(v)$ 的最小值. 即,当大马哈鱼以略快于水流的速度 6 km/h 游往目的地时,其体能消耗最小.

**2. 麻醉药的浓度问题**

**例 3.27** 注入人体血液的麻醉药浓度随注入时间的长短而变化,据临床观测,麻醉药在某人血液中的浓度 $C$ 与时间 $t$ 的数学模型为

$$C(t)=0.29483t+0.04253t^2-0.00035t^3$$

其中,$C$ 的单位是 mg,时间 $t$ 的单位是 s,试问:某位患者做手术需要注射麻醉药,从这种麻醉药注入人体开始,过多长时间其血液中该麻醉药的浓度最大?

**解** 问题是求出函数

$$C(t)=0.29483t+0.04253t^2-0.00035t^3$$

当 $t>0$ 时的最大值. 由

$$C'(t)=0.29483+0.08506t-0.00105t^2=0$$

得 $t_1=84.34$ s,$t_2=-3.33$ s,显然,在未打麻醉药前,该患者的血液里不可能有这种麻醉药,所以 $t_2=-3.33$ s 不合题意. 从而这个实际问题仅有一个驻点 $t_1=84.34$ s. 从麻醉药注入人体开始,血液里麻醉药的浓度一定会在某时刻达到最大,所以 $t_1=84.34$ s 就是所求点. 即当该麻醉药注入患者体内 84.34 s 时,其血液里麻醉剂的浓度最大.

**3. 最大利润问题**

**例 3.28** 某制造商制造并出售球形瓶装的某种酒. 瓶子的制造成本是 $0.8\pi r^2$(分),其中 $r$ 是瓶子的半径,单位是 cm. 假设每售出 1 $\text{cm}^3$ 的酒,商人可获利 0.2 分,他能制作的瓶子最大半径为 6 cm,问:

(1) 瓶子半径多大时,每瓶酒的获利最大?

(2) 瓶子半径多大时,每瓶酒的获利最小?

**解** 瓶子半径为 $r$,每瓶酒获利:

$$p(r)=\frac{4}{3}\pi r^3\cdot 0.2-0.8\pi r^2=\frac{0.8}{3}\pi r^3-0.8\pi r^2$$

$$=0.8\pi\left(\frac{r^3}{3}-r^2\right),\quad 0<r\leqslant 6\ \text{cm}$$

$$p'(r)=0.8\pi(r^2-2r)$$

$r=2$ cm 时，$p'=0$；$r\in(0,2)$，$p'<0$；$r\in(2,6]$，$p'>0$. 故 $r=2$ cm 是 $p(r)$ 的一个极小值点，所以也是最小值点；$r=6$ cm 时，$p(r)$ 可达最大值. 说明半径越大，获利越多，半径为 2 cm 时，获利最小. 因为 $r\in(0,2)$，$p'(r)<0$，即在$(0,2)$内 $p(r)$ 是减函数，又 $p(2)<0$，说明半径小于或等于 2 cm 的瓶装酒，每瓶酒所获得的利润抵不上瓶子的成本，由 $p(3)=0$ 知，当瓶子的半径达 3 cm 时，每瓶酒的盈利与瓶子的成本恰好一样. 瓶子的半径越大，制造商的盈利越多. 因而当商人要求售出同量酒而又要获得同等的盈利时，对半径小于 3 cm 的瓶装酒定价要高些. 所以，市场上等量的小包装的货物一般比大包装的要贵些.

结论：对于实际生产生活中存在最大值或最小值的问题，若在所讨论的区间内仅有唯一的一个驻点，则该驻点就是这个问题的最大值或最小值点.

## 第 3 章复习题

1. 填空题.

(1) 设函数 $f(x)$ 在 $x=0$ 处可导，则 $\lim\limits_{h\to 0}\dfrac{f(0)-f(0+h)}{h}=$ ________.

(2) 若 $\lim\limits_{\Delta x\to 0}\dfrac{f(x-\Delta x)-f(x)}{\Delta x}=3$，则 $f'(x)=$ ________.

(3) 设 $y=\ln(1+x^3)+e^2$，则 $dy=$ ________.

(4) 设 $\begin{cases}x=t^2\\ y=\ln t\end{cases}$，则 $\dfrac{dy}{dx}=$ ________.

(5) 曲线 $y=e^x+x$ 在点$(0,1)$处的切线方程是________.

(6) 设 $f(x)=(x+1)(x+2)$，则方程 $f'(x)=0$ 在$(-2,-1)$内有________个根.

2. 选择题.

(1) 设函数 $f(x)$ 在 $x_0$ 处可导，且 $\lim\limits_{\Delta x\to 0}\dfrac{f(x_0+3\Delta x)-f(x_0)}{\Delta x}=1$，则 $f'(x_0)=$ (  ).

A. 1　　B. 0　　C. $\dfrac{1}{3}$　　D. 3

(2) 下列命题中正确的有(  ).

A. 函数 $f(x)$ 在点 $x_0$ 处连续，则 $f(x)$ 在点 $x_0$ 处可导

B. 函数 $f(x)$ 在点 $x_0$ 处不可导，则 $f(x)$ 在点 $x_0$ 处一定不连续

C. 函数 $f(x)$ 在点 $x_0$ 处可导，则 $f(x)$ 在点 $x_0$ 处连续

D. 因为 $\lim\limits_{x\to x_0}f(x)$ 存在，则 $f(x)$ 在点 $x_0$ 处可导

(3) 设函数 $y=\cos(x^2)$，则 $y'=$ (  ).

A. $\sin(x^2)$　　B. $-\sin(x^2)$　　C. $-2x\sin(x^2)$　　D. $2x\sin(x^2)$

(4) 曲线 $y=x^3$ 上$(1,1)$处的切线方程为(  ).

A. $y-1=-\dfrac{1}{3}(x-1)$　　B. $y-1=3(x-1)$

C. $y-1=-3(x-1)$ D. $y-1=\frac{1}{3}(x-1)$

(5) 函数 $f(x)=2x^2-x+1$ 在区间$[-1,3]$上满足拉格朗日中值定理的 $\xi=$( ).

A. 1 B. $-\frac{3}{4}$ C. 0 D. $\frac{3}{4}$

(6) 若 $f(x)$ 在点 $x_0$ 可导,且 $f'(x_0)\neq 0$,则 $f(x)$ 在 $x_0$ 处( ).

A. 取得极大值 B. 取得极小值 C. 无极值 D. 不一定取得极值

3. 求(1) $\lim\limits_{x\to 0}\frac{\tan x-x}{x-\sin x}$; (2) $\lim\limits_{x\to 0}\left(\frac{1}{x}-\frac{1}{e^x-1}\right)$; (3) $\lim\limits_{x\to 0}\frac{1-\cos x}{x(1-e^x)}$.

4. 证明:(1) 当 $x>0$ 时,$x>\ln(1+x)$;

(2) 当 $0<x<\frac{\pi}{2}$ 时,$\sin x+\tan x>2x$.

5. 设$\begin{cases}x=\ln(1+t^2)\\ y=t-\arctan t\end{cases}$,求$\frac{dy}{dx}$.

6. 若函数 $y=y(x)$ 由方程 $xy+e^y=e$ 所确定,求 $y'(0)$.

7. 在曲线 $y=\sin x(0\leqslant x\leqslant\pi)$ 上求一点,使曲线在该点处的切线与$(-2,0)$和$(0,1)$的连线相平行.

8. 一物体受力后做直线运动,若时刻 $t$ 物体离起点的距离是 $s=e^t(4t-t^2)$,求从$t=0$ s 到 $t=3$ s 这段时间内,运动物体在何时瞬时速度最大.

引导思考

## 知之者不如好之者,好之者不如乐之者

### 1. 导引

数学家一定接受过专门的数学教育吗?“若 $x_0$ 是可导函数 $f(x)$ 的极值点,则有 $f'(x_0)=0$”背后的故事—— 业余数学家费马所取得的数学成就.

### 2. 资料

皮耶·德·费马(Pierre de Femat,1601—1665)是 17 世纪法国的一名律师,从 30 岁开始迷恋数学,他谦逊文雅,敏于思而慎于言,他因“研而不发”的习惯,很少动笔,所以发表的成果极少,但贡献极大. 费马是微积分的先驱者之一,他在 1629 年的手稿《求极大值与极小值的方法》中提出求曲线切线的方法. 牛顿坦率地承认:“我从费马的切线作法中受到了启发,我推广了它,把它直接地和反过来应用于抽象方程上.”费马是最早发现求函数极值方法的数学家之一. 由于费马没有明确地用极限定义的导数与积分的概念,所以史学家戏称“费马射中了微积分之鹿,鹿带着费马的箭逃跑了”.

费马一生从未接受过专门的数学教育,数学研究是业余爱好,然而,他堪称 17 世纪法国最伟大的数学家之一,在当时的法国还找不到哪位数学家可以与之匹敌. 他与笛卡儿并称解析几何的创立者,主张由方程出发研究轨迹,他用代数方法对古希腊几何学家阿波罗尼奥斯关于轨迹的一些失传的证明作了补充;费马对于微积分诞生的贡献仅次于牛顿和莱布尼茨,他建立了求切线、极大值、极小值以及定积分方法,对微积分做出了重大贡献;他还是概率论的主要创始人，以及独撑17世纪数论天地的人；此外，费马对物理学也有重要贡献.

**3. 思考**

费马在律师工作之余，很少出去应酬，把大量时间花在自己钟爱的数学问题里，在自己创建的数学世界，默默钻研、耕耘着，即便后来创造出解析几何这个全新工具，也从未改变自己在数学方面的研究习惯. 正因为他始终如一、乐之不疲的研究态度，使他成为了数学史上的业余数学家之王.

孔子曰："知之者不如好之者，好之者不如乐之者"，这正是费马做出伟大成就的根本原因. 兴趣是最好的老师，不同的人在同样的环境下，学习效果往往是不一样的，这固然有自身资质不同的原因，但最重要的还是对待学习的态度. 设法改变自己的心态，争取从不厌烦提升到喜欢它，再提升到以此为乐，在快乐中学习，既能提高学习效率，又能加深对知识的理解，这样所学的知识才能够入脑入心、灵活运用，为以后的工作打下良好的基础.

"善学者尽其理，善行者究其难"，树立敢于创造的雄心壮志，继承和发扬我国老一辈科学家胸怀祖国、服务人民的优秀品质，持之以恒，终会在感兴趣的领域有所建树.

# 第 4 章　积分学

数学的首创性在于数学科学展示了事物之间的联系，如果没有人的推理作用，这种联系就不明显.

—— 怀特黑德

一种科学只有在成功地运用数学时，才算达到完善的地步.

—— 马克思

积分学是微积分的另一重要组成部分. 与微分学不同的是，积分学是研究函数的整体性态的，内容包括定积分与不定积分的概念、性质和计算方法，反常积分以及定积分的应用.

在这一章我们将看到，不定积分所讨论的是，如何通过函数 $F(x)$ 的导函数 $f(x)$ 求函数 $F(x)$ 的问题，这种运算与微分学中已知函数 $F(x)$ 求其导函数 $f(x)$ 正好相反，因而不定积分与微分是两种互逆的运算. 定积分是解决整体量问题的，它的计算将归结为已知函数 $F(x)$ 的导函数 $f(x)$ 求这个函数的问题，即不定积分问题，所以我们在 4.1 节首先解决不定积分问题，揭示微分与积分的这种互逆性，然后讨论定积分的概念、性质、计算方法以及应用.

求不定积分与定积分的方法统称为积分法.

## 4.1　不定积分

在数学运算中，往往存在两种互逆的运算. 例如，对应于加法的逆运算是减法，对应于乘法的逆运算是除法，对应于正整数次乘方的逆运算是开方，等等. 关于逆运算我们至少有两条经验：一是逆运算一般比正运算困难；二是逆运算常常引出新的结果. 例如，减法引出了负数，除法引出了分数，正数开方引出了无理数，负数开方引出了虚数. 这两条经验具有普遍意义，也就是说，任何逆运算都会带来新的困难，都会引出新的结果. 这些例子说明，数学内部的基本矛盾也是推动数学向前发展的动力之一.

本节我们研究微分运算的逆运算 —— 不定积分，这是积分学的基本问题之一.

不定积分的基本概念简单，但计算较为复杂. 我们将由基本导数公式给出基本积分公式和最基本的不定积分法则，对于较复杂的不定积分可通过查常用简明积分(见附录 3) 求得.

### 4.1.1　不定积分的定义

我们先给出原函数的定义，在此基础上再给出不定积分的定义.

**定义 4.1**　设函数 $f(x)$ 在区间 $I$ 上有定义，若存在函数 $F(x)$，使得对任意的 $x \in I$，

$$F'(x) = f(x)$$

则称 $F(x)$ 为 $f(x)$ 在区间 $I$ 上的一个**原函数**.

如 $\frac{1}{3}x^3$ 是 $x^2$ 在 $\mathbf{R}$ 上的一个原函数；$-\frac{1}{2}\cos 2x$，$-\frac{1}{2}\cos 2x + 1$，$\sin^2 x$，$-\cos^2 x$ 等都是 $\sin 2x$ 在 $\mathbf{R}$ 上的原函数.

显然，若 $F(x)$ 是 $f(x)$ 在区间 $I$ 上的一个原函数，则函数 $F(x)+C$（$C$ 为任意常数）也是 $f(x)$ 的原函数. 这说明，若 $f(x)$ 存在原函数，则其原函数有无穷多个. 那么，$f(x)$ 在区间 $I$ 上的任何两个原函数之间有什么关系呢？

设 $G(x)$、$F(x)$ 都是函数 $f(x)$ 的原函数，即 $G'(x)=f(x)$，$F'(x)=f(x)$，则对任意的 $x\in I$，有

$$[G(x)-F(x)]'=G'(x)-F'(x)=f(x)-f(x)\equiv 0$$

即 $G(x)-F(x)=C$，或 $G(x)=F(x)+C$.

这表明，若 $f(x)$ 在 $I$ 上存在原函数，那么，$f(x)$ 的任意两个原函数之间只相差一个常数（揭示了原函数之间的关系），且若 $F(x)$ 是 $f(x)$ 在 $I$ 上的一个原函数，则 $F(x)+C$ 是 $f(x)$ 在区间 $I$ 上的原函数的一般表达式. 现在的问题如下：

(1) $f(x)$ 在什么条件下存在原函数？

(2) 若函数 $f(x)$ 的原函数存在，如何将它求出？（这是本节的重点内容）

下面的定理是问题(1)的答案，问题(2)将在 4.1.2 和 4.1.3 节解决.

**定理 4.1**　若 $f(x)$ 在区间 $I$ 上连续，则 $f(x)$ 在 $I$ 上存在原函数（证明见定理 4.6）.

由于初等函数在其定义区间内都是连续的，故初等函数在其定义区间内必存在原函数（但其原函数不一定仍是初等函数）.

**注**：函数在某区间连续是原函数存在的充分条件，并非必要条件.

由以上说明，引入下面的定义.

**定义 4.2**　在区间 $I$ 上，函数 $f(x)$ 的带有任意常数的原函数称为 $f(x)$ 在 $I$ 上的**不定积分**，记作

$$\int f(x)\mathrm{d}x$$

其中，记号 $\int$ 称为积分号，$f(x)$ 称为被积函数，$f(x)\mathrm{d}x$ 称为被积表达式，$x$ 称为积分变量.

定义中 $\int f(x)\mathrm{d}x$ 是一个整体记号，由此定义可知，若 $F(x)$ 是 $f(x)$ 在区间 $I$ 上的一个原函数，那么 $F(x)+C$ 就是 $f(x)$ 的不定积分，即

$$\int f(x)\mathrm{d}x=F(x)+C$$

式中，$C$ 为积分常数，可取任意实数.

比如 $\int x^2\mathrm{d}x=\dfrac{x^3}{3}+C$，等等.

### 4.1.2　不定积分的性质及积分公式

由不定积分的定义，可以推得它有如下性质.

**性质 1**　设函数 $f(x)$ 和 $g(x)$ 的原函数存在，则

$$\int[f(x)\pm g(x)]\mathrm{d}x=\int f(x)\mathrm{d}x\pm\int g(x)\mathrm{d}x$$

**性质 2**　设函数 $f(x)$ 的原函数存在，$k$ 为非零常数，则

$$\int kf(x)\mathrm{d}x=k\int f(x)\mathrm{d}x$$

**性质 3**　不定积分与微分(导数)的关系：

$$\left[\int f(x)\mathrm{d}x\right]' = f(x) \quad 或 \quad \mathrm{d}\int f(x)\mathrm{d}x = f(x)\mathrm{d}x$$

$$\int F'(x)\mathrm{d}x = F(x) + C \quad 或 \quad \int \mathrm{d}F(x) = F(x) + C$$

此性质表明,微分运算与求不定积分的运算是互逆的,当记号$\int$与 d 连在一起时,或者抵消,或者抵消后差一个常数.

由不定积分的定义及基本导数公式,可直接推出以下基本积分公式：

(1) $\int k\mathrm{d}x = kx + C$；

(2) $\int x^{\alpha}\mathrm{d}x = \frac{x^{\alpha+1}}{\alpha+1} + C \quad (\alpha \neq -1)$；

(3) $\int \frac{1}{x}\mathrm{d}x = \ln|x| + C$[①]；

(4) $\int \mathrm{e}^x\mathrm{d}x = \mathrm{e}^x + C$；

(5) $\int a^x\mathrm{d}x = \frac{a^x}{\ln a} + C$；

(6) $\int \cos x\mathrm{d}x = \sin x + C$；

(7) $\int \sin x\mathrm{d}x = -\cos x + C$；

(8) $\int \sec^2 x\mathrm{d}x = \tan x + C$；

(9) $\int \csc^2 x\mathrm{d}x = -\cot x + C$；

(10) $\int \sec x\tan x\mathrm{d}x = \sec x + C$；

(11) $\int \csc x\cot x\mathrm{d}x = -\csc x + C$；

(12) $\int \frac{1}{1+x^2}\mathrm{d}x = \arctan x + C$；

(13) $\int \frac{1}{\sqrt{1-x^2}}\mathrm{d}x = \arcsin x + C$.

上述基本积分公式一定要牢记,因为其他函数的不定积分经运算变形后,最终可以归结为这些基本不定积分.更多函数的不定积分须借助一些积分法(见 4.1.3)才能求出.

**例 4.1**　求积分$\int \frac{2x-\sqrt{x}+3}{x}\mathrm{d}x$.

**解**

$$\int \frac{2x-\sqrt{x}+3}{x}\mathrm{d}x = \int 2\mathrm{d}x - \int \frac{1}{\sqrt{x}}\mathrm{d}x + 3\int \frac{1}{x}\mathrm{d}x$$
$$= 2x - 2\sqrt{x} + 3\ln|x| + C$$

**例 4.2**　求积分$\int \frac{2x^2+1}{x^2+1}\mathrm{d}x$.

**解**

$$\int \frac{2x^2+1}{x^2+1}\mathrm{d}x = \int \frac{2(x^2+1)-1}{x^2+1}\mathrm{d}x = \int \left(2 - \frac{1}{x^2+1}\right)\mathrm{d}x$$
$$= \int 2\mathrm{d}x - \int \frac{1}{x^2+1}\mathrm{d}x = 2x - \arctan x + C$$

---

① 对于公式$\int \frac{1}{x}\mathrm{d}x = \ln|x| + C$,说明如下：

当 $x > 0$ 时,$\ln|x| = \ln x$,且$(\ln|x|)' = (\ln x)' = \frac{1}{x}$；当 $x < 0$ 时,$\ln|x| = \ln(-x)$,且$(\ln|x|)' = [\ln(-x)]' = \frac{1}{x}$,因此$\frac{1}{x}$ 的原函数是 $\ln|x|$,即$\int \frac{1}{x}\mathrm{d}x = \ln|x| + C$.

**例 4.3** 求积分$\int \frac{1}{x^2(x^2+1)}dx$.

**解** $\int \frac{1}{x^2(x^2+1)}dx = \int \frac{(x^2+1)-x^2}{x^2(x^2+1)}dx = \int\left(\frac{1}{x^2}-\frac{1}{x^2+1}\right)dx$

$= \int \frac{1}{x^2}dx - \int \frac{1}{x^2+1}dx = -\frac{1}{x} - \arctan x + C$

**例 4.4** 求积分$\int (10^x-1)^2 dx$.

**解** $\int (10^x-1)^2 dx = \int (10^{2x}-2\times 10^x+1)dx = \int [(10^2)^x - 2\times 10^x + 1]dx$

$= \frac{10^{2x}}{2\ln 10} - \frac{2\times 10^x}{\ln 10} + x + C$

**例 4.5** 求积分$\int \frac{dx}{\cos^2 x\sin^2 x}$.

**解** $\int \frac{dx}{\cos^2 x\sin^2 x} = \int \frac{\cos^2 x+\sin^2 x}{\cos^2 x\sin^2 x}dx = \int (\csc^2 x+\sec^2 x)dx$

$= -\cot x + \tan x + C$

以上利用不定积分的性质和基本积分公式求不定积分的方法称为直接积分法.但不定积分$\int \sin 2x dx$就不能直接用基本积分公式$\int \sin x dx = -\cos x + C$来计算,再如$\int \sqrt{a^2-x^2}dx$、$\int \ln x dx$等也不能用直接积分法求出.为此,下面介绍几种计算不定积分的方法.

### 4.1.3 积分法

**1. 换元积分法**

(1) 第一换元积分法(凑微分法).

**定理 4.2** 设$F(u)$是$f(u)$的一个原函数,且$u=\varphi(x)$可导,则

$$\int f[\varphi(x)]\varphi'(x)dx = F[\varphi(x)]+C$$

**证** 因为$F'(u)=f(u)$,而$F[\varphi(x)]$是由$F(u)$、$u=\varphi(x)$复合而成,故

$$\{F[\varphi(x)]\}' = F'(u)\varphi'(x) = f(u)\varphi'(x) = f[\varphi(x)]\varphi'(x)$$

由不定积分的定义,有

$$\int f[\varphi(x)]\varphi'(x)dx = F[\varphi(x)]+C$$

如何使用此公式求不定积分呢?先将要求的不定积分$\int g(x)dx$写成形如

$$\int g(x)dx = \int f[\varphi(x)]\varphi'(x)dx = \int f[\varphi(x)]d\varphi(x)$$

作代换$u=\varphi(x)$,变为$\int f(u)du$,求出$\int f(u)du = F(u)+C$,最后将$u=\varphi(x)$代回,便得所求积分.

此方法的特点是将被积函数中的$\varphi'(x)$与$dx$凑成了微分$d\varphi(x)$,故称为“凑微分法”.

**例 4.6** 求积分$\int \sin 2x dx$.

**解**　设 $u=2x$，则

$$\int \sin 2x \mathrm{d}x=\frac{1}{2}\int \sin u \mathrm{d}u=-\frac{1}{2}\cos u+C$$

将 $u=2x$ 代入，即得

$$\int \sin 2x \mathrm{d}x=-\frac{1}{2}\cos 2x+C$$

**例 4.7**　求积分 $\int \mathrm{e}^{at}\mathrm{d}t(a\neq 0)$.

**解**　令 $u=at$，则

$$\int \mathrm{e}^{at}\mathrm{d}t=\frac{1}{a}\int \mathrm{e}^{u}\mathrm{d}u=\frac{1}{a}\mathrm{e}^{u}+C=\frac{1}{a}\mathrm{e}^{at}+C$$

**例 4.8**　求积分 $\int 2x\mathrm{e}^{x^2}\mathrm{d}x$.

**解**　令 $u=x^2$，则

$$\int 2x\mathrm{e}^{x^2}\mathrm{d}x=\int \mathrm{e}^{x^2}\mathrm{d}(x^2)=\int \mathrm{e}^{u}\mathrm{d}u=\mathrm{e}^{u}+C=\mathrm{e}^{x^2}+C$$

**例 4.9**　求积分 $\int x\sqrt{1-x^2}\mathrm{d}x$.

**解**　$\int x\sqrt{1-x^2}\mathrm{d}x=-\frac{1}{2}\int \sqrt{1-x^2}\mathrm{d}(1-x^2)\xlongequal{1-x^2=u}-\frac{1}{2}\int \sqrt{u}\mathrm{d}u$

$$=-\frac{1}{2}\times\frac{2}{3}u^{\frac{3}{2}}+C=-\frac{1}{3}(1-x^2)^{\frac{3}{2}}+C$$

一般地，对于积分 $\int x^{n-1}f(x^n)\mathrm{d}x$，可以选择代换 $u=x^n$，或凑微分为

$$\int x^{n-1}f(x^n)\mathrm{d}x=\frac{1}{n}\int f(x^n)\mathrm{d}x^n$$

凑微分法熟练以后可以不必写出中间变量 $u$.

**例 4.10**　求积分 $\int \frac{\cos\sqrt{x}}{\sqrt{x}}\mathrm{d}x$.

**解**　$\int \frac{\cos\sqrt{x}}{\sqrt{x}}\mathrm{d}x=2\int \cos\sqrt{x}\mathrm{d}(\sqrt{x})=2\sin\sqrt{x}+C$

**例 4.11**　计算下列积分：

$$\int \tan x\mathrm{d}x;\quad \int \frac{1}{a^2+x^2}\mathrm{d}x(a\neq 0);\quad \int \frac{1}{\sqrt{a^2-x^2}}\mathrm{d}x(a>0).$$

**解**　$\int \tan x\mathrm{d}x=\int \frac{\sin x}{\cos x}\mathrm{d}x=-\int \frac{1}{\cos x}\mathrm{d}(\cos x)=-\ln|\cos x|+C$

$$\int \frac{1}{a^2+x^2}\mathrm{d}x=\frac{1}{a^2}\int \frac{1}{1+\left(\frac{x}{a}\right)^2}a\mathrm{d}\left(\frac{x}{a}\right)=\frac{1}{a}\arctan\frac{x}{a}+C$$

$$\int \frac{1}{\sqrt{a^2-x^2}}\mathrm{d}x=\int \frac{1}{\sqrt{1-\left(\frac{x}{a}\right)^2}}\mathrm{d}\left(\frac{x}{a}\right)=\arcsin\frac{x}{a}+C$$

例 4.11 的三个积分可作为公式使用.

**例 4.12**　求积分$\int \frac{e^x}{1+e^x}dx$.

**解**　$\int \frac{e^x}{1+e^x}dx = \int \frac{1}{1+e^x}d(1+e^x) = \ln(1+e^x)+C$

**例 4.13**　求积分$\int \frac{1+\ln^2 x}{x}dx$.

**解**　$$\int \frac{1+\ln^2 x}{x}dx = \int (1+\ln^2 x)d(\ln x) = \int 1d(\ln x) + \int \ln^2 x d(\ln x)$$

$$= \ln x + \frac{1}{3}\ln^3 x + C$$

(2) 第二换元积分法.

在第一换元积分法中,作代换 $u=\varphi(x)$ 使得积分由$\int f[\varphi(x)]\varphi'(x)dx$ 变为积分$\int f(u)du$,从而利用 $f(u)$ 的原函数求出积分.但是这样的代换对于$\int \sqrt{a^2-x^2}dx$、$\int \frac{1}{1+\sqrt{x}}dx$ 等积分不适用,这时采用的代换可以考虑去掉根号,看下面的定理.

**定理 4.3**　设函数 $x=\varphi(t)$ 单调且 $\varphi'(t)\neq 0$,函数 $f[\varphi(t)]\varphi'(t)$ 的一个原函数为 $F(t)$,则有

$$\int f(x)dx = \int f[\varphi(t)]\varphi'(t)dt = F[\varphi^{-1}(x)]+C$$

事实上,$F[\varphi^{-1}(x)]$ 由函数 $F(t)$ 与 $x=\varphi(t)$ 的反函数 $t=\varphi^{-1}(x)$ 复合而成,故

$$\{F[\varphi^{-1}(x)]\}' = F'(t)[\varphi^{-1}(x)]' = f[\varphi(t)]\varphi'(t)\frac{1}{\varphi'(t)} = f[\varphi(t)] = f(x)$$

上式中,相当于作了代换 $x=\varphi(t)$,称此换元的方法为第二换元积分法.

**例 4.14**　求积分$\int \sqrt{a^2-x^2}dx\ (a>0)$.

**解**　作代换 $x=a\sin t(-\frac{\pi}{2}<t<\frac{\pi}{2})$,可以去掉被积函数中的根号,这时

$$\int \sqrt{a^2-x^2}dx = \int \sqrt{a^2-a^2\sin^2 t}a\cos t dt$$

$$= a^2\int \cos^2 t dt$$

$$= \frac{a^2}{2}\int (1+\cos 2t)dt$$

$$= \frac{a^2}{2}(t+\sin t\cos t)+C$$

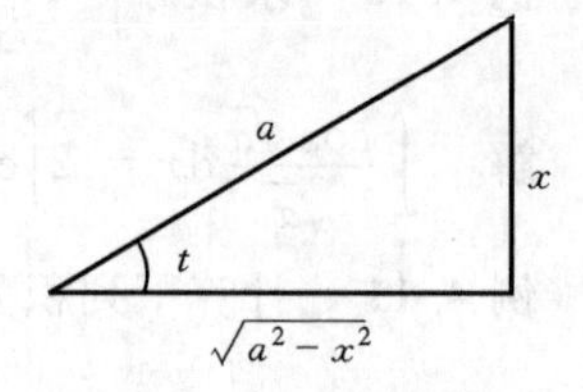


图 4.1　辅助三角形

我们根据 $\sin t=\frac{x}{a}$ 作辅助三角形(见图 4.1),即得 $\cos t=\frac{\sqrt{a^2-x^2}}{a}$,因此

$$\int \sqrt{a^2-x^2}dx = \frac{a^2}{2}\left(\arcsin\frac{x}{a}+\frac{x}{a}\frac{\sqrt{a^2-x^2}}{a}\right)+C$$

$$= \frac{a^2}{2}\arcsin\frac{x}{a}+\frac{x\sqrt{a^2-x^2}}{2}+C$$

这种换元的方法称为三角换元法.

被积函数中如果含有$\sqrt{a^2-x^2}$、$\sqrt{x^2\pm a^2}$等根式，可以考虑使用三角换元法，其目的是去掉被积函数中的根号，然后再结合其他积分方法计算积分.

**例 4.15**　求积分$\int\frac{1}{1+\sqrt{x}}\mathrm{d}x$.

**解**　作代换$x=u^2$，可以去掉被积函数中的根号，这时

$$\int\frac{1}{1+\sqrt{x}}\mathrm{d}x=\int\frac{1}{1+u}2u\mathrm{d}u=2\int\frac{u}{1+u}\mathrm{d}u=2\int\left(1-\frac{1}{1+u}\right)\mathrm{d}u$$

$$=2[u-\ln(1+u)]+C=2\sqrt{x}-2\ln(1+\sqrt{x})+C$$

**2. 分部积分法**

对$\int x\mathrm{e}^x\mathrm{d}x$、$\int\ln x\mathrm{d}x$等积分，无论怎样换元都无法求出其原函数. 下面介绍一种新的方法——分部积分法.

设函数$u=u(x)$、$v=v(x)$具有连续导数，那么两个函数乘积的导数公式为

$$(uv)'=u'v+uv'$$

移项，得

$$uv'=(uv)'-u'v$$

两端对$x$积分得

$$\int uv'\mathrm{d}x=\int(uv)'\mathrm{d}x-\int u'v\mathrm{d}x=uv-\int u'v\mathrm{d}x$$

即

$$\int uv'\mathrm{d}x=uv-\int u'v\mathrm{d}x\quad\text{或}\quad\int u\mathrm{d}v=uv-\int v\mathrm{d}u$$

这就是不定积分的分部积分公式.

什么情况下使用分部积分公式呢？一般地，如果$\int uv'\mathrm{d}x$不容易求出，而$\int u'v\mathrm{d}x$容易求得，就可以使用该公式将积分$\int uv'\mathrm{d}x$转化为$\int u'v\mathrm{d}x$来计算.

**例 4.16**　求积分$\int x\mathrm{e}^x\mathrm{d}x$ .

**解**　$f(x)=x\mathrm{e}^x$，令$u=x$，$v'=\mathrm{e}^x$，则$u'=1$，$v=\mathrm{e}^x$，利用分部积分公式得

$$\int x\mathrm{e}^x\mathrm{d}x=x\mathrm{e}^x-\int\mathrm{e}^x\mathrm{d}x=\mathrm{e}^x(x-1)+C$$

如果令$u=\mathrm{e}^x$、$v'=x$，则$u'=\mathrm{e}^x$、$v=\frac{1}{2}x^2$，利用公式得

$$\int x\mathrm{e}^x\mathrm{d}x=\frac{1}{2}x^2\mathrm{e}^x-\int\frac{1}{2}x^2\mathrm{e}^x\mathrm{d}x$$

等式右端的积分比左端复杂了，可见，$u$选择的不恰当将直接影响到积分的计算.

**例 4.17**　求积分$\int x\sin 2x\mathrm{d}x$.

**解**　令$u=x$，$v'=\sin 2x$，则$u'=1$，$v=-\frac{1}{2}\cos 2x$，那么

$$\int x\sin 2x\mathrm{d}x=-\frac{1}{2}x\cos 2x-\int -\frac{1}{2}\cos 2x\mathrm{d}x=-\frac{1}{2}x\cos 2x+\frac{1}{4}\sin 2x+C$$

**例 4.18** 求积分$\int \ln x\mathrm{d}x$.

**解** 令 $u=\ln x, v'=1$,则 $u'=\frac{1}{x}, v=x$,故

$$\int \ln x\mathrm{d}x=x\ln x-\int \frac{1}{x}x\mathrm{d}x=x\ln x-x+C$$

我们可以将所给积分直接写成$\int u\mathrm{d}v$,然后用公式计算.

**例 4.19** 求积分$\int \mathrm{e}^x\sin x\mathrm{d}x$.

**解** 
$$\begin{aligned}\int \mathrm{e}^x\sin x\mathrm{d}x&=\int \sin x\mathrm{d}(\mathrm{e}^x)=\mathrm{e}^x\sin x-\int \mathrm{e}^x\mathrm{d}(\sin x)\\&=\mathrm{e}^x\sin x-\int \mathrm{e}^x\cos x\mathrm{d}x=\mathrm{e}^x\sin x-\int \cos x\mathrm{d}(\mathrm{e}^x)\\&=\mathrm{e}^x\sin x-\left[\mathrm{e}^x\cos x-\int \mathrm{e}^x\mathrm{d}(\cos x)\right]\\&=\mathrm{e}^x\sin x-\mathrm{e}^x\cos x-\int \mathrm{e}^x\sin x\mathrm{d}x\end{aligned}$$

因此得

$$\int \mathrm{e}^x\sin x\mathrm{d}x=\frac{1}{2}\mathrm{e}^x(\sin x-\cos x)+C$$

该积分用了两次分部积分公式,但要注意两次选取 $u$ 的函数形式应一致.

为了便于求积分$\int uv'\mathrm{d}x$,一般按照如下顺序:反三角函数、对数函数、幂函数、指数函数、三角函数,根据具体情况将排在前面的函数选作 $u$.

**习题 4.1**

1. 求下列不定积分:

(1) $\int \frac{1}{\sqrt{x}}\mathrm{d}x$; (2) $\int x\sqrt{x}\mathrm{d}x$;

(3) $\int 3^x\mathrm{e}^x\mathrm{d}x$; (4) $\int \frac{2\times 3^x-5\times 2^x}{3^x}\mathrm{d}x$;

(5) $\int \mathrm{e}^x\left(1-\frac{\mathrm{e}^{-x}}{\sqrt{x}}\right)\mathrm{d}x$; (6) $\int \sec x(\sec x-\tan x)\mathrm{d}x$;

(7) $\int \cos^2\frac{x}{2}\mathrm{d}x$; (8) $\int (\sin x+\mathrm{e}^x)\mathrm{d}x$;

(9) $\int \frac{1}{1+\cos 2x}\mathrm{d}x$; (10) $\int \frac{\cos 2x}{\cos^2 x\sin^2 x}\mathrm{d}x$;

(11) $\int (x^2+1)\mathrm{d}x$; (12) $\int \frac{x^2}{1+x^2}\mathrm{d}x$;

(13) $\int \sin^2\frac{x}{2}\mathrm{d}x$; (14) $\int (x-2)^2\mathrm{d}x$.

2. 用换元积分法求下列不定积分:

(1) $\int e^{3t}dt$；　(2) $\int \cot x dx$；

(3) $\int \frac{1}{1+9x^2}dx$；　(4) $\int \frac{\ln x}{x}dx$；

(5) $\int \frac{\sin\sqrt{t}}{\sqrt{t}}dt$；　(6) $\int \frac{x}{\sqrt{2-x^2}}dx$；

(7) $\int \tan^3 x\sec x dx$；　(8) $\int \frac{dx}{1+\sqrt{2x}}$；

(9) $\int \frac{1}{(x+1)(x-2)}dx$；　(10) $\int \sin^2 7x dx$.

3. 用分部积分法求下列不定积分：

(1) $\int x^2 e^x dx$；　(2) $\int x\cos x dx$；

(3) $\int x\arctan x dx$；　(4) $\int x\sin x\cos x dx$.

## 4.2　定积分的概念与性质

下面通过两个典型例子，给出定积分的定义.

### 4.2.1　引例

**1. 曲边梯形的面积**

**引例 1**　设曲线方程为 $y=f(x)$，且函数 $f(x)$ 在区间$[a,b]$上连续，$f(x)\geqslant 0$. 讨论图4.2所示的曲边梯形的面积.

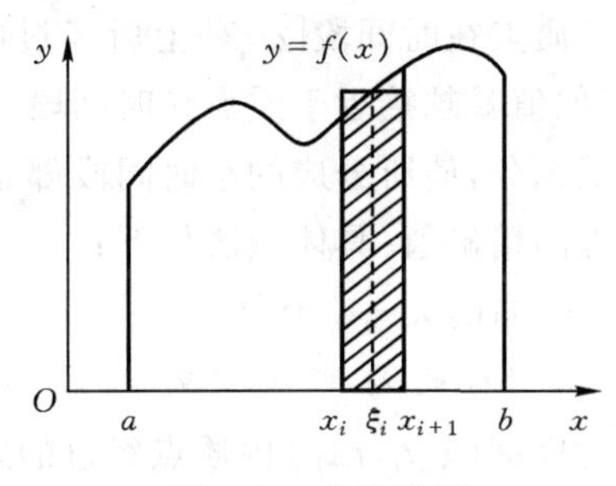


图 4.2　曲边梯形

我们知道，矩形的面积可由底×高来计算. 曲边梯形在底边上各点处的高 $f(x)$ 在区间$[a,b]$上是变动的，但由于 $f(x)$ 在区间$[a,b]$上连续，所以在很小的一段区间上它的变化很小，于是当区间足够小时 $f(x)$ 近似于不变. 因此，如果把区间$[a,b]$划分为许多小区间，在每个小区间上用其中某一点处的高来近似代替同一个小区间上的**窄曲边梯形**的变高（以不变代变！），那么，每个窄曲边梯形就近似地看成**窄矩形**. 我们就可以用所有这些窄矩形的面积之和来近似代替所求曲边梯形的面积. 如果把区间$[a,b]$无限细分下去，这时每个小区间的长度都趋于零，在区间$[a,b]$上所有窄曲边梯形面积之和的极限就可定义为曲边梯形的面积. 具体做法如下：

(1) 分割：任取 $n-1$ 个内分点

$$a = x_1 < x_2 < x_3 < \cdots < x_n < x_{n+1} = b$$

分割区间$[a,b]$为$n$个小区间,记$x_{i+1} - x_i = \Delta x_i$,其中$\Delta x_i$表示第$i$个小区间的长度,与此同时将曲边梯形分割为$n$个小的曲边梯形.

(2) 取近似:用$\Delta A_i$表示第$i$个小曲边梯形的面积,$\xi_i$是$[x_i, x_{i+1}]$上的任意一点($i = 1, 2, \cdots, n$),则

$$\Delta A_i \approx f(\xi_i)\Delta x_i$$

(3) 求和(求曲边梯形面积的近似值):设$A$表示曲边梯形的面积,则

$$A = \sum_{i=1}^{n} \Delta A_i \approx \sum_{i=1}^{n} f(\xi_i)\Delta x_i$$

(4) 取极限:记$\lambda = \max\{\Delta x_1, \Delta x_2, \cdots, \Delta x_n\}$,当$\lambda \to 0$时(这时分段数$n \to \infty$),取上述和式的极限,便得曲边梯形的面积,即

$$A = \lim_{\lambda \to 0} \sum_{i=1}^{n} \Delta A_i = \lim_{\lambda \to 0} \sum_{i=1}^{n} f(\xi_i)\Delta x_i$$

**2. 变速直线运动的路程**

**引例 2**　设质点做变速直线运动,已知速度函数$v = v(t)$,$v(t)$在时间间隔$[\alpha, \beta]$上连续,且$v(t) \geqslant 0$,计算在这段时间内质点所经过的路程$s$.

我们知道,对于匀速直线运动,质点所经过的路程可由速度×时间来计算.但如果速度在时间间隔$[\alpha, \beta]$上是变化的,即路程$s$随时间$t$的变化是非均匀的,这时质点所经过的路程就不能直接由速度×时间来计算.若速度函数$v(t)$在区间$[\alpha, \beta]$上是连续的,那么在很短的一段时间内速度的变化是很小的,即在很短的时间间隔内,质点的运动近似于匀速.因此,如果把$[\alpha, \beta]$任意分割成若干个小时间段(即小区间),且每个小时间段很短,这样,在每个小时间段内,质点可近似地看成匀速运动(以不变代变!),从而可以算出每个小时间段内质点所经过的路程的近似值,再求和,就得到了质点在时间段$[\alpha, \beta]$上所经过的路程$s$的近似值.显然,分割成的每个小时间段越短,上述近似值就越接近于质点在时间段$[\alpha, \beta]$上所经过的路程$s$的精确值.这就是说,若对时间区间无限细分,使所分成的小时间段都趋于零,所有部分路程近似值之和的极限就是质点所经过的路程的精确值.具体做法如下:

(1) 分割:任取时间间隔$[\alpha, \beta]$内的$n-1$个分点

$$\alpha = t_1 < t_2 < t_3 < \cdots < t_n < t_{n+1} = \beta$$

(2) 取近似:设$\Delta s_i$表示在时间间隔$[t_i, t_{i+1}]$内质点经过的路程($i = 1, 2, \cdots, n$),其中$\xi_i$是$[t_i, t_{i+1}]$内的任意一点,则

$$\Delta s_i \approx v(\xi_i)\Delta t_i$$

(3) 求和:

$$s = \sum_{i=1}^{n} \Delta s_i \approx \sum_{i=1}^{n} v(\xi_i)\Delta t_i$$

(4) 取极限:记$\lambda = \max\{\Delta t_1, \Delta t_2, \cdots, \Delta t_n\}$,当$\lambda \to 0$时,取上述和式的极限,便得质点在这段时间内所经过的路程$s$,即

$$s = \lim_{\lambda \to 0} \sum_{i=1}^{n} v(\xi_i)\Delta t_i$$

### 4.2.2　定积分的定义

以上两例，尽管其实际背景不同，但是处理问题的方式是相同的，都采用化整为零、以不变代变、逐渐逼近的方式，且结果都取决于一个函数以及其自变量的取值范围. 舍弃其实际背景，我们给出定积分的定义.

**1. 定义**

**定义 4.3**　设函数 $f(x)$ 在区间$[a,b]$上有定义，在$[a,b]$内任意插入 $n-1$ 个分点

$$a = x_1 < x_2 < \cdots < x_n < x_{n+1} = b$$

将$[a,b]$分为 $n$ 个小区间：

$$[x_1,x_2],[x_2,x_3],\cdots,[x_i,x_{i+1}],\cdots,[x_n,x_{n+1}]$$

第 $i$ 个小区间的长度为 $x_{i+1} - x_i = \Delta x_i$. 任取 $\xi_i \in [x_i,x_{i+1}](i = 1,2,\cdots,n)$，求和

$$\sum_{i=1}^{n} f(\xi_i)\Delta x_i$$

对于 $\lambda = \max\{\Delta x_1,\Delta x_2,\cdots,\Delta x_n\}$，如果无论对区间$[a,b]$怎样划分，也无论在小区间$[x_i,x_{i+1}]$上怎样取点 $\xi_i$，极限 $\lim\limits_{\lambda\to 0}\sum\limits_{i=1}^{n} f(\xi_i)\Delta x_i$ 都存在，则称 $f(x)$ 在$[a,b]$上可积，该极限称为函数 $f(x)$ 在区间$[a,b]$上的定积分，记作 $\int_a^b f(x)\mathrm{d}x$，即

$$\int_a^b f(x)\mathrm{d}x = \lim_{\lambda\to 0}\sum_{i=1}^{n} f(\xi_i)\Delta x_i$$

其中，$[a,b]$叫作**积分区间**，$a$ 叫作**积分下限**，$b$ 叫作**积分上限**，$f(x)$ 叫作**被积函数**，$x$ 叫作**积分变量**，$\sum\limits_{i=1}^{n} f(\xi_i)\Delta x_i$ 叫作**积分和**.

根据定义 4.3，引例中曲边梯形的面积用定积分可以表示为 $A = \int_a^b f(x)\mathrm{d}x$；做变速直线运动的质点所经过的路程可以表示为 $s = \int_\alpha^\beta v(t)\mathrm{d}t$.

关于此定义，有以下几点说明：

(1) 定积分的值只与被积函数 $f(x)$ 以及积分区间$[a,b]$有关，而与表示积分变量的字母无关，即

$$\int_a^b f(x)\mathrm{d}x = \int_a^b f(t)\mathrm{d}t = \int_a^b f(u)\mathrm{d}u$$

(2) 约定：

$$\int_a^b f(x)\mathrm{d}x = -\int_b^a f(x)\mathrm{d}x,\quad \int_a^a f(x)\mathrm{d}x = 0$$

(3) 定义中的 $\lambda\to 0$ 不能用 $n\to\infty$ 代替.

**2. 定积分存在的条件**

由定积分的定义，如果 $\lim\limits_{\lambda\to 0}\sum\limits_{i=1}^{n} f(\xi_i)\Delta x_i$ 存在，其极限值就是 $f(x)$ 在$[a,b]$上的定积分，那么 $f(x)$ 必须满足什么条件才在$[a,b]$上可积分呢？

下面不加证明地给出 $f(x)$ 在 $[a,b]$ 上可积的必要条件和充分条件.

**定理 4.4**(可积的必要条件) 若函数 $f(x)$ 在 $[a,b]$ 上可积,则 $f(x)$ 在 $[a,b]$ 上有界.

**定理 4.5**(可积的充分条件) 若函数 $f(x)$ 在 $[a,b]$ 上连续或在 $[a,b]$ 上有界,且只有有限个间断点,则 $f(x)$ 在 $[a,b]$ 上可积.

**3. 定积分的几何意义**

若 $f(x)\geqslant 0$,由引例1可知 $\int_a^b f(x)\mathrm{d}x$ 表示位于 $x$ 轴上方的曲边梯形的面积;若 $f(x)\leqslant 0$,则曲边梯形位于 $x$ 轴下方,从而定积分 $\int_a^b f(x)\mathrm{d}x$ 表示该面积的负值,即 $A=-\int_a^b f(x)\mathrm{d}x$.

一般地,若 $f(x)$ 在 $[a,b]$ 上既取得正值又取得负值时,函数 $f(x)$ 的图像某些部分在 $x$ 轴上方,而其他部分在 $x$ 轴下方. $\int_a^b f(x)\mathrm{d}x$ 的几何意义则是介于 $x$ 轴、函数 $f(x)$ 的图像及两条直线 $x=a,x=b$ 之间的各部分面积的代数和.

根据定积分的几何意义,可得到下列积分的值(请读者自绘草图).

$$\int_a^b 3\mathrm{d}x = 3(b-a);\qquad \int_0^{\pi}\cos x\mathrm{d}x = 0;$$

$$\int_0^a x\mathrm{d}x = \frac{a^2}{2};\qquad \int_{-a}^{a}\sqrt{a^2-x^2}\mathrm{d}x = \frac{1}{2}\pi a^2.$$

### 4.2.3　定积分的性质

由定积分的定义以及极限的运算法则与性质,可以得到定积分的如下性质.

**性质1**　函数和(差)的定积分等于它们的定积分的和(差),即

$$\int_a^b [f(x)\pm g(x)]\mathrm{d}x = \int_a^b f(x)\mathrm{d}x \pm \int_a^b g(x)\mathrm{d}x$$

这个性质也称为定积分对被积函数具有可加性.

**性质2**　常数因子可以提到积分符号外面:

$$\int_a^b kf(x)\mathrm{d}x = k\int_a^b f(x)\mathrm{d}x\ (k\text{ 为常数})$$

**性质3**　无论 $a$、$b$、$c$ 的相对位置如何,有

$$\int_a^b f(x)\mathrm{d}x = \int_a^c f(x)\mathrm{d}x + \int_c^b f(x)\mathrm{d}x$$

这个性质称为定积分对积分区间具有可加性.

**性质4**　若 $f(x)\equiv 1$,则 $\int_a^b f(x)\mathrm{d}x = b-a$.

**性质5**　若 $f(x)\leqslant g(x)$,则 $\int_a^b f(x)\mathrm{d}x \leqslant \int_a^b g(x)\mathrm{d}x(a<b)$.

**推论1**　$\left|\int_a^b f(x)\mathrm{d}x\right| \leqslant \int_a^b |f(x)|\mathrm{d}x$.

**推论2**　设在 $[a,b]$ 上, $m\leqslant f(x)\leqslant M$,则

$$m(b-a)\leqslant \int_a^b f(x)\mathrm{d}x \leqslant M(b-a)$$

以上性质的证明略.

**性质6**(积分中值定理) 若 $f(x)$ 在$[a,b]$上连续,则在$[a,b]$上至少存在一点 $\xi$,使下式成立

$$\int_a^b f(x)\mathrm{d}x=(b-a)f(\xi)\quad(a\leqslant\xi\leqslant b)$$

这个公式叫作积分中值公式.

**证**　因为 $f(x)$ 在区间$[a,b]$上连续,故可以在$[a,b]$上取得最大值 $M$ 和最小值 $m$,由推论2有

$$m(b-a)\leqslant\int_a^b f(x)\mathrm{d}x\leqslant(b-a)M$$

或

$$m\leqslant\frac{1}{b-a}\int_a^b f(x)\mathrm{d}x\leqslant M$$

即$\frac{1}{b-a}\int_a^b f(x)\mathrm{d}x$ 是介于 $f(x)$ 在$[a,b]$上的最大值 $M$ 与最小值 $m$ 之间的一个数. 利用闭区间上连续函数的介值定理,存在 $\xi\in[a,b]$,使得

$$f(\xi)=\frac{1}{b-a}\int_a^b f(x)\mathrm{d}x$$

或

$$\int_a^b f(x)\mathrm{d}x=f(\xi)(b-a)$$

积分中值定理的几何意义:如图4.3所示,当 $f(x)\geqslant 0$ 时,以区间$[a,b]$为底边,以曲线 $y=f(x)$ 为曲边的曲边梯形面积等于同一底而高为 $f(\xi)$ 的一个矩形的面积.

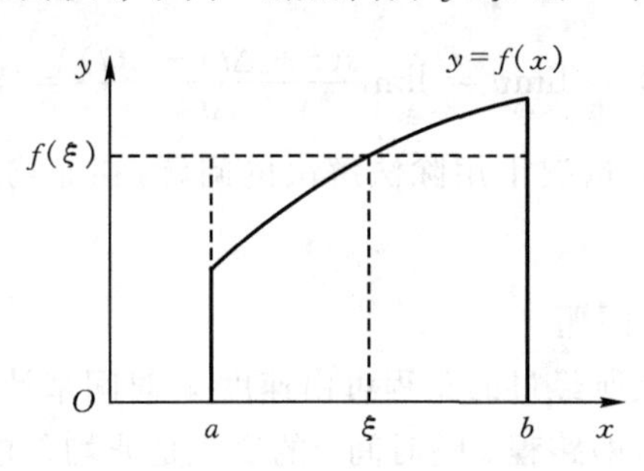


图4.3　积分中值定理的几何表示

由积分中值公式得

$$f(\xi)=\frac{1}{b-a}\int_a^b f(x)\mathrm{d}x$$

称为函数 $f(x)$ 在区间$[a,b]$上的平均值.

**习题 4.2**

1. 由定积分的几何意义给出下列定积分的值:

(1) $\int_0^1 x\mathrm{d}x=$ ________;　　(2) $\int_0^{2\pi}\sin x\mathrm{d}x=$ ________.

2. 一根细棒,长为 $l$,细棒的线密度 $\rho=\rho(x)$ 是在$[0,l]$上的连续函数,且 $\rho(x)\geqslant 0$. 试用定积分表示该细棒的质量 $M$.

3. 估计下列积分的值:

(1) $\int_{1}^{4}(x^2+1)\mathrm{d}x$；　　(2) $\int_{2}^{0}\mathrm{e}^{x^2-x}\mathrm{d}x$.

4. 比较下列积分的大小：

(1) $\int_{0}^{1}x^2\mathrm{d}x$ 和 $\int_{0}^{1}x^3\mathrm{d}x$；　　(2) $\int_{1}^{2}x^2\mathrm{d}x$ 和 $\int_{1}^{2}x^3\mathrm{d}x$；

(3) $\int_{1}^{2}(x-1)\mathrm{d}x$ 和 $\int_{1}^{2}\ln x\mathrm{d}x$；　　(4) $\int_{0}^{1}\mathrm{e}^x\mathrm{d}x$ 和 $\int_{0}^{1}(x+1)\mathrm{d}x$.

## 4.3 微积分的基本思想方法

有了定积分的概念，我们就可以对微分与积分的基本思想方法进行总结.

在第 3 章 3.1 节中我们看到，牛顿研究微积分着重于从运动学来考虑，莱布尼茨却是侧重于从几何学来考虑. 牛顿提出的中心问题：(1) 已知连续运动的路程，求瞬时速度(微分法)；(2) 已知运动的速度求给定时间内经过的路程(积分法). 下面我们就以这两个问题来说明微积分的基本思想方法.

**1. 瞬时速度问题**

若质点做匀速直线运动，则无论取哪一段时间间隔，其速度 = 经过的路程 ÷ 所花的时间.

由 3.2 节，若质点沿直线运动的路程函数为 $s=s(t)$，且质点的运动是变速的，则质点在时刻 $t$ 的瞬时速度可以定义为平均速度(当 $|\Delta t|$ 很小时瞬时速度的近似值) 当 $\Delta t\to 0$ 时的极限(如果极限存在)，即

$$v(t)=\lim_{\Delta t\to 0}\bar{v}=\lim_{\Delta t\to 0}\frac{s(t+\Delta t)-s(t)}{\Delta t}=s'(t)$$

这就是说，在均匀变化的情况下用除法解决的问题，在非均匀变化的情况下可以用导数解决.

**2. 变速直线运动的路程问题**

对于匀速直线运动，质点所经过的路程可由速度 × 时间来计算.

若质点做变速直线运动，即路程 $s$ 随时间 $t$ 的变化是非均匀的，这时质点所经过的路程就不能直接由速度 × 时间来计算. 已知速度函数 $v=v(t)$，$v(t)$ 在时间间隔 $[\alpha,\beta]$ 上连续，且 $v(t)\geqslant 0$，由 4.2 节可知，当 $\lambda\to 0$ 时，若 $\sum_{i=1}^{n}v(\xi_i)\Delta t_i$(这段时间内质点所经过的路程的近似值) 的极限存在，则该极限就是质点在这段时间内所经过的路程 $s$，即

$$s=\lim_{\lambda\to 0}\sum_{i=1}^{n}v(\xi_i)\Delta t_i=\int_{\alpha}^{\beta}v(t)\mathrm{d}t$$

也就是说，在均匀变化的情况下用乘法解决的问题，在非均匀变化的情况下可以用积分解决.

从研究的方法上看，两类问题研究的基本思想方法是一致的，可以概括如下：

(1) 在微小局部“以匀代非匀”，或者说“以不变代变”，求得近似值.

(2) 通过求极限，将近似值转化为精确值.

**思考题**

谈谈你对微积分基本思想方法的认识.

## 4.4　定积分的计算

用定义计算定积分的值,要经过四个步骤:分割、取近似、求和、取极限,即使是简单的积分 $\int_0^1 x\mathrm{d}x$,也是很繁琐的,因此要寻求计算定积分的简便方法.

由4.2.1中的引例2,若质点以速度 $v=v(t)$ 做变速直线运动,则从时刻 $\alpha$ 到时刻 $\beta$ 质点经过的路程为

$$s=\int_\alpha^\beta v(t)\mathrm{d}t$$

如果已知质点的路程函数为 $s=s(t)$,则从时刻 $\alpha$ 到时刻 $\beta$ 质点经过的路程为

$$s=s(\beta)-s(\alpha)$$

即 $\int_\alpha^\beta v(t)\mathrm{d}t=s(\beta)-s(\alpha)$;又 $s(t)$ 是 $v(t)$ 的一个原函数即 $s'(t)=v(t)$. 这表明,$v(t)$ 在 $[\alpha,\beta]$ 上的定积分恰好等于其原函数 $s(t)$ 在区间 $[\alpha,\beta]$ 上的增量. 一般地,若 $x\in[a,b]$ 时,$F'(x)=f(x)$,下面等式是否也成立?

$$\int_a^b f(x)\mathrm{d}x=F(b)-F(a)$$

如果该等式成立,计算定积分就方便多了,为此,我们引入下面的概念.

### 4.4.1　积分上限的函数

设函数 $f(x)$ 在区间 $[a,b]$ 上连续,$x$ 为 $[a,b]$ 上任一点,考虑定积分 $\int_a^x f(x)\mathrm{d}x$.

这里变量 $x$ 有两种不同的意义:一方面它表示定积分的上限,另一方面又表示积分变量. 为明确起见,将积分变量换成 $t$,于是上面的定积分可写成

$$\int_a^x f(t)\mathrm{d}t$$

让 $x$ 在区间 $[a,b]$ 上任意变动,对于 $x$ 的每一个值定积分有唯一确定的值与之对应,这样在该区间上就定义了一个函数,记作 $\Phi(x)$,即

$$\Phi(x)=\int_a^x f(t)\mathrm{d}t\quad(a\leqslant x\leqslant b)$$

称为**积分上限的函数**. 关于这个函数的导数,我们有下面的结论.

**定理4.6**　若函数 $f(x)$ 在区间 $[a,b]$ 上连续,则积分上限的函数

$$\Phi(x)=\int_a^x f(t)\mathrm{d}t$$

是被积函数 $f(x)$ 在区间 $[a,b]$ 上的一个原函数,即

$$\Phi'(x)=\frac{\mathrm{d}}{\mathrm{d}x}\int_a^x f(t)\mathrm{d}t=f(x),\quad x\in[a,b]$$

**证**　当 $x\in(a,b)$ 时,给 $x$ 一个增量 $\Delta x$,使得 $x+\Delta x\in(a,b)$,则

$$\Delta\Phi(x)=\Phi(x+\Delta x)-\Phi(x)=\int_a^{x+\Delta x}f(t)\mathrm{d}t-\int_a^x f(t)\mathrm{d}t=\int_x^{x+\Delta x}f(t)\mathrm{d}t$$

由积分中值定理，有

$$\Delta\Phi(x)=f(\xi)\Delta x$$

这里 $\xi$ 在 $x$ 与 $x+\Delta x$ 之间，上式两端同除以 $\Delta x$，得

$$\frac{\Delta\Phi(x)}{\Delta x}=f(\xi)$$

由于 $f(x)$ 在区间 $[a,b]$ 上连续，故当 $\Delta x\to 0$ 时，$\xi\to x$，因此

$$\lim_{\Delta x\to 0}\frac{\Delta\Phi(x)}{\Delta x}=\lim_{\Delta x\to 0}f(\xi)=f(x)$$

这就是说，函数 $\Phi(x)$ 的导数存在，且

$$\Phi'(x)=f(x)$$

当 $x=a$ 或 $b$ 时考虑其单侧导数，可得

$$\Phi'_{+}(a)=f(a),\quad \Phi'_{-}(b)=f(b)$$

该定理也称为**原函数存在定理**. 定理 4.6 表明积分上限的函数 $\Phi(x)$ 是连续函数 $f(x)$ 的一个原函数，即连续函数一定有原函数.

**例 4.20** 设 $\varphi(x)=\int_1^x \sin t^2\mathrm{d}t$，求 $\varphi'(x)$.

**解** $\varphi'(x)=\sin x^2$

**例 4.21** 设 $\varphi(x)=\int_x^1\sqrt[3]{\sin^2 t}\mathrm{d}t$，求 $\varphi'(x)$，$\varphi'\left(\frac{\pi}{2}\right)$.

**解** $\varphi(x)=\int_x^1\sqrt[3]{\sin^2 t}\mathrm{d}t=-\int_1^x\sqrt[3]{\sin^2 t}\mathrm{d}t$，故

$$\varphi'(x)=-\sqrt[3]{\sin^2 x}\quad,\quad \varphi'\left(\frac{\pi}{2}\right)=-1$$

**例 4.22** 设 $50x^3+40=\int_c^x f(t)\mathrm{d}t$，求 $f(x)$ 及 $c$.

**解** 两边求导数，得

$$f(x)=150x^2$$

原式两端令 $x=c$，得 $5c^3+40=0$，于是 $c=-2$.

**例 4.23** 求 $\lim\limits_{x\to 0}\frac{\int_0^x \sin 2t\mathrm{d}t}{x^2}$.

**解** 这是 $\frac{0}{0}$ 型未定式，用洛必达法则，得

$$\lim_{x\to 0}\frac{\int_0^x \sin 2t\mathrm{d}t}{x^2}=\lim_{x\to 0}\frac{\sin 2x}{2x}=1$$

### 4.4.2 牛顿-莱布尼茨公式(微积分基本公式)

**定理 4.7** 设函数 $f(x)$ 在区间 $[a,b]$ 上连续，且 $F'(x)=f(x)$，则

$$\int_a^b f(x)\mathrm{d}x=F(b)-F(a)\tag{4.1}$$

**证**　已知函数 $F(x)$ 是连续函数 $f(x)$ 的一个原函数.根据定理4.6知,积分上限的函数 $\Phi(x)=\int_a^x f(t)\mathrm{d}t$ 也是 $f(x)$ 的一个原函数,于是这两个原函数之差为某个常数,即

$$F(x)-\Phi(x)=C\quad(a\leqslant x\leqslant b)\tag{4.2}$$

在上式中令 $x=a$,得

$$F(a)-\Phi(a)=C$$

又 $\Phi(a)=0$,因此

$$C=F(a)$$

将 $C$ 及 $\Phi(x)$ 代入式(4.2),可得

$$\int_a^x f(x)\mathrm{d}x=F(x)-F(a)$$

在上式中令 $x=b$,就得到所要证明的公式(4.1).

该公式称为**牛顿-莱布尼茨(Newton-Leibniz)公式**,也称为**微积分基本公式**,是微积分学最重要的公式.由定积分的性质可知,式(4.1)对 $a>b$ 的情形同样成立.为方便起见,把 $F(b)-F(a)$ 记成

$$[F(x)]_a^b\quad\text{或}\quad F(x)\Big|_a^b$$

牛顿-莱布尼茨公式,给定积分的计算提供了一种有效且简便的方法.现在,我们只要设法求出 $f(x)$ 在$[a,b]$上的原函数 $F(x)$,然后求出 $F(x)$ 在区间$[a,b]$上的增量就可以了.

**例4.24**　计算定积分$\int_0^1 x^2\mathrm{d}x$.

**解**　$\int_0^1 x^2\mathrm{d}x=\left[\dfrac{x^3}{3}\right]_0^1=\dfrac{1}{3}$

**例4.25**　计算$\int_{-1}^{\sqrt{3}}\dfrac{\mathrm{d}x}{1+x^2}$.

**解**　$\int_{-1}^{\sqrt{3}}\dfrac{\mathrm{d}x}{1+x^2}=[\arctan x]_{-1}^{\sqrt{3}}=\dfrac{7}{12}\pi$

**例4.26**　计算$\int_{-2}^{-1}\dfrac{\mathrm{d}x}{x}$.

**解**　$\int_{-2}^{-1}\dfrac{\mathrm{d}x}{x}=[\ln|x|]_{-2}^{-1}=\ln1-\ln2=-\ln2$

**例4.27**　计算正弦曲线 $y=\sin x$ 在$[0,\pi]$上与 $x$ 轴所围成的平面图形的面积.

**解**　设所求面积为 $A$,则

$$A=\int_0^{\pi}\sin x\mathrm{d}x=[-\cos x]_0^{\pi}=2$$

从以上例子可以看出,只要利用不定积分的方法求出 $f(x)$ 在$[a,b]$上的原函数 $F(x)$,定积分的问题就可以解决,但为了使定积分的计算更加快捷,还需进一步讨论.

### 4.4.3　定积分的积分法

#### 1. 定积分的换元法

**定理4.8**　设函数 $f(x)$ 在区间$[a,b]$上连续,函数 $x=\varphi(t)$ 满足:

(1) 在以 $\alpha,\beta$ 为端点的区间上单调、可导，且 $\varphi'(t)$ 连续；

(2) $a=\varphi(\alpha),b=\varphi(\beta)$，当 $t$ 从 $\alpha$ 变到 $\beta$ 时，$x$ 从 $a$ 变到 $b$，则

$$\int_a^b f(x)\mathrm{d}x=\int_\alpha^\beta f[\varphi(t)]\varphi'(t)\mathrm{d}t$$

**证** 由条件知，等号两端的被积函数均连续，故定积分存在. 设 $F(x)$ 是 $f(x)$ 的一个原函数，则根据牛顿-莱布尼茨公式：

$$\int_a^b f(x)\mathrm{d}x=F(b)-F(a)$$

设 $\Phi(t)=F[\varphi(t)]$，则

$$\Phi'(t)=F'[\varphi(t)]\varphi'(t)=f[\varphi(t)]\varphi'(t)$$

这表明 $\Phi(t)$ 是 $f[\varphi(t)]\varphi'(t)$ 的一个原函数，再根据牛顿-莱布尼茨公式：

$$\int_\alpha^\beta f[\varphi(t)]\varphi'(t)\mathrm{d}t=\Phi(\beta)-\Phi(\alpha)=F[\varphi(\beta)]-F[\varphi(\alpha)]=F(b)-F(a)$$

于是得

$$\int_a^b f(x)\mathrm{d}x=\int_\alpha^\beta f[\varphi(t)]\varphi'(t)\mathrm{d}t$$

这种方法的特点：在换元的同时，积分限也发生变化，省略了相应的不定积分方法中的回代过程.

**例 4.28** 计算定积分 $\int_0^a \sqrt{a^2-x^2}\mathrm{d}x\ (a>0)$.

**解** 作变量代换 $x=a\sin u$，则 $\mathrm{d}x=a\cos u\mathrm{d}u$，且

$$x=0\text{ 时 }u=0,x=a\text{ 时 }u=\frac{\pi}{2}$$

于是，

$$\begin{aligned}\int_0^a \sqrt{a^2-x^2}\mathrm{d}x&=a^2\int_0^{\frac{\pi}{2}}\cos^2 u\mathrm{d}u=\frac{a^2}{2}\int_0^{\frac{\pi}{2}}(1+\cos 2u)\mathrm{d}u\\&=\frac{a^2}{2}\left[u+\frac{1}{2}\sin 2u\right]_0^{\frac{\pi}{2}}\\&=\frac{\pi a^2}{4}\end{aligned}$$

读者可以思考一下，例 4.28 是否可以用定积分的几何意义解决呢？

**例 4.29** 计算定积分 $\int_0^1 \frac{1}{1+\sqrt{x}}\mathrm{d}x$.

**解** 作变量代换 $x=u^2$，则 $\mathrm{d}x=2u\mathrm{d}u$，且

$$x=0\text{ 时 }u=0,x=1\text{ 时 }u=1$$

于是，

$$\begin{aligned}\int_0^1 \frac{1}{1+\sqrt{x}}\mathrm{d}x&=2\int_0^1\frac{u}{1+u}\mathrm{d}u=2\int_0^1\left(1-\frac{1}{1+u}\right)\mathrm{d}u\\&=2[u-\ln(1+u)]_0^1\\&=2(1-\ln 2)\end{aligned}$$

**例 4.30** 计算定积分 $\int_1^{\mathrm{e}}\frac{2+\ln x}{x}\mathrm{d}x$.

**解**　作变量代换 $u=\ln x$，则 $x=\mathrm{e}^u$，$\mathrm{d}x=\mathrm{e}^u\mathrm{d}u$，且

$$x=1 \text{ 时 } u=0, x=\mathrm{e} \text{ 时 } u=1$$

于是，

$$\int_1^{\mathrm{e}}\frac{2+\ln x}{x}\mathrm{d}x=\int_0^1\frac{2+u}{\mathrm{e}^u}\mathrm{e}^u\mathrm{d}u=\int_0^1(2+u)\mathrm{d}u=\frac{1}{2}[(2+u)^2]_0^1=\frac{5}{2}$$

此例如果采用凑微分的方法

$$\int_1^{\mathrm{e}}\frac{2+\ln x}{x}\mathrm{d}x=\int_1^{\mathrm{e}}(2+\ln x)\mathrm{d}(2+\ln x)=\frac{1}{2}[(2+\ln x)^2]_1^{\mathrm{e}}=\frac{5}{2}$$

不必换积分限.

**例 4.31**　若 $f(x)$ 为连续的奇函数，证明 $\int_0^x f(t)\mathrm{d}t$ 是偶函数.

**证**　记 $\varphi(x)=\int_0^x f(t)\mathrm{d}t$，并作变量代换 $t=-u$，则 $\mathrm{d}t=-\mathrm{d}u$，且

$$t=0 \text{ 时 } u=0, t=-x \text{ 时 } u=x$$

于是

$$\varphi(-x)=\int_0^{-x}f(t)\mathrm{d}t=\int_0^x f(-u)(-\mathrm{d}u)=\int_0^x f(u)\mathrm{d}u=\int_0^x f(t)\mathrm{d}t=\varphi(x)$$

即 $\int_0^x f(t)\mathrm{d}t$ 是偶函数.

**例 4.32**　设函数 $f(x)$ 在区间 $[-a,a]$ 上连续，证明：

(1) 若 $f(-x)=-f(x)$，则 $\int_{-a}^a f(x)\mathrm{d}x=0$；

(2) 若 $f(-x)=f(x)$，则 $\int_{-a}^a f(x)\mathrm{d}x=2\int_0^a f(x)\mathrm{d}x$.

**证**　$\int_{-a}^a f(x)\mathrm{d}x=\int_{-a}^0 f(x)\mathrm{d}x+\int_0^a f(x)\mathrm{d}x$

对 $\int_{-a}^0 f(x)\mathrm{d}x$ 用换元法，作变量代换 $x=-u$，则 $\mathrm{d}x=-\mathrm{d}u$，且 $x=-a$ 时 $u=a$，$x=0$ 时 $u=0$，那么

$$\begin{aligned}\int_{-a}^a f(x)\mathrm{d}x&=\int_{-a}^0 f(x)\mathrm{d}x+\int_0^a f(x)\mathrm{d}x=\int_a^0 f(-u)(-\mathrm{d}u)+\int_0^a f(x)\mathrm{d}x\\&=\int_0^a f(-u)\mathrm{d}u+\int_0^a f(x)\mathrm{d}x=\int_0^a f(-x)\mathrm{d}x+\int_0^a f(x)\mathrm{d}x\\&=\int_0^a[f(-x)+f(x)]\mathrm{d}x\end{aligned}$$

(1) 当 $f(-x)=-f(x)$ 时：

$$\int_{-a}^a f(x)\mathrm{d}x=0$$

(2) 当 $f(-x)=f(x)$ 时：

$$\int_{-a}^a f(x)\mathrm{d}x=2\int_0^a f(x)\mathrm{d}x$$

**2. 定积分的分部积分法**

设函数 $u(x)$、$v(x)$ 在区间 $[a,b]$ 上有连续导数，由 $(uv)'=u'v+uv'$，有 $uv'=(uv)'-$

$u'v$，对等式两端进行定积分：

$$\int_a^b uv'\mathrm{d}x = \int_a^b (uv)'\mathrm{d}x - \int_a^b u'v\mathrm{d}x = [uv]_a^b - \int_a^b u'v\mathrm{d}x$$

故有定积分的分部积分公式：

$$\int_a^b uv'\mathrm{d}x = [uv]_a^b - \int_a^b u'v\mathrm{d}x \quad 或 \quad \int_a^b u\mathrm{d}v = [uv]_a^b - \int_a^b v\mathrm{d}u$$

**例 4.33** 计算积分$\int_0^1 x\arctan x\mathrm{d}x$.

**解** $\int_0^1 x\arctan x\mathrm{d}x = \frac{1}{2}\int_0^1 \arctan x\mathrm{d}(x^2+1)$

$$= \frac{1}{2}\left[(x^2+1)\arctan x\Big|_0^1 - \int_0^1 \frac{x^2+1}{1+x^2}\mathrm{d}x\right]$$

$$= \frac{1}{2}\left(\frac{\pi}{2}-1\right)$$

**例 4.34** 计算积分$\int_0^\pi x\sin x\mathrm{d}x$.

**解** $\int_0^\pi x\sin x\mathrm{d}x = \int_0^\pi x\mathrm{d}(-\cos x) = -x\cos x\Big|_0^\pi + \int_0^\pi \cos x\mathrm{d}x$

$$= \pi + \sin x\Big|_0^\pi = \pi$$

### 4.4.4 反常积分

在一些实际问题中，经常遇到积分区间为无穷区间，或者被积函数为无界函数的积分，这些已经不属于我们前文所说的定积分，故称之为**反常积分**（也称为广义积分），它们是定积分的两种推广. 处理这类问题所用的方法仍然是**极限方法**. 例如，对于定义在区间$[a,+\infty)$上的连续函数$f(x)$，取$b>a$，如果极限

$$\lim_{b\to+\infty}\int_a^b f(x)\mathrm{d}x$$

存在，则称此极限为函数$f(x)$在无穷区间$[a,+\infty)$上的反常积分，记作$\int_a^{+\infty} f(x)\mathrm{d}x$，即

$$\int_a^{+\infty} f(x)\mathrm{d}x = \lim_{b\to+\infty}\int_a^b f(x)\mathrm{d}x$$

这时也称反常积分$\int_a^{+\infty} f(x)\mathrm{d}x$收敛；如果上述极限不存在，函数$f(x)$在无穷区间$[a,+\infty)$上的反常积分$\int_a^{+\infty} f(x)\mathrm{d}x$就没有意义，习惯上称为反常积分$\int_a^{+\infty} f(x)\mathrm{d}x$发散，这时记号$\int_a^{+\infty} f(x)\mathrm{d}x$不再表示数值了.

**例 4.35** 计算反常积分$\int_0^{+\infty}\frac{\mathrm{d}x}{1+x^2}$.

**解** $\int_0^{+\infty}\frac{\mathrm{d}x}{1+x^2} = \lim_{b\to+\infty}\int_0^b \frac{\mathrm{d}x}{1+x^2} = \lim_{b\to+\infty}[\arctan x]_0^b = \lim_{b\to+\infty}\arctan b = \frac{\pi}{2}$

关于反常积分这里不再详述，有兴趣的读者可参阅同济大学数学科学院编写的《高等数学

(第八版)》(高等教育出版社).

**习题 4.4**

1. 求函数 $y=\int_0^x \sin t\mathrm{d}t$ 当 $x=0$ 及 $x=\frac{\pi}{4}$ 时的导数.

2. 求由参数方程 $x=\int_0^t \sin u\mathrm{d}u, y=\int_0^t \cos u\mathrm{d}u$ 所确定的函数对 $x$ 的导数.

3. 求下列函数的导数:

(1) $\int_0^x \sqrt{1+t^2}\mathrm{d}t$;　　(2) $\int_{x^2}^0 \frac{\mathrm{d}t}{\sqrt{1+t^4}}$.

4. 求下列极限:

(1) $\lim\limits_{x\to 0}\frac{\int_0^x \cos t^2\mathrm{d}t}{x}$;　　(2) $\lim\limits_{x\to 3}\frac{x\int_3^x \frac{\sin t}{t}\mathrm{d}t}{x-3}$.

5. 计算下列各定积分:

(1) $\int_0^1 (3x^2-x+1)\mathrm{d}x$;　　(2) $\int_4^9 \sqrt{x}(1+\sqrt{x})\mathrm{d}x$;

(3) $\int_{-\mathrm{e}}^{-2} \frac{\mathrm{d}x}{x}$;　　(4) $\int_0^{\frac{\pi}{4}} \tan^2\theta\mathrm{d}\theta$;

(5) $\int_{-\frac{1}{2}}^{\frac{1}{2}} \frac{\mathrm{d}x}{\sqrt{1-x^2}}$;　　(6) $\int_0^{2\pi} |\sin x|\mathrm{d}x$.

6. 用换元法计算下列各定积分:

(1) $\int_{\frac{\pi}{3}}^{\pi} \sin\left(x+\frac{\pi}{3}\right)\mathrm{d}x$;　　(2) $\int_1^4 \frac{1}{1+\sqrt{x}}\mathrm{d}x$;

(3) $\int_1^{\mathrm{e}^2} \frac{\mathrm{d}x}{x\sqrt{1+\ln x}}$;　　(4) $\int_{-2}^0 \frac{1}{x^2+2x+2}\mathrm{d}x$;

(5) $\int_0^1 t\mathrm{e}^{-\frac{t^2}{2}}\mathrm{d}t$;　　(6) $\int_0^1 \sqrt{1-x^2}\mathrm{d}x$.

7. 利用被积函数的奇偶性求下列定积分的值:

(1) $\int_{-\pi}^{\pi} x^4\sin x\mathrm{d}x$;　　(2) $\int_{-1}^1 (x^2+\sin x)\mathrm{d}x$.

8. 用分部积分法求下列定积分的值:

(1) $\int_1^{\mathrm{e}} x\ln x\mathrm{d}x$;　　(2) $\int_{\frac{\pi}{4}}^{\frac{\pi}{3}} \frac{x}{\sin^2 x}\mathrm{d}x$;

(3) $\int_0^1 x\arctan x\mathrm{d}x$;　　(4) $\int_0^1 x\mathrm{e}^x\mathrm{d}x$.

## 4.5　定积分的应用

### 4.5.1　定积分的微元法

把所要求的量如几何量、物理量或者经济量等分解成众多微小的量,再将问题转化成对这些微小的量求和，这样的思路和方法，我们称之为“微元法”.

从定积分的概念可以看到，定积分解决问题的基本思路：分割、取近似、求和、取极限.如果每个实际问题都按照上述步骤完成就太繁琐了，为了简化该过程，我们对前文讨论过的曲边梯形的面积进行如下处理：

在$[a,b]$上任取一小区间$[x,x+\mathrm{d}x]$，则$[x,x+\mathrm{d}x]$上的窄曲边梯形的面积$\Delta A$可以近似地表示为$\Delta A\approx f(x)\mathrm{d}x$，从而有

$$A=\lim\sum f(x)\mathrm{d}x=\int_a^b f(x)\mathrm{d}x$$

称面积的近似值$f(x)\mathrm{d}x$为面积微元，记为$\mathrm{d}A=f(x)\mathrm{d}x$.

对于实际问题，如果所求整体量为$U$，按照上述思路，可得到求$U$的方法如下：

(1) 选取积分变量，如$x$，确定$x$的变化范围即$x\in[a,b]$；

(2) 任意$[x,x+\mathrm{d}x]\subset[a,b]$，写出在$x\in[x,x+\mathrm{d}x]$上所求量$U$的部分量$\Delta U$的近似值$\mathrm{d}U=f(x)\mathrm{d}x$，也称$\mathrm{d}U$为$U$的微元(部分量的近似值)，即$\Delta U\approx\mathrm{d}U=f(x)\mathrm{d}x$；

(3) 所求量$U=\int_a^b\mathrm{d}U=\int_a^b f(x)\mathrm{d}x$.

以上方法的关键是得到所求量的部分量的近似值，即微元$\mathrm{d}U=f(x)\mathrm{d}x$，这种求整体量的方法就是**微元法**.

### 4.5.2 定积分的几何应用

**1. 平面图形的面积**

如图4.4所示平面图形，求它的面积$A$.

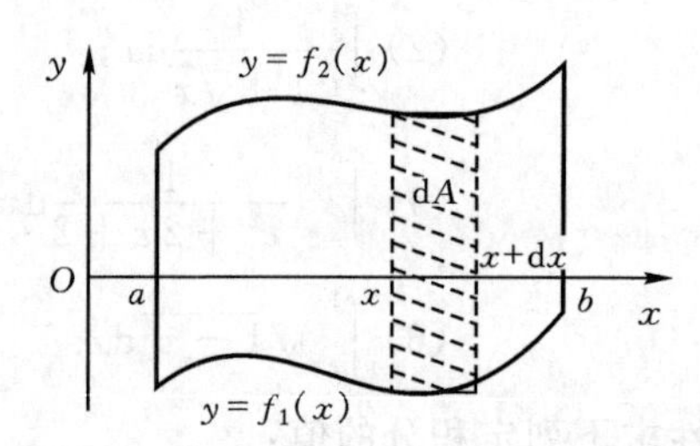


图4.4 $y=f_1(x)$、$y=f_2(x)$、$x=a$、$x=b$围成的平面图形

(1) 以$x$为积分变量，则$x\in[a,b]$；

(2) 任意$[x,x+\mathrm{d}x]\subset[a,b]$，对应的面积微元

$$\mathrm{d}A=[f_2(x)-f_1(x)]\mathrm{d}x$$

(3) $A=\int_a^b\mathrm{d}A=\int_a^b[f_2(x)-f_1(x)]\mathrm{d}x$.

**例4.36** 求曲线$x-y=0$与$y=x^2-2x$所围成图形的面积.

**解** 解方程组$\begin{cases}x-y=0\\y=x^2-2x\end{cases}$，得两条曲线的交点分别为(0,0)和(3,3)(见图4.5)，那么面积元素

$$\mathrm{d}A=[x-(x^2-2x)]\mathrm{d}x=(3x-x^2)\mathrm{d}x,x\in[0,3]$$

积分得

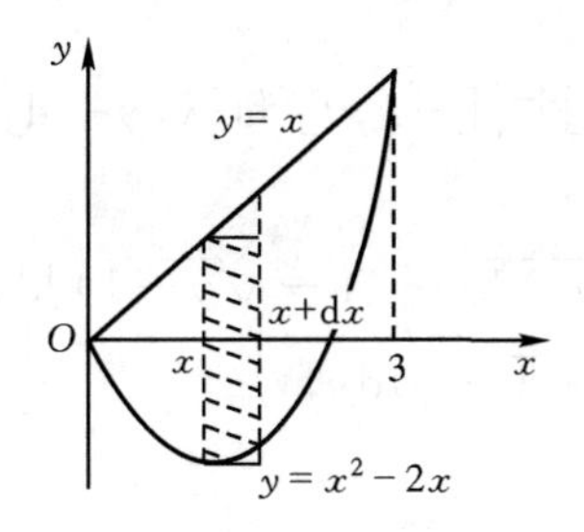


图 4.5　直线 $y = x$ 与曲线 $y = x^2 - 2x$ 围成的平面图形

$$A = \int_a^b \mathrm{d}A = \int_0^3 (3x - x^2)\mathrm{d}x = \frac{9}{2}$$

如果求如图 4.6 所示的平面图形的面积，则

(1) 选取积分变量为 $y, y \in [c, d]$；

(2) 任意 $[y, y + \mathrm{d}y] \subset [c, d]$，对应的面积微元为

$$\mathrm{d}A = [\varphi_2(y) - \varphi_1(y)]\mathrm{d}y$$

(3) 积分得

$$A = \int_c^d \mathrm{d}A = \int_c^d [\varphi_2(y) - \varphi_1(y)]\mathrm{d}y$$

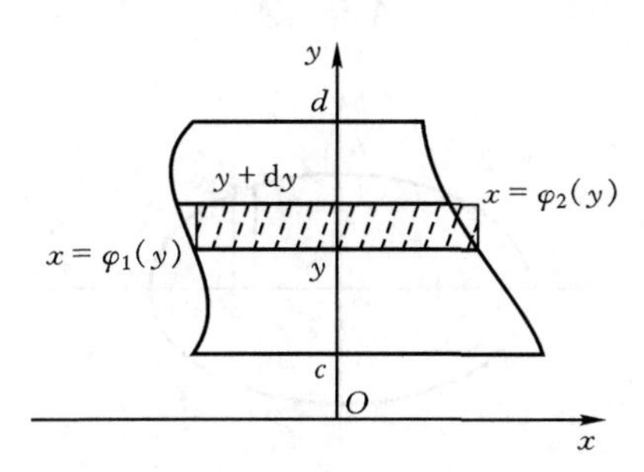


图 4.6　$x = \varphi_1(y)$、$x = \varphi_2(y)$、$y = c$、$y = d$ 围成的平面图形

如果对例 4.36 选取 $y$ 为积分变量，如图 4.7 所示，则

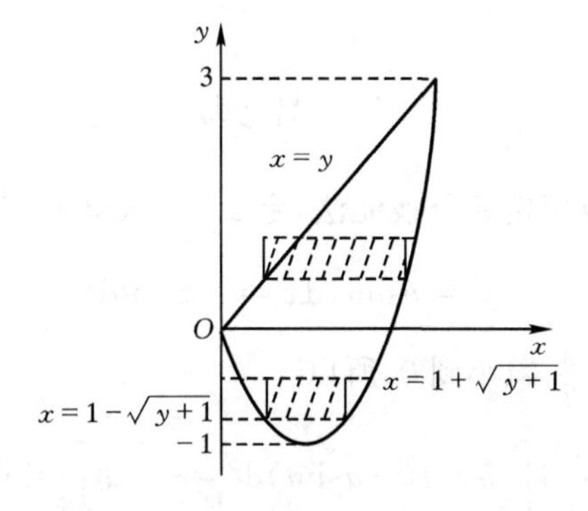


图 4.7　直线 $y = x$ 与曲线 $y = x^2 - 2x$ 围成的平面图形

(1) $y \in [-1, 3] = [-1, 0] \cup [0, 3]$；

（2）分别考虑：

$$[y, y + \mathrm{d}y] \subset [-1, 0] \text{和} [y, y + \mathrm{d}y] \subset [0, 3]$$

对应的面积微元

$$\mathrm{d}A_1 = [(1 + \sqrt{y+1}) - (1 - \sqrt{y+1})]\mathrm{d}y, \quad y \in [-1, 0]$$

$$\mathrm{d}A_2 = (1 + \sqrt{y+1} - y)\mathrm{d}y, \quad y \in [0, 3]$$

（3）分别积分得

$$A_1 = \int_{-1}^{0} \mathrm{d}A_2 = \int_{-1}^{0} (2\sqrt{y+1})\mathrm{d}y = \frac{4}{3}$$

$$A_2 = \int_{0}^{3} \mathrm{d}A_1 = \int_{0}^{3} (1 + \sqrt{y+1} - y)\mathrm{d}y = \frac{19}{6}$$

所求图形的面积为

$$A = A_1 + A_2 = \frac{9}{2}$$

可以看出，积分变量的选择($x$ 或 $y$)直接影响积分的计算过程.

**例 4.37**　求曲线$\frac{x^2}{a^2} + \frac{y^2}{b^2} = 1$所围成的图形的面积.

**解**　如图 4.8 所示，由对称性，所求面积为

$$A = 4A_1$$

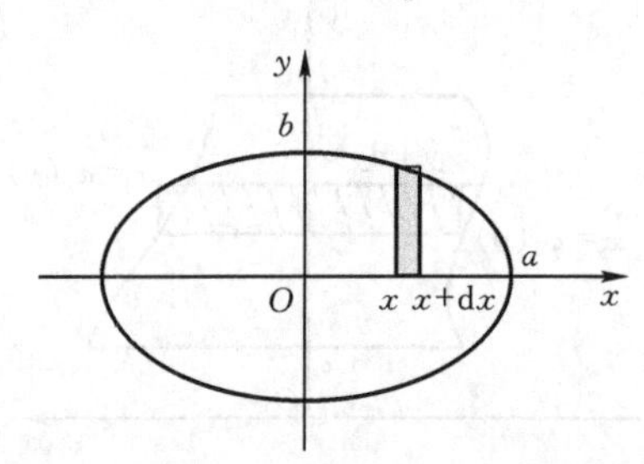


图 4.8　曲线$\frac{x^2}{a^2} + \frac{y^2}{b^2} = 1$围成的平面图形

该曲线所围成的图形是一个椭圆，其中 $A_1$ 为该椭圆在第一象限部分与两坐标轴所围图形的面积，因此

$$A = 4\int_{0}^{a} y\mathrm{d}x$$

利用椭圆的参数方程，应用定积分换元法，令 $x = a\cos t\left(0 \leqslant t \leqslant \frac{\pi}{2}\right)$，则

$$y = b\sin t, \mathrm{d}x = -a\sin t\mathrm{d}t$$

且当 $x$ 由 0 增加到 $a$ 时，$t$ 由$\frac{\pi}{2}$减小到 0，所以

$$A = 4\int_{\frac{\pi}{2}}^{0} b\sin t(-a\sin t)\mathrm{d}t = -4ab\int_{\frac{\pi}{2}}^{0} \sin^2 t\mathrm{d}t$$

$$= 4ab\int_{0}^{\frac{\pi}{2}} \sin^2 t\mathrm{d}t = 4ab\left[\frac{t}{2} - \frac{\sin 2t}{4}\right]_{0}^{\frac{\pi}{2}} = \pi ab$$

当 $a = b$ 时，就得到我们所熟悉的圆面积公式.

**2. 旋转体的体积**

旋转体就是由一个平面图形绕这平面内一条直线旋转一周而成的立体，其特征是垂直于这条直线的平行截面均为圆，这条直线叫作旋转轴.

常见的旋转体如圆柱、圆锥、圆台、球体等.

(1) 如图4.9所示，连续曲线方程为 $y=f(x)$，且 $x\in[a,b]$. 将 $y=f(x)$、$x=a$、$x=b$ 与 $x$ 轴所围成的曲边梯形绕 $x$ 轴旋转一周，求所得旋转体的体积 $V$.

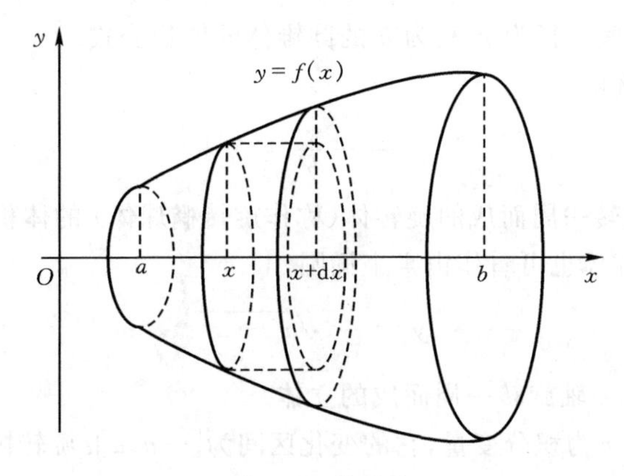


图4.9　旋转体

取横坐标 $x$ 为积分变量，相应于 $[a,b]$ 上的任一小区间 $[x,x+\mathrm{d}x]$ 上的窄曲边梯形绕 $x$ 轴旋转而成的薄片的体积近似于底半径为 $f(x)$、高为 $\mathrm{d}x$ 的扁柱体的体积，即体积微元

$$\mathrm{d}V=\pi[f(x)]^2\mathrm{d}x$$

从而，旋转体的体积为

$$V=\pi\int_a^b f^2(x)\mathrm{d}x$$

(2) 若连续曲线为 $x=g(y)$，$y\in[c,d]$，则 $x=g(y)$、$y=c$、$y=d$ 及 $y$ 轴所围成的曲边梯形绕 $y$ 轴旋转一周，所得旋转体的体积为

$$V=\int_c^d A(y)\mathrm{d}y=\pi\int_c^d g^2(y)\mathrm{d}y$$

**例4.38**　求由直线 $y=\dfrac{r}{h}x$、$x=h$ 及 $x$ 轴围成的直角三角形绕 $x$ 轴旋转一周所形成的旋转体(圆锥体)的体积.

**解**　如图4.10所示，取横坐标 $x$ 为积分变量，变化区间为 $[0,h]$，则体积元素

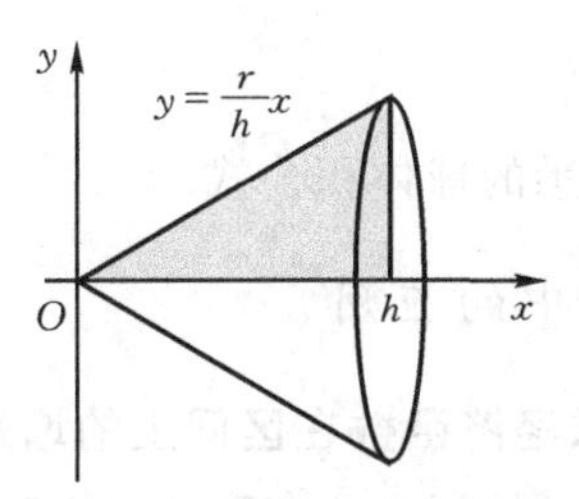


图4.10　高为 $h$ 的圆锥体

$$dV = \pi y^2 dx = \pi \left(\frac{r}{h}x\right)^2 dx$$

于是所求圆锥体的体积为

$$V = \int_0^h \pi \left(\frac{r}{h}x\right)^2 dx = \frac{\pi r^2}{h^2}\int_0^h x^2 dx = \frac{1}{3}\pi r^2 h$$

这就是我们熟悉的底半径为 $r$，高为 $h$ 的圆锥体的体积公式.

**例 4.39** 计算由椭圆

$$\frac{x^2}{a^2} + \frac{y^2}{b^2} = 1$$

所围成的图形绕 $x$ 轴旋转一周而成的旋转体(称作**旋转椭球体**)的体积.

**解** 这个旋转椭球体也可看作由半个椭圆

$$y = \frac{b}{a}\sqrt{a^2 - x^2}$$

与 $x$ 轴所围成的图形绕 $x$ 轴旋转一周而成的立体.

如图 4.11 所示，取 $x$ 为积分变量，它的变化区间为$[-a,a]$. 旋转椭球体中相应于$[-a,a]$上任一小区间$[x,x+dx]$的薄片的体积，近似于底半径为$\frac{b}{a}\sqrt{a^2-x^2}$、高为 $dx$ 的扁圆柱体的体积，即体积元素

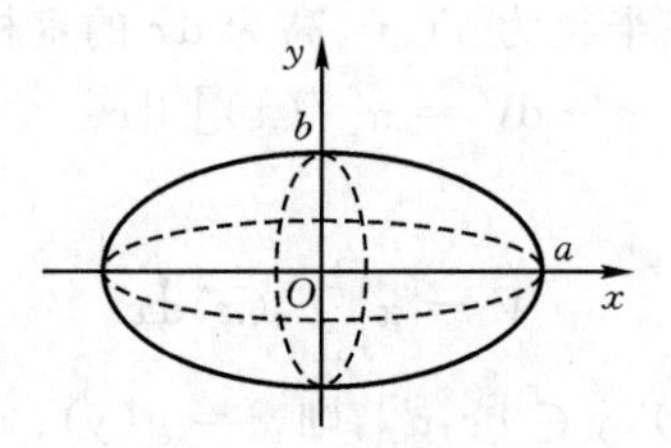


图 4.11 旋转椭球体

$$dV = \frac{\pi b^2}{a^2}(a^2 - x^2)dx$$

于是所求旋转椭球体的体积为

$$V = \int_{-a}^a \pi \frac{b^2}{a^2}(a^2 - x^2)dx = \pi \frac{b^2}{a^2}\left[a^2 x - \frac{x^3}{3}\right]_{-a}^a = \frac{4}{3}\pi ab^2$$

当 $a = b$ 时，就得到我们所熟悉的球体积公式.

### 4.5.3 定积分在经济学中的应用

**1. 由经济函数的边际函数，求经济函数在区间上的增量**

销售收入 $R(x)$、总成本 $C(x)$、利润 $L(x)$ 在产量 $x$ 的变动区间$[a,b]$上的改变量(增量)就等于它们各自边际函数(即 $R'(x)$、$C'(x)$、$L'(x)$)在区间$[a,b]$上的定积分:

$$R(b)-R(a)=\int_a^b R'(x)\mathrm{d}x \tag{4.3}$$

$$C(b)-C(a)=\int_a^b C'(x)\mathrm{d}x \tag{4.4}$$

$$L(b)-L(a)=\int_a^b L'(x)\mathrm{d}x \tag{4.5}$$

**例 4.40**　已知某商品边际收入为 $-0.08x+25$(单位:万元/t),边际成本为5万元/t,求产量 $x$ 从 250 t 增加到 300 t 时销售收入 $R(x)$、总成本 $C(x)$、利润 $L(x)$ 的改变量.

**解**　首先求边际利润

$$L'(x)=R'(x)-C'(x)=-0.08x+25-5=-0.08x+20$$

所以根据式(4.3)、式(4.4)、式(4.5),依次求出:

$$R(300)-R(250)=\int_{250}^{300} R'(x)\mathrm{d}x=\int_{250}^{300}(-0.08x+25)\mathrm{d}x=150\text{ 万元}$$

$$C(300)-C(250)=\int_{250}^{300} C'(x)\mathrm{d}x=\int_{250}^{300}5\mathrm{d}x=250\text{ 万元}$$

$$L(300)-L(250)=\int_{250}^{300} L'(x)\mathrm{d}x=\int_{250}^{300}(-0.08x+20)\mathrm{d}x=-100\text{ 万元}$$

**2. 由经济函数的变化率,求经济函数在区间上的平均变化率**

设某经济函数的变化率为 $f(t)$,则称

$$\frac{\int_{t_1}^{t_2} f(t)\mathrm{d}t}{t_2-t_1}$$

为该经济函数在时间间隔$[t_1,t_2]$内的平均变化率.

**例 4.41**　某银行的存款利息连续计算,利息率是时间 $t$(单位:年)的函数:

$$r(t)=0.08+0.015\sqrt{t}$$

求该银行在开始2年(即在时间间隔[0,2])内存款的平均利息率.

**解**　由于

$$\int_0^2 r(t)\mathrm{d}t=\int_0^2(0.08+0.015\sqrt{t})\mathrm{d}t=0.16+0.01t\sqrt{t}\Big|_0^2=0.16+0.02\sqrt{2}$$

所以开始2年存款的平均利息率为

$$r=\frac{\int_0^2 r(t)\mathrm{d}t}{2-0}=0.08+0.01\sqrt{2}\approx 0.094$$

**习题 4.5**

1. 求下列各曲线所围成图形的面积:

(1) $y=\frac{1}{x}$ 与 $y=x$ 及 $x=2$;

(2) $y=\ln x$、$y$ 轴与直线 $y=\ln a$、$y=\ln b$ $(b>a>0)$.

2. 由 $y=x^3$、$x=2$、$y=0$ 所围成的图形分别绕 $x$ 轴及 $y$ 轴旋转,计算两个旋转体的体积.

3. 某公司运行 $t$(年)所获利润为 $L(t)$(元),利润的年变化率为

$$L'(t)=3\times10^5\sqrt{t+1}\text{(元/年)}$$

求该公司利润从第 4 年初到第 8 年末(即时间间隔[3,8] 内) 年平均变化率.

## 4.6 不定积分的应用

作为不定积分的直接应用,本节介绍两种一阶微分方程——可分离变量的微分方程和一阶线性微分方程的求解方法和几个微分方程模型.

"微分方程"相关的概念或结论最早出现在 17 世纪后期与 18 世纪早期数学家们彼此的通信中,直到 18 世纪中期,微分方程才成为一门独立的学科. 微分方程建立后,立即成为研究、了解和知晓现实世界的重要工具. 1846 年,数学家与天文学家合作,通过求解微分方程,发现了一颗有名的新星——海王星,这件事在科学界传为佳话. 1991 年,探险爱好者在阿尔卑斯山发现一具冰尸,科学家据躯体所含碳 14 衰变的程度,通过求解微分方程,推断这具冰尸大约遇难于 5000 年以前. 类似的趣闻还有很多. 在微分方程的发展中,牛顿、莱布尼茨、伯努利家族、拉格朗日、欧拉、拉普拉斯等都作出了卓越的贡献.

那么,什么是微分方程呢?

许多实际问题,往往不能直接找出需要的函数关系,但根据问题所提供的条件可以列出表示未知函数及其导数(或微分) 与自变量之间的一个关系式,这样的关系式就是**微分方程**,求出满足该方程的未知函数就是解微分方程.

### 4.6.1 微分方程的基本概念

下面通过两个例子来说明微分方程的几个基本概念.

**例 4.42(曲线方程)** 一平面曲线上任一点的切线斜率等于该点横坐标的二倍,且曲线经过点(1,2),试求该曲线满足的微分方程.

**解** 设所求曲线为 $y = f(x)$,由导数的几何意义知,它上面任一点 $(x,y)$ 处的切线斜率 $y'$,根据题意有

$$y' = 2x$$

即

$$\frac{\mathrm{d}y}{\mathrm{d}x} = 2x$$

且

$$y\Big|_{x=1} = 2$$

**例 4.43(遗体死亡年代的测定)** 人死亡之后,体内碳 14 的含量就不断减少,已知碳 14 的衰变速度与当时体内碳 14 的含量成正比,试建立任意时刻遗体内碳 14 含量应满足的微分方程.

**解** 设 $t$ 时刻遗体内碳 14 的含量为 $p(t)$,根据题意有

$$\frac{\mathrm{d}p(t)}{\mathrm{d}t} = -kp(t) \quad (k > 0, k \text{ 为常数})$$

等式右端的负号是由于 $p(t)$ 随时间 $t$ 的增加而减少.

上述两个例子中建立的方程都含有未知函数的导数.

**定义 4.4** 凡含有未知函数导数(或微分) 的方程,称为**微分方程**. 如果微分方程中的未知函数只有一个自变量,则称为**常微分方程**,如果自变量多于一个,则称为**偏微分方程**.

上述两个例子建立的方程都是常微分方程. 本节所说的微分方程均指常微分方程.

**定义 4.5** 微分方程中未知函数的导数的最高阶数称为**微分方程的阶**.

例4.42、例4.43中的方程均为一阶微分方程. $xy''-xy'+x=0$ 为二阶微分方程.

在例4.42中建立了方程 $y'=2x$. 由于导数与积分是互逆的运算,等式两边同时积分后容易得出

$$y=\int 2x\mathrm{d}x+C=x^2+C \qquad (C\text{为任意常数})$$

将 $y|_{x=1}=2$ 代入上式得 $C=1$. 即经过点(1,2)且曲线上任一点的切线斜率为该点横坐标的二倍的曲线方程为

$$y=x^2+1$$

**定义4.6**　使微分方程成为恒等式的函数,叫作**微分方程的解**;如果一阶微分方程的解中含有一个任意常数,这样的解称为微分方程的**通解**;确定通解中任意常数的条件称为**初值条件**;确定了通解中任意常数的解称为微分方程的**特解**.

如函数 $y=x^2+C$ 是微分方程 $y'=2x$ 的通解,而函数 $y=x^2+1$ 则是它的一个特解,条件 $y|_{x=1}=2$ 为初值条件.

### 4.6.2　可分离变量的微分方程

**定义4.7**　形如 $\frac{\mathrm{d}y}{\mathrm{d}x}=f(x)\cdot g(y)$ 的方程称为**可分离变量的微分方程**. 其特点是方程右端是只含 $x$ 的函数与只含 $y$ 的函数的乘积. 这里 $f(x)$、$g(y)$ 分别是变量 $x$、$y$ 的已知的连续函数,且 $g(y)\neq 0$.

这类方程经过适当的变换,可以将两个不同变量的函数与微分分离到方程的两端. 具体解法如下:

分离变量,得

$$\frac{\mathrm{d}y}{g(y)}=f(x)\mathrm{d}x$$

两边同时积分,得

$$\int\frac{\mathrm{d}y}{g(y)}=\int f(x)\mathrm{d}x+C$$

设 $G(y)$ 和 $F(x)$ 分别为 $\frac{1}{g(y)}$ 及 $f(x)$ 的原函数,便得方程的隐式通解

$$G(y)=F(x)+C$$

若可以解出 $y$,则得方程的显式通解

$$y=G^{-1}[F(x)+C]$$

要求方程满足初值条件 $y\big|_{x=x_0}=y_0$ 的特解,可将 $x=x_0$、$y=y_0$ 代入通解确定 $C$.

**例4.44**　求微分方程 $\frac{\mathrm{d}y}{\mathrm{d}x}=-\frac{x}{y}$ 满足初值条件 $y\big|_{x=0}=1$ 的特解.

**解**　分离变量后得

$$y\mathrm{d}y=-x\mathrm{d}x$$

两边积分

$$\int y\mathrm{d}y=-\int x\mathrm{d}x$$

得

$$\frac{1}{2}y^2=-\frac{1}{2}x^2+C_1$$

从而得到方程的通解

$$x^2+y^2=C\qquad(C=2C_1)$$

将 $x=0$、$y=1$ 代入通解，求得 $C=1$，于是所求方程的特解为

$$x^2+y^2=1$$

**例 4.45**　求方程 $x(y^2-1)\mathrm{d}x+y(x^2-1)\mathrm{d}y=0$ 的通解.

**解**　分离变量得

$$\frac{x\mathrm{d}x}{x^2-1}=-\frac{y\mathrm{d}y}{y^2-1}$$

两边积分

$$\int\frac{x}{x^2-1}\mathrm{d}x=-\int\frac{y}{y^2-1}\mathrm{d}y$$

得

$$\ln|x^2-1|=-\ln|y^2-1|+\ln|C|\qquad(C\text{是不为零的任意常数})$$

即

$$(x^2-1)(y^2-1)=C$$

显见 $y=\pm1$ 是该方程的解，所以通解中的 $C$ 可以是任意常数.

### 4.6.3　一阶线性微分方程

方程

$$y'+P(x)y=Q(x)\tag{4.6}$$

称为**一阶线性微分方程**，其中 $P(x)$、$Q(x)$ 是连续函数. 如果 $Q(x)\equiv0$，式(4.6)称为一阶**齐次**线性微分方程，否则称为一阶**非齐次**线性微分方程.

下面讨论一阶齐次线性微分方程与一阶非齐次线性微分方程的求解方法.

**1. 一阶齐次线性微分方程**

不难看出，一阶齐次线性微分方程

$$y'+P(x)y=0\tag{4.7}$$

是可分离变量的方程. 分离变量，得

$$\frac{\mathrm{d}y}{y}=-P(x)\mathrm{d}x$$

两边积分，得通解

$$\ln|y|=-\int P(x)\mathrm{d}x+C_1$$

或

$$y=C\mathrm{e}^{-\int P(x)\mathrm{d}x}\quad(C=\pm\mathrm{e}^{C_1})\tag{4.8}$$

这里 $\int P(x)\mathrm{d}x$ 表示 $P(x)$ 的某个确定的原函数.

**2. 一阶非齐次线性微分方程**

显然，方程(4.6)是无法分离变量的，但方程(4.6)与方程(4.7)的差异仅在方程的右边，

所以我们考虑能否通过方程(4.7)的通解式(4.8)获得方程(4.6)的通解.

将式(4.8)中的 $C$ 换成 $x$ 的函数 $C(x)$，即令

$$y = C(x)\mathrm{e}^{-\int P(x)\mathrm{d}x} \tag{4.9}$$

将式(4.9)代入方程(4.6)，得

$$C'(x)\mathrm{e}^{-\int P(x)\mathrm{d}x} - C(x)P(x)\mathrm{e}^{-\int P(x)\mathrm{d}x} + P(x)C(x)\mathrm{e}^{-\int P(x)\mathrm{d}x} = Q(x)$$

即

$$C'(x)\mathrm{e}^{-\int P(x)\mathrm{d}x} = Q(x), C'(x) = Q(x)\mathrm{e}^{\int P(x)\mathrm{d}x}$$

两端积分，得

$$C(x) = \int Q(x)\mathrm{e}^{\int P(x)\mathrm{d}x}\mathrm{d}x + C$$

其中 $\int Q(x)\mathrm{e}^{\int P(x)\mathrm{d}x}\mathrm{d}x$ 表示 $Q(x)\mathrm{e}^{\int P(x)\mathrm{d}x}$ 的某个确定的原函数.

把上式代入式(4.9)，便得非齐次线性微分方程(4.6)的通解

$$y = \mathrm{e}^{-\int P(x)\mathrm{d}x}\left(\int Q(x)\mathrm{e}^{\int P(x)\mathrm{d}x}\mathrm{d}x + C\right) \tag{4.10}$$

这种求非齐次线性微分方程通解的方法称为**常数变易法**.

**思考**：用 $\mathrm{e}^{\int P(x)\mathrm{d}x}$ 乘方程(4.6)的两边，方程左边恰为 $y\mathrm{e}^{\int P(x)\mathrm{d}x}$ 的导数，再积分，也可以得到方程的解，请用此方法求出方程的解，并与式(4.10)比较.

将式(4.10)改写成两项之和

$$y = C\mathrm{e}^{-\int P(x)\mathrm{d}x} + \mathrm{e}^{-\int P(x)\mathrm{d}x}\int Q(x)\mathrm{e}^{\int P(x)\mathrm{d}x}\mathrm{d}x$$

↑　　　　　　　↑

齐次线性微分方程的通解　　非齐次线性微分方程的特解

上式右端第一项是对应的齐次线性微分方程(4.7)的通解，第二项是非齐次线性微分方程(4.6)的一个特解(在方程(4.6)的通解(4.10)中取 $C=0$ 便得到这个特解).由此可知**一阶非齐次线性微分方程的通解等于对应的齐次线性微分方程的通解与非齐次线性微分方程的一个特解之和.**

**例 4.46**　求方程 $2y' - y = \mathrm{e}^x$ 的通解.

**解**　将所给方程改写成

$$y' - \frac{1}{2}y = \frac{1}{2}\mathrm{e}^x$$

则

$$P(x) = -\frac{1}{2}, \qquad Q(x) = \frac{1}{2}\mathrm{e}^x$$

代入式(4.10)，得原方程的通解为

$$\begin{aligned} y &= \mathrm{e}^{-\int P(x)\mathrm{d}x}\left[\int Q(x)\mathrm{e}^{\int P(x)\mathrm{d}x}\mathrm{d}x + C\right] \\ &= \mathrm{e}^{\int \frac{1}{2}\mathrm{d}x}\left(\int \frac{1}{2}\mathrm{e}^x \cdot \mathrm{e}^{-\int \frac{1}{2}\mathrm{d}x}\mathrm{d}x + C\right) \\ &= \mathrm{e}^{\frac{x}{2}}\left(\int \frac{1}{2}\mathrm{e}^x \cdot \mathrm{e}^{-\frac{x}{2}}\mathrm{d}x + C\right) \end{aligned}$$

$$= e^x + Ce^{\frac{x}{2}}$$

**例 4.47** 求方程 $x^2 dy + (2xy - x)dx = 0$ 满足初值条件 $y|_{x=1} = 1$ 的特解.

**解** 原方程变形为

$$\frac{dy}{dx} + \frac{2}{x}y = \frac{1}{x}$$

则

$$P(x) = \frac{2}{x}, \quad Q(x) = \frac{1}{x}$$

代入式(4.10),得原方程的通解为

$$\begin{aligned} y &= e^{-\int P(x)dx}\left[\int Q(x)e^{\int P(x)dx}dx + C\right] \\ &= e^{-\int \frac{2}{x}dx}\left(\int \frac{1}{x}e^{\int \frac{2}{x}dx}dx + C\right) \\ &= \frac{1}{x^2}\left(\int \frac{1}{x}\cdot x^2 dx + C\right) \\ &= \frac{1}{2} + \frac{C}{x^2} \end{aligned}$$

将 $y|_{x=1} = 1$ 代入得 $C = \frac{1}{2}$,故所求特解为

$$y = \frac{1}{2} + \frac{1}{2x^2}$$

### 4.6.4 几个微分方程模型

下面是几个微分方程模型实例.

**1. 人口问题**

英国学者马尔萨斯(Malthus)认为人口的相对增长率为常数(设 $t$ 时刻人口数为 $p(t)$),即人口增长速度 $\frac{dp}{dt}$ 与人口总量 $p(t)$ 成正比,从而建立了马尔萨斯人口模型:

$$\begin{cases} \frac{dp}{dt} = ap \\ p\big|_{t=t_0} = p_0 \end{cases} \quad (a > 0)$$

初值条件表示 $t_0$ 时刻的人数为 $p_0$. 这个人口模型是可分离变量的微分方程,由4.6.2节的方法解得 $p(t) = p_0 e^{a(t-t_0)}$. 它表明在假设人口增长速度与人口总量成正比的情况下,人口总数按指数规律增长. 当 $t \to +\infty$ 时,人口数量 $p(t) \to +\infty$. 常识告诉我们,这是不可能的. 事实上人口数量还受环境、地理等各方面因素的约束,不可能无限增长. 随着人口逐渐趋于饱和,人口数量必定停止增长,即 $\frac{dp}{dt} \to 0$. 因此,1837 年,荷兰生物数学家韦尔侯斯特(Verhulst) 对马尔萨斯模型加以修正,得出下述人口阻滞增长模型——逻辑斯谛(logistic) 模型:

$$\begin{cases} \frac{dp}{dt} = (a - bp)p \\ p\big|_{t=t_0} = p_0 \end{cases} \quad (a、b \text{ 为常数})$$

上面第一式表示人口的相对增长率$(a-bp)$不再是一个常数，它会随人口总量 $p$ 的增加而减少. 当 $p\neq 0$ 或 $p\neq \frac{a}{b}$ 时，此模型的解为

$$p(t)=\frac{ap_0\mathrm{e}^{a(t-t_0)}}{a-bp_0+bp_0\mathrm{e}^{a(t-t_0)}}$$

现应用上式分析某国人口总数的变化趋势. 2010 年，某国人口为 30933 万人，人口增长率为 0.72%，取 $a=0.029$，于是 $a-b\times 30933\times 10^4=0.0072$，从而求得

$$b=\frac{0.029-0.0072}{30933\times 10^4}=\frac{0.0218}{30933\times 10^4}$$

于是$\frac{a}{b}=\frac{0.029}{0.0218}\times 30933\times 10^4\approx 41149$ 万人，即某国人口极限约为 41149 万人(4.11 亿人).

**2. 环境污染问题**

**例 4.48**　某水塘原有 50000 t 清水(不含有害物质)，从时间 $t=0$ 开始，含有有害物质 5% 的浊水流入该水塘，流入的速度为 2 t/min，在塘中充分混合(不考虑沉淀)后又以 2 t/min 的速度流出水塘，问经过多长时间后塘中有害物质的浓度达到 4%？

**解**　设在时刻 $t$ 塘中有害物质的含量为 $Q(t)$，此时塘中有害物质的浓度为$\frac{Q(t)}{50000}$，于是有

$\frac{\mathrm{d}Q}{\mathrm{d}t}=$ 单位时间内有害物质的变化量

$=$ 单位时间内流进塘内有害物质的量 $-$ 单位时间内流出塘的有害物质的量

即

$$\frac{\mathrm{d}Q}{\mathrm{d}t}=\frac{5}{100}\times 2-\frac{Q(t)}{50000}\times 2=\frac{1}{10}-\frac{Q(t)}{25000}$$

上式是可分离变量方程，分离变量并积分得

$$Q(t)-2500=C\mathrm{e}^{-\frac{t}{25000}}$$

由初值条件 $t=0$ 时 $Q=0$，得 $C=-2500$，故

$$Q(t)=2500(1-\mathrm{e}^{-\frac{t}{25000}})$$

塘中有害物质浓度达到 4% 时，应有 $Q=50000\times 4\%=2000$ t，这时 $t$ 应满足

$$2000=2500(1-\mathrm{e}^{-\frac{t}{25000}})$$

由此解得 $t\approx 670.6$ min，即经过 670.6 min 后，塘中有害物质浓度达到 4%，由于

$$\lim_{t\to+\infty}Q(t)=2500$$

所以求得塘中有害物质的最终浓度为 5%.

**3. 刑事案件中被害人死亡时间的推算**

**例 4.49**　牛顿冷却定律指出，物体在空气中冷却的速度与物体温度和空气温度之差成正比，现将牛顿冷却定律应用于刑事案件中被害人死亡时间的推算. 人死亡后，尸体的温度从原来的 37 ℃ 按照牛顿冷却定律开始下降，如果 2 h 后尸体温度变为 35 ℃，并且假定周围空气的温度保持 20 ℃ 不变，试求出尸体温度 $H$ 随时间 $t$ 的变化规律. 又如果尸体被发现时的温度是 30 ℃，时间是下午 4 点整，那么被害人死亡时间是何时？

**解** 根据条件有

$$\begin{cases}\dfrac{dH}{dt}=-k(H-20)\\ H\Big|_{t=0}=37\end{cases}$$

其中，$k>0$ 是常数.分离变量并求解得 $H-20=Ce^{-kt}$，代入初值条件 $H\Big|_{t=0}=37$，求得 $C=17$.于是得该初值问题的解为 $H=20+17e^{-kt}$.为求 $k$ 值，根据 2 h 后尸体温度为 35 ℃ 这一条件，有 $35=20+17e^{-2k}$，求得 $k\approx 0.063$，于是温度函数为

$$H=20+17e^{-0.063t}$$

将 $H=30$ 代入上式有 $\dfrac{10}{17}=e^{-0.063t}$，得 $t\approx 8.4$ h.于是，可以推算出被害人的死亡时间在下午 4 点之前的 8.4 h，即 8 h 24 min，所以被害人大约是在上午 7:36 死亡的.

**习题 4.6**

1. 指出下列微分方程的阶数：

(1) $xy'^2-2yy'+x=0$；　　(2) $xy''-xy'+x=0$；

(3) $(7x-6y)dx+(x+y)dy=0$；　　(4) $\dfrac{d^2y}{dt^2}=-g$.

2. 指出下列各题中的函数是否为所给微分方程的解：

(1) $\dfrac{dy}{dx}+y=e^{-x}$，　$y=xe^{-x}$；

(2) $y''-2y'+y=0$，　$y=x^2e^x$；

(3) $y'+2xy=4x$，　$y=e^{x^2}$；

(4) $y''-4y'+5y=0$，　$y=\sin x+\cos x$.

3. 求下列微分方程的通解：

(1) $xy'-y\ln y=0$；　　(2) $\dfrac{dy}{dx}=10^{x+y}$.

4. 求下列微分方程满足所给初值条件的特解：

$$y'=e^{2x-y},\quad y|_{x=0}=0$$

5. 求下列微分方程的通解：

(1) $xy'+y=x^2+3x+2$；　　(2) $y'+y\cos x=e^{-\sin x}$.

6. 求下列微分方程满足所给初值条件的特解：

$$\frac{dy}{dx}+\frac{y}{x}=\frac{\sin x}{x},\quad y|_{x=\pi}=1$$

## 第 4 章复习题

1. 判断题.

(1) $\left(\int f(x)dx\right)'=\int f'(x)dx$.　(　)

(2) $\int df(x)=f(x)+C$.　(　)

2. 选择题.

(1) 下列等式中,正确的是( ).

A. $\int 2^x e^x dx = 2^x e^x + C$　　B. $\int 2^x e^x dx = \frac{2^x e^x}{\ln 2} + C$

C. $\int 2^x e^x dx = \frac{2^x e^x}{1+\ln 2} + C$　　D. $\int 2^x e^x dx = 2^x e^x \ln 2 + C$

(2) $\int e^{\sec x} \sec x \tan x dx = ($ $)$.

A. $e^{\sec x} + C$　　B. $-e^{\sec x} + C$

C. $\tan x e^{\sec x} + C$　　D. $\sec x e^{\sec x} + C$

(3) 设 $f(x)$ 在$[a,b]$上可积,则下列各式不正确的是( ).

A. $\int_a^a f(x)dx = 0$

B. $\int_a^b f(x)dx + \int_b^a f(x)dx = 2\int_a^b f(x)dx$

C. $\int_a^b f(x)dx + \int_b^a f(x)dx = 0$

D. $\int_a^b f(x)dx = \int_a^c f(x)dx + \int_c^b f(x)dx \ (a \leqslant c \leqslant b)$

(4) 下列各式积分为零的是( ).

A. $\int_{-1}^1 x^2 dx$　　B. $\int_{-1}^1 x\sin x dx$

C. $\int_{-1}^1 2x^2 \sin x dx$　　D. $\int_2^3 x^2 dx$

3. 填空题.

(1) 在用分部积分法求不定积分$\int x^2 \sin x dx$ 时,应选 $u(x) =$ ________,这时 $v(x) =$ ________.

(2) $d(\sqrt{1+x^2}) =$ ________,$\int \frac{x}{\sqrt{1+x^2}} dx =$ ________.

(3) 由定积分的几何意义可得$\int_{-a}^a (-\sqrt{a^2-x^2})dx =$ ________.

(4) 曲线 $y = e^{-x}$,直线 $x=-1$、$x=1$ 及 $x$ 轴围成的图形面积为________.

(5) 已知 $f(x)$ 在$[-a,a]$上连续,则$\int_{-a}^a [f(x) - f(-x)]dx =$ ________.

(6) 方程$(1-x^2)y - xy' = 0$ 满足初值条件 $y(1) = 1$ 的特解是________.

(7) $\frac{dy}{dx} + y = 0$ 的通解为________.

4. 求下列不定积分:

(1) $\int \frac{e^x}{1+e^{2x}} dx$;　　(2) $\int \frac{1+\cos x}{x+\sin x} dx$;

(3) $\int \sin^2 x dx$;　　(4) $\int \frac{(\sqrt{x})^3 + 1}{\sqrt{x}+1} dx$;

(5) $\int \frac{1}{x^2}e^{\frac{1}{x}}dx$；　　(6) $\int 10^{\sin x}\cos x dx$；

(7) $\int (\sin ax - e^{bx})dx (a \neq 0, b \neq 0)$；　　(8) $\int \frac{x^2}{x-1}dx$.

5. 计算下列积分：

(1) $\int_0^{\frac{\pi}{2}} \sqrt{1+\sin 2x}dx$；　　(2) $\int_1^e \frac{1+\ln x}{x}dx$；

(3) $\int_1^2 \frac{1}{\sqrt{x}}dx$；　　(4) $\int_0^1 xe^{-x}dx$；

(5) $\int_0^1 \frac{1}{x^2+2x+1}dx$；　　(6) $\int_0^1 \sqrt{1-x}dx$.

6. 求极限 $\lim\limits_{x\to 0}\frac{\int_0^x te^{t^2}dt}{x^2}$.

7. 求由曲线 $y=\sqrt{x}$ 和 $y=x$ 所围成图形的面积.

8. 求下列微分方程的通解或特解：

(1) $y'+y=e^{-x}$；　　(2) $\frac{dy}{dx}+\frac{y}{x}=4x^2$，　$y|_{x=1}=2$.

9. 一曲线通过原点且它在点 $(x,y)$ 处的切线斜率等于 $2x+y$，求该曲线的方程.

## 引导思考

### 化整为零，以不变应万变

**1. 导引**

微元法简洁、实用，可有效解决实际应用中的一些问题. 运用微元法，在一定的条件下可以把变化的、运动的、不规则的对象或过程转化为不变的、静止的、规则的元对象或元过程.

**2. 资料**

微元法也叫元素法，是将一个整体量表达成定积分的分析方法，用于解决不规则累积求和问题. 实际操作中，在一小段上，把不规则的近似看成规则的，利用微分的思想以不变代变，从而使一些复杂的问题可以用我们熟悉的公式加以解决.

如果所求整体量 $U$ 在区间 $[a,b]$ 上是非均匀分布的，且

(1) $U$ 对区间具有可加性，即分布在 $[a,b]$ 上的总量等于分布在各子区间上局部量 $\Delta U_i (i=1,2,\cdots,n)$ 之和：

$$U=\sum_{i=1}^{n}\Delta U_i$$

(2) 能找到部分量的近似表达式，即部分量可以以不变代变，用我们熟悉的公式近似表达：

$$\Delta U_i \approx f(\xi_i)\Delta x_i \quad (\xi_i \in [x_{i-1},x_i])$$

函数 $f(x)$ 在 $[a,b]$ 上连续.

一般地，有如上特征的问题可以用微元法解决.

微元法是把整体量$U$用定积分表达，因此可将定积分定义的分割、取近似、求和、取极限这四步转化为如下3个步骤：

(1) 选取积分变量，如$x$，确定$x$的变化范围即$x \in [a,b]$；

(2) 对任意$x \in [x, x+\mathrm{d}x] \subset [a,b]$，写出在$x \in [x, x+\mathrm{d}x]$上的微元$\mathrm{d}U = f(x)\mathrm{d}x$；

(3) 将整体量$U$表示成定积分$U = \int_a^b \mathrm{d}U = \int_a^b f(x)\mathrm{d}x$.

在使用微元法处理问题时，需将原问题分解为众多微小的“元过程”，而且每个“元过程”所遵循的规律是相同的，这样，我们只需分析这些“元过程”，然后再将“元过程”用数学方法或物理思想处理，进而使问题得到解决. 微元法的思想就是“化整为零”，先分析“微元”，再通过“微元”解决整体问题.

**3. 思考**

微元法的本质就是从事物的极小部分(微元)入手，将变化的事物或变化的过程转化为不变的事物或不变的过程，以实现“化变为常”“化曲为直”，从而可以用“不变”的公式解决“变”的问题.

学习和生活中往往会遇到一些问题，认为靠自己的能力无法解决，但实际上只要相信自己，找对方法，学会用科学的、理性的思维方法去思考分解问题，一般这些问题都可以很好地解决. 微积分的问题来源于生产生活实际，只有用心去体会，才能提炼问题，进一步解决问题.

“穷则变，变则通，通则久”，这是一个自然发展的规律，只有遵循这个发展规律，社会才会发展，国家才会进步. 学习、生活也是一样的，只有坚守自己的信念，善于总结，用科学的方法思考问题，学会用“不变”的方式解决“变”的问题，为以后的工作奠定坚实的基础，才有可能实现自己的人生目标，成为“有理想、有道德、有文化、有纪律”的四有新人，在实现中国梦的伟大实践中创造自己的精彩人生.

# 第 5 章　空间解析几何与线性代数初步

音乐的美由耳朵来感受，几何的美由眼睛来感受.

——丘成桐

代数是搞清楚世界上数量关系的智力工具.

——怀特黑德

## 5.1　绪　论

线性代数是研究变量间线性关系的数学学科，它的中心课题是解多元线性方程组. 而三元线性方程组是否有解的问题在几何上就是几个平面是否交于一点或一条直线的问题.

### 5.1.1　线性问题与非线性问题

在我们的日常生活中，所进行的很多活动都可以被称为线性过程，在数学上，线性过程用一次方程来描述，如

$$y = ax + b, \quad a、b \text{ 是常数}$$
$$w = ax + by + cz, \quad a、b、c \text{ 是常数}$$

由于一次方程 $y = ax + b$ 在平面上的图形是直线，所以用一次方程表示的过程就叫作线性过程，相应的问题称为**线性问题**. 下面的方程是非线性方程：

$$y = x^2 + c, \quad c \text{ 是常数}$$
$$F = kx + \varepsilon x^3, \quad k、\varepsilon \text{ 是常数}$$

非线性方程所描述的问题被称为**非线性问题**，研究非线性问题的理论模型被称作非线性系统.

非线性方程 $x^2 + y^2 = 1$ 在平面上的图形是圆，而在空间中的图形是圆柱面.

### 5.1.2　线性方程组和矩阵

用数学方法来研究自然或社会现象的第一步就是用数学式表达各个相关变量间的关系，也就是建立要探讨现象的数学模型，此模型中的方程如果是非线性的，研究起来较为困难，故我们常采用的步骤是将其简化成线性方程，然后再进行研究. 在有一个自变量的函数中，线性函数 $f(x) = ax + b$ 是最简单同时又是最重要的函数之一. 例如，任意一条“光滑”曲线的一小段都很像直线，而且曲线的这一小段越短，它就越接近直线. 用函数论的语言来说，即任一“光滑”(连续可微分的) 函数，当自变量改变很小时，接近于线性函数. 若将线性函数 $y = ax + b$ 看作两个变量的方程，则称此方程为二元线性方程，两个二元线性方程联立起来，称为二元线性方程组. 随着社会实践的丰富，在研究某一问题时涉及的变量越来越多，反映到方程中，就引

出了二元以上的多元方程，进一步有了多元方程组，尤其是多元线性方程组：

$$\begin{cases} a_{11}x_1 + a_{12}x_2 + \cdots + a_{1n}x_n = b_1 \\ a_{21}x_1 + a_{22}x_2 + \cdots + a_{2n}x_n = b_2 \\ \quad\vdots \\ a_{m1}x_1 + a_{m2}x_2 + \cdots + a_{mn}x_n = b_m \end{cases}.$$

线性代数所扮演的角色就是求线性方程组的解并研究其相关的性质.

对于较大的 $n$，寻求方程组尽可能最简单的而且计算最不复杂的数值解的方法，直到现在还受到关注，因为方程组的数值解法是很多计算与研究中的重要组成部分，大约60%以上的科技计算最终归结为求解线性方程组.

1750年，克拉默(Cramer，1704—1752，瑞士)给出了上述线性方程组当 $m=n$ 时用行列式表达的解，称为克拉默法则. 但克拉默法则不仅要求方程个数与未知数个数相等，而且在实际计算上耗时费事，故最常用的还是古典的高斯(Gauss，1777—1855，德国)消元法(Gauss elimination).

我们把线性方程组中未知量 $x_j(j=1,2,\cdots,n)$ 的系数的全体排成一个长方形的表：

$$\begin{bmatrix} a_{11} & a_{12} & \cdots & a_{1n} \\ a_{21} & a_{22} & \cdots & a_{2n} \\ \vdots & \vdots & & \vdots \\ a_{m1} & a_{m2} & \cdots & a_{mn} \end{bmatrix}$$

称这种表为矩阵，数 $a_{ij}(i=1,2,\cdots,m;j=1,2,\cdots,n)$ 称为矩阵的元素.

有关**矩阵**的理论是线性代数中重要的而且是不可缺少的部分，它在提出和解决线性代数的问题中起着**工具**的作用.

本章的空间解析几何部分将介绍直角坐标系、柱面与旋转曲面及二次曲面，最后介绍直纹面及一些直纹面建筑. 关于线性代数部分，将介绍矩阵的有关概念和矩阵的基本运算，给出行列式的概念及它的性质和计算方法，最后给出求解线性方程组的方法.

**思考题**

1. 什么是线性问题?
2. 谈谈你对"以直代曲"的理解.

## 5.2　空间直角坐标系

### 5.2.1　空间直角坐标系

在平面解析几何中，通过建立平面直角坐标系，把平面上的点与一对有次序的数对应起来，这样平面上的图形就和方程对应起来，从而可以用代数方法研究几何问题. 空间解析几何也是按照类似的方法建立起来的.

过空间一定点 $O$，作三条相互垂直且具有相同长度单位的数轴，如图5.1所示. 这三条数轴依次为 **$x$ 轴**(横轴)、**$y$ 轴**(纵轴)、**$z$ 轴**(竖轴)，统称为坐标轴. 通常把 $x$ 轴和 $y$ 轴配置在水平面上，$z$ 轴则为铅垂线，它们的正向通常符合右手定则，即用右手由 $x$ 轴的正向向 $y$ 轴的正向握拳，大拇指正好指向 $z$ 轴的正向，如图 5.2 所示. 这样的三条坐标轴构成了一个**空间直角坐标系**，记为 $O-xyz$，点 $O$ 叫作**坐标原点**.

三条坐标轴中的任意两条可以确定一个平面，这样的三个平面统称为**坐标面**. $x$ 轴和 $y$ 轴确定的坐标面叫作 **$xOy$ 面**，另外两个坐标面分别叫作 **$yOz$ 面**和 **$zOx$** 面. 三个坐标面把空间分成了八个部分，每一部分叫作一个卦限. 含有 $x$ 轴、$y$ 轴、$z$ 轴正半轴的卦限叫作**第一卦限**，在 $xOy$ 面上方，按逆时针方向依次为第二、第三、第四卦限. 第五卦限在第一卦限下方，按逆时针方向依次为第六、第七、第八卦限. 这八个卦限分别用罗马数字 Ⅰ、Ⅱ、Ⅲ、Ⅳ、Ⅴ、Ⅵ、Ⅶ、Ⅷ 表示，如图 5.3 所示.

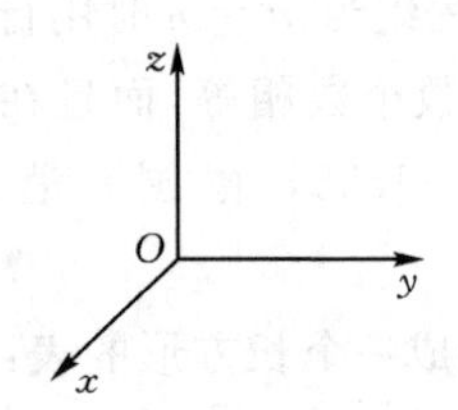

图 5.1　空间直角坐标系

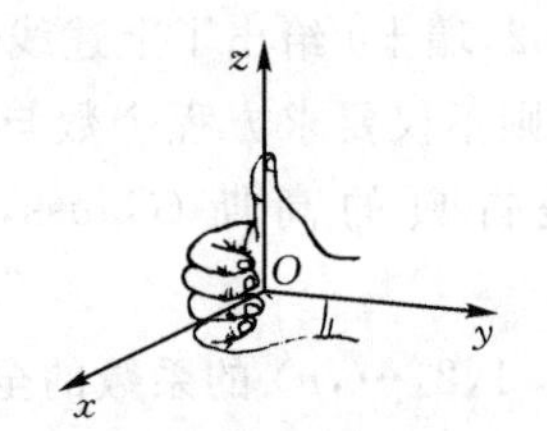

图 5.2　右手定则

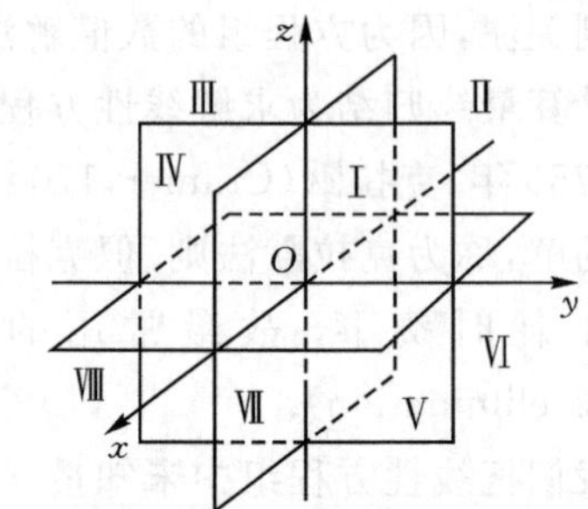

图 5.3　八个卦限

设 $M$ 是空间中任一点，过 $M$ 分别作垂直于 $x$ 轴、$y$ 轴、$z$ 轴的平面，与 $x$ 轴、$y$ 轴、$z$ 轴的交点依次为 $P$、$Q$、$R$，如图 5.4 所示. 记 $P$、$Q$、$R$ 在 $x$ 轴、$y$ 轴、$z$ 轴上的坐标依次为 $x$、$y$、$z$，则点 $M$ 唯一地确定了一个三元有序数组 $(x,y,z)$. 反之，任给一个三元有序数组 $(x,y,z)$，在 $x$ 轴、$y$ 轴、$z$ 轴上分别找到坐标为 $x$、$y$、$z$ 的点，仍记为 $P$、$Q$、$R$，过这三点分别作垂直于 $x$ 轴、$y$ 轴、$z$ 轴的平面，这三个平面的交点就是 $M$. 这样就建立了空间点与有序数组 $(x,y,z)$ 之间的一一对应关系. 称有序数组 $(x,y,z)$ 为点 $M$ 的坐标，记为 $M(x,y,z)$，其中 $x$、$y$、$z$ 分别称为点 $M$ 的 $x$ 坐标(横坐标)、$y$ 坐标(纵坐标)、$z$ 坐标(竖坐标).

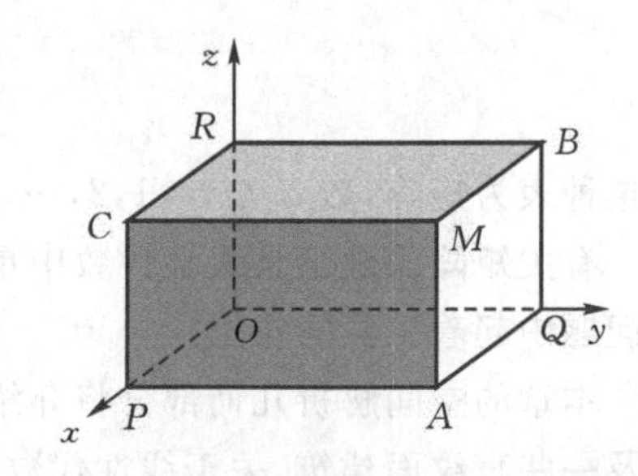

图 5.4　空间点在坐标轴上的投影

由此，在空间直角坐标系下，每个点都可以用坐标表示了，如原点 $O$ 的坐标为 $(0,0,0)$，$x$ 轴上点 $P$ 的坐标为 $(x,0,0)$，$y$ 轴上点 $Q$ 的坐标为 $(0,y,0)$，$z$ 轴上点 $R$ 的坐标为 $(0,0,z)$. $xOy$、$yOz$、$zOx$ 坐标面上点的坐标分别为 $(x,y,0)$，$(0,y,z)$，$(x,0,z)$. 而点 $M(x,y,z)$ 如果在第 Ⅰ 卦限中，则有 $x>0$、$y>0$、$z>0$；点 $M(x,y,z)$ 如果在第 Ⅶ 卦限中，则 $x<0,y<0,z<0$. 读者可以自己思考一下其他六个卦限中点的坐标有什么特点.

### 5.2.2　空间两点间的距离

若 $M_1(x_1,y_1,z_1)$、$M_2(x_2,y_2,z_2)$ 为空间中任意两点，过这两点分别作垂直于坐标轴的平面，这六个平面围成一个以 $M_1M_2$ 为体对角线的长方体，如图 5.5 所示. 由直角三角形的勾股定理，得 $M_1$ 与

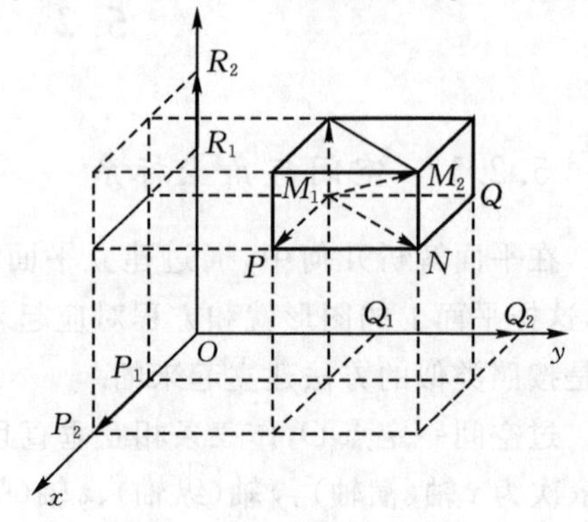

图 5.5　空间两点间的距离

$M_2$ 的距离为

$$d = |M_1M_2| = \sqrt{|M_1N|^2 + |NM_2|^2} = \sqrt{|M_1P|^2 + |PN|^2 + |NM_2|^2}$$

而 $|M_1P| = |P_1P_2| = |x_2 - x_1|$，$|PN| = |Q_1Q_2| = |y_2 - y_1|$，$|NM_2| = |R_1R_2| = |z_2 - z_1|$.
所以

$$d = |M_1M_2| = \sqrt{(x_2 - x_1)^2 + (y_2 - y_1)^2 + (z_2 - z_1)^2} \tag{5.1}$$

式(5.1) 称为空间两点间的距离公式. 特别地，若两点分别为 $M(x,y,z)$、$O(0,0,0)$，则

$$d = |OM| = \sqrt{x^2 + y^2 + z^2}$$

**例 5.1**　求证以点 $M_1(4,3,1)$、$M_2(7,1,2)$、$M_3(5,2,3)$ 为顶点的三角形是一个等腰三角形.

**证**　由空间两点间的距离公式，得

$$|M_1M_2|^2 = (7-4)^2 + (1-3)^2 + (2-1)^2 = 14$$
$$|M_2M_3|^2 = (5-7)^2 + (2-1)^2 + (3-2)^2 = 6$$
$$|M_3M_1|^2 = (4-5)^2 + (3-2)^2 + (1-3)^2 = 6$$

由于 $|M_2M_3| = |M_3M_1|$，故结论成立.

**例 5.2**　设点 $P$ 在 $x$ 轴上，它到点 $P_1(0,\sqrt{2},3)$ 的距离为到点 $P_2(0,1,-1)$ 的距离的两倍，求点 $P$ 的坐标.

**解**　因为点 $P$ 在 $x$ 轴上，故设点 $P$ 的坐标为$(x,0,0)$. 由空间两点间的距离公式，得

$$|PP_1| = \sqrt{(-x)^2 + (\sqrt{2})^2 + 3^2} = \sqrt{x^2 + 11}$$
$$|PP_2| = \sqrt{(-x)^2 + 1^2 + (-1)^2} = \sqrt{x^2 + 2}$$

已知 $|PP_1| = 2|PP_2|$，即 $\sqrt{x^2 + 11} = 2\sqrt{x^2 + 2}$，解之得 $x = \pm 1$，则所求点为$(1,0,0)$，$(-1,0,0)$.

**习题 5.2**

1. 在空间直角坐标系中，指出下列各点在哪个卦限：
$A(-1,-2,3)$，　$B(2,3,-4)$，　$C(-2,-3,-4)$，　$D(2,-3,-1)$.
2. 在空间直角坐标系中，指出下列各点的位置：
$A(3,4,0)$，　$B(0,4,3)$，　$C(3,0,0)$，　$D(0,-1,0)$.
3. 求点 $M(4,-3,5)$ 到各坐标轴的距离.

## 5.3　曲面方程与几种常见曲面

### 5.3.1　曲面方程与空间曲线方程

生活中，有很多我们熟悉的立体，如球、圆柱、圆锥等，这些立体的表面称为曲面. 下面我们看看如何在空间直角坐标系中用三元方程表示这些曲面.

在空间直角坐标系中，满足三元方程 $F(x,y,z) = 0$ 的点 $(x,y,z)$ 的集合 $S = \{(x,y,z) \mid F(x,y,z) = 0\}$ 在空间中表示**曲面**.

如果空间曲面 $S$ 与三元方程 $F(x,y,z) = 0$ 有下述关系：

(1) 曲面 $S$ 上任一点的坐标 $(x,y,z)$ 都满足方程；

(2) 不在曲面 $S$ 上的点的坐标 $(x,y,z)$ 都不满足方程.

那么，方程 $F(x,y,z)=0$ 就叫作**曲面 $S$ 的方程**，而曲面 $S$ 就叫作方程 $F(x,y,z)=0$ 的**图形**，如图 5.6 所示.

空间曲线可看作两个空间曲面的交线. 设曲面 $S_1$、$S_2$ 的方程分别为

$$F(x,y,z)=0,\quad G(x,y,z)=0$$

则曲线 $C$(如图 5.7 所示) 的方程可表示为

$$\begin{cases}F(x,y,z)=0\\ G(x,y,z)=0\end{cases}$$

称为**空间曲线的一般方程**. 注意，空间曲线的一般方程不是唯一的.

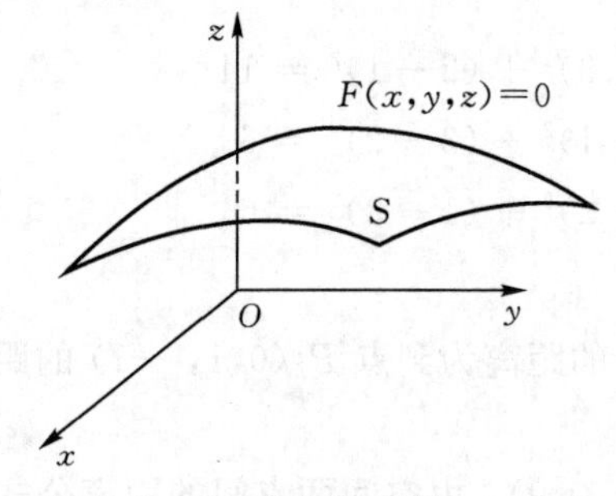


图 5.6　三元方程的图形——曲面

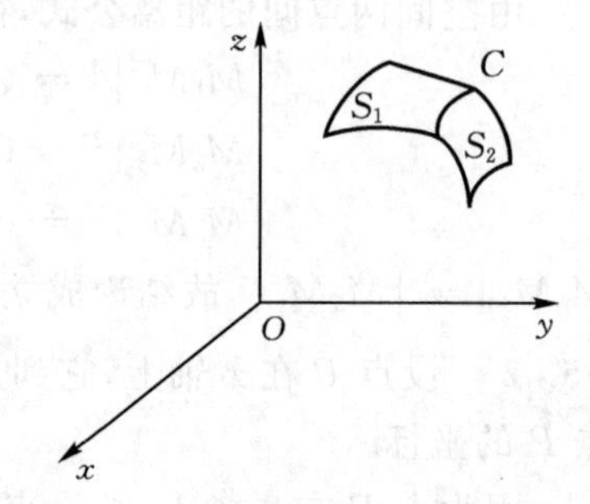


图 5.7　两曲面的交线——空间曲线

### 5.3.2　几种常见曲面及其方程

**1. 平面**

平面是最简单的曲面. 在平面解析几何中，二元一次方程 $ax+by=c$ 表示直线. 同样可以证明，空间中任一平面的方程都可以用三元一次方程

$$Ax+By+Cz+D=0 \tag{5.2}$$

表示，这里 $A$、$B$、$C$ 不同时为零. 反过来，方程(5.2) 在空间中的图形是一个平面. 如果两个平面的方程中 $x$、$y$、$z$ 的系数对应成比例，则这两个平面是平行的，如 $x+2y-z+1=0$ 与 $2x+4y-2z+5=0$ 所表示的平面就是平行的.

以下是几个位置比较特殊的平面方程：

(1) $Ax+By+Cz=0$ 表示过原点的平面.

(2) $By+Cz+D=0$、$Ax+Cz+D=0$、$Ax+By+D=0$ 依次表示平行于 $x$ 轴、$y$ 轴、$z$ 轴的平面.

(3) $Cz+D=0$、$Ax+D=0$、$By+D=0$ 依次表示平行于 $xOy$ 坐标面、$yOz$ 坐标面、$zOx$ 坐标面的平面. 特别地，$z=0$、$x=0$、$y=0$ 依次表示 $xOy$ 坐标面、$yOz$ 坐标面、$zOx$ 坐标面.

例如，方程 $z=2$ 表示的平面平行于 $xOy$ 坐标面，该平面上的点的竖坐标都是 2，如图 5.8 所示. 方程 $x+y+z=2$ 表示的平面过点 $(2,0,0)$、$(0,2,0)$、$(0,0,2)$，如图 5.9 所示.

空间直线是最简单的空间曲线，可以看成两个相交平面的交线，所以它的一般方程为

$$\begin{cases}A_1x+B_1y+C_1z+D_1=0\\ A_2x+B_2y+C_2z+D_2=0\end{cases}$$

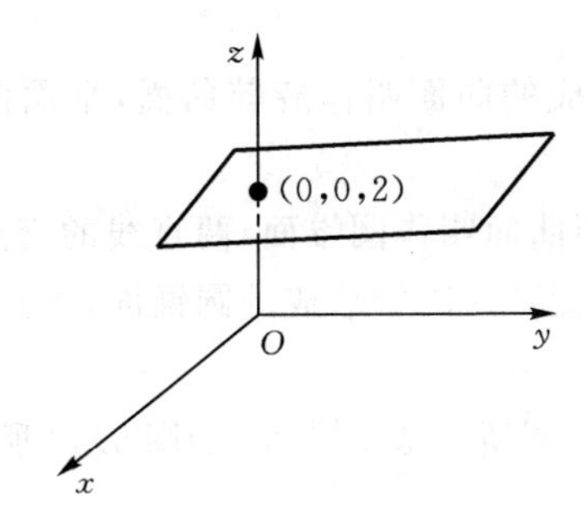


图 5.8　平面 $z=2$

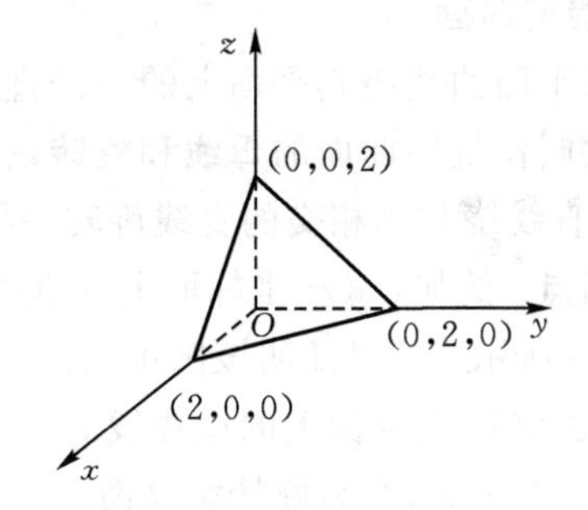


图 5.9　平面 $x+y+z=2$

**2. 球面**

在平面解析几何中，二元方程$(x-x_0)^2+(y-y_0)^2=R^2$表示圆心在点$(x_0,y_0)$，半径为$R$的圆.同样，在空间中，若$(x,y,z)$是球面上任一点，则由空间中两点间的距离公式，可以得到球心在点$(x_0,y_0,z_0)$，半径为$R$的球面方程为

$$(x-x_0)^2+(y-y_0)^2+(z-z_0)^2=R^2$$

特别地，如果球心在原点，那么球面方程为

$$x^2+y^2+z^2=R^2$$

**3. 柱面**

直线$l$沿定曲线$C$平行移动形成的曲面叫作**柱面**，定曲线$C$叫作柱面的**准线**，而直线$l$叫作柱面的**母线**.

由此定义，平面可以看成直线$l$沿定直线$C$平行移动形成，所以平面是简单的柱面.

一般地，含有两个变量的方程在平面上表示一条曲线，在空间中表示一个柱面，它以平面上的这条曲线为准线，其母线平行于方程中没有出现的那个变量对应的坐标轴. 例如：

(1)$x^2+y^2=R^2$在$xOy$坐标面上表示半径为$R$的圆，在空间中表示以该圆为准线，母线平行于$z$轴的**圆柱面**，如图5.10所示.

(2)$y=x^2$在$xOy$坐标面上表示抛物线，在空间中表示以该抛物线为准线，母线平行于$z$轴的柱面，称为**抛物柱面**，如图5.11所示.

(3)$\frac{x^2}{a^2}-\frac{y^2}{b^2}=1$在$xOy$坐标面上表示双曲线，在空间中表示以该双曲线为准线，母线平行于$z$轴的柱面，称为**双曲柱面**，如图5.12所示.

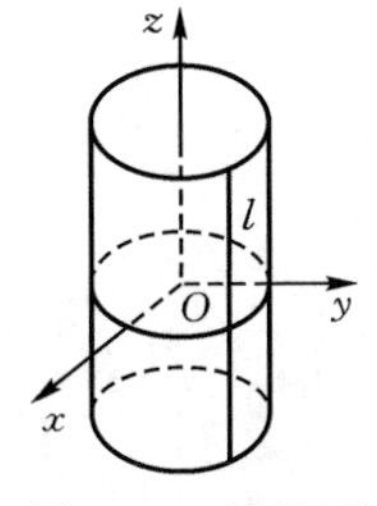


图 5.10　圆柱面

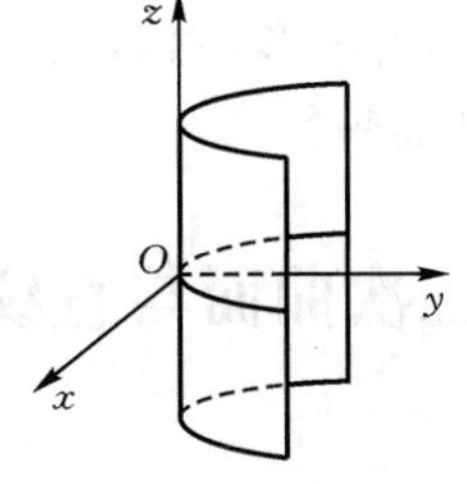


图 5.11　抛物柱面

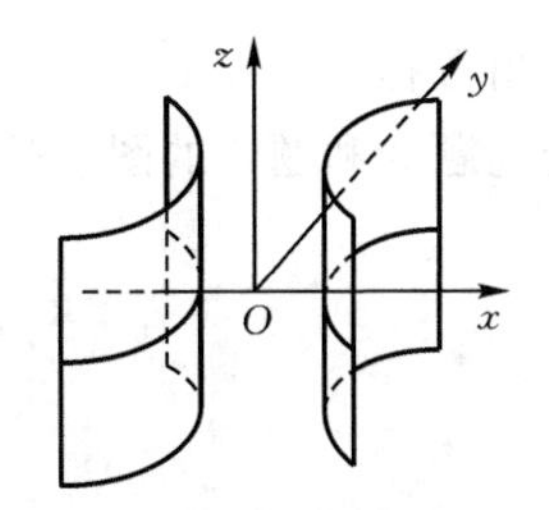


图 5.12　双曲柱面

类似地，在空间直角坐标系中，方程$F(y,z)=0$表示母线平行于$x$轴的柱面，方程$F(x,z)=0$表示母线平行于$y$轴的柱面.

**4. 旋转曲面**

一条平面曲线绕其平面上的一条直线旋转一周所成的曲面叫作**旋转曲面**,平面曲线和定直线依次叫作旋转曲面的**母线**和**旋转轴**.

(1) 直线绕与其相交的直线旋转一周，所得的旋转曲面叫作**圆锥面**,两直线的交点叫作圆锥面的**顶点**. 例如，$yOz$ 坐标面上的直线 $z=y$ 绕 $z$ 轴旋转一周所形成的圆锥面,顶点在原点,如图 5.13 所示. 可以证明该圆锥面的方程为 $z^2=x^2+y^2$.

(2) 由 $zOx$ 坐标面上的抛物线 $z=x^2$ 绕 $z$ 轴旋转一周所形成的曲面,如图 5.14 所示,其方程为 $z=x^2+y^2$,称为**旋转抛物面**.

(3) 由 $zOx$ 坐标面上的椭圆 $\dfrac{x^2}{a^2}+\dfrac{z^2}{c^2}=1$ 绕 $z$ 轴旋转一周所形成的曲面,如图 5.15 所示,其方程为 $\dfrac{x^2+y^2}{a^2}+\dfrac{z^2}{c^2}=1$,称为**旋转椭球面**. 椭圆方程中,若 $a=c=R$,这时所得旋转曲面即为球面 $x^2+y^2+z^2=R^2$.

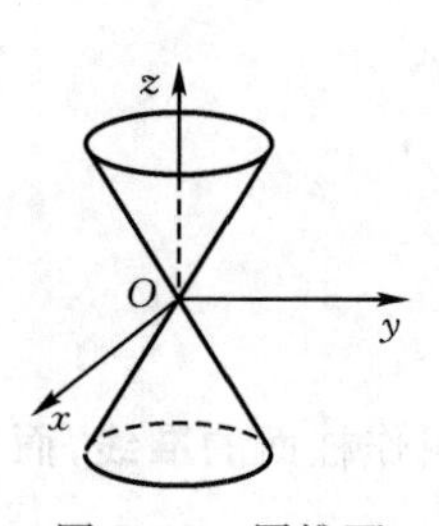

图 5.13　圆锥面

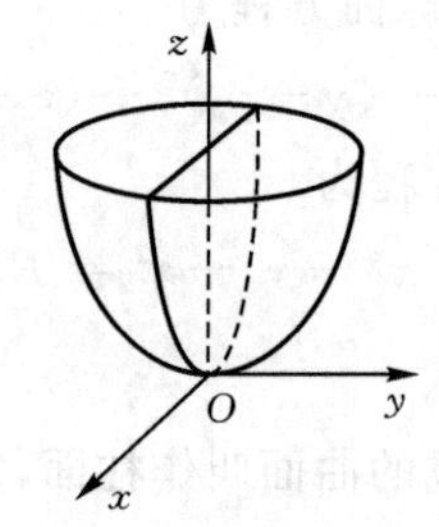

图 5.14　旋转抛物面

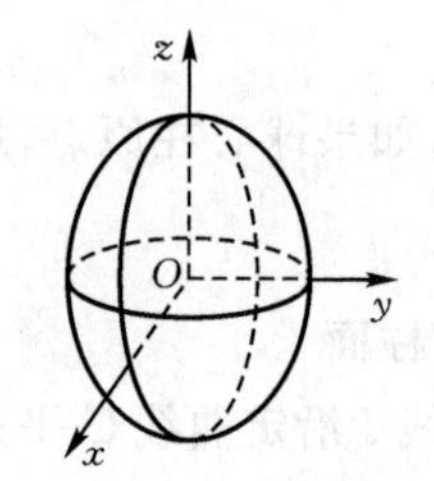

图 5.15　旋转椭球面

可以看出,上述旋转曲面的共同特点是：旋转轴都是 $z$ 轴,每个方程中 $x^2$、$y^2$ 的系数相同. 类似地,若旋转轴是 $y$ 轴,则方程中 $x^2$、$z^2$ 的系数相同;若旋转轴是 $x$ 轴,则方程中 $y^2$、$z^2$ 的系数相同.

**习题 5.3**

1. 方程 $x^2+y^2+z^2-2x+4y+2z=0$ 表示什么曲面?

2. 指出下列方程在平面解析几何中和在空间解析几何中分别表示什么图形,并画出对应的图形.

(1)$y=2$;　　(2)$x+y=1$;　　(3)$x^2+y^2=4$.

3. 指出方程 $z=-\sqrt{x^2+y^2}$ 表示的图形，并画出对应图形.

4. 指出方程 $z=\sqrt{1-x^2-y^2}$ 表示的图形，并画出对应图形.

5. 上述题 3 和题 4 的图形是旋转曲面吗?

## 5.4　二次曲面与直纹面

### 5.4.1　二次曲面

类似于平面解析几何中的二次曲线,我们称三元二次方程 $F(x,y,z)=0$ 所表示的曲面为二次曲面.

按照定义，5.3 节中介绍的圆柱面 $x^2+y^2=R^2$，如图 5.10 所示；抛物柱面 $y=x^2$，如图 5.11 所示；双曲柱面$\frac{x^2}{a^2}-\frac{y^2}{b^2}=1$，如图 5.12 所示；圆锥面 $z^2=x^2+y^2$，如图 5.13 所示；旋转抛物面 $z=x^2+y^2$，如图 5.14 所示；旋转椭球面$\frac{x^2+y^2}{a^2}+\frac{z^2}{c^2}=1$，如图 5.15 所示，都是二次曲面.

下面将介绍两种特殊的二次曲面，双曲抛物面(又称马鞍面)$z=\frac{x^2}{a^2}-\frac{y^2}{b^2}$(如图 5.16 所示)及单叶双曲面$\frac{x^2}{a^2}+\frac{y^2}{b^2}-\frac{z^2}{c^2}=1$(如图 5.17 所示)，这两种曲面作为建筑物外观经常可以见到，其共同特点就是，图形是由直线运动所生成，我们称之为直纹面.

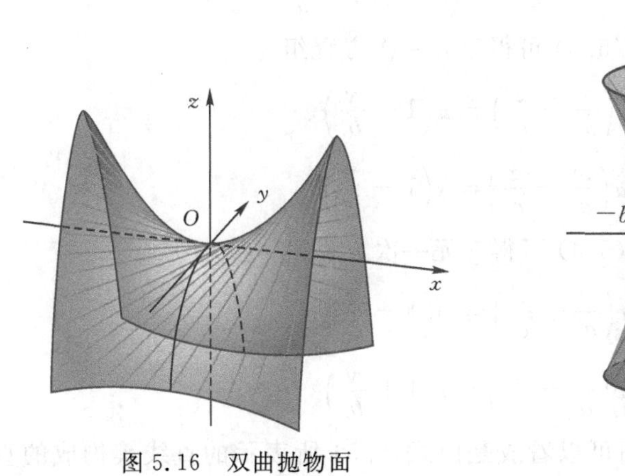


图 5.16　双曲抛物面

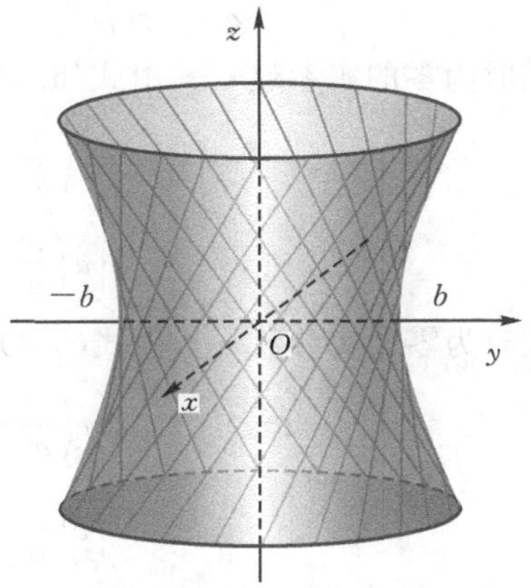

图 5.17　单叶双曲面

## 5.4.2　直纹面

空间中由一条直线(称为母线)按照某种运动规律生成的空间曲面称为**直纹面**.

由定义可以知道，锥面和柱面就是直纹面. 下面我们简单分析一下双曲抛物面和单叶双曲面的直纹性.

**1. 双曲抛物面** $z=\frac{x^2}{a^2}-\frac{y^2}{b^2}$

将双曲抛物面方程改写为

$$\left(\frac{x}{a}-\frac{y}{b}\right)\left(\frac{x}{a}+\frac{y}{b}\right)=z$$

引入实参数 $u$ 及 $v$，可得两个三元一次方程组

$$\begin{cases}\frac{x}{a}-\frac{y}{b}=u \\ u\left(\frac{x}{a}+\frac{y}{b}\right)=z\end{cases} \quad 及 \quad \begin{cases}\frac{x}{a}+\frac{y}{b}=v \\ v\left(\frac{x}{a}-\frac{y}{b}\right)=z\end{cases}$$

对 $u$ 及 $v$ 各取任意实数，得到两个直线簇，对于曲面上任一点，两个直线簇中各有一条直线通过该点，所以双曲抛物面可以看成是以 $u$ 为参数的直线簇构成的直纹面或者以 $v$ 为参数的直线簇构成的直纹面.

**2. 单叶双曲面** $\frac{x^2}{a^2}+\frac{y^2}{b^2}-\frac{z^2}{c^2}=1$

将单叶双曲面方程改写为

$$\left(\frac{x}{a}+\frac{z}{c}\right)\left(\frac{x}{a}-\frac{z}{c}\right)=\left(1+\frac{y}{b}\right)\left(1-\frac{y}{b}\right)$$

进一步改写为

$$\left(\frac{x}{a}+\frac{z}{c}\right)\Big/\left(1+\frac{y}{b}\right)=\left(1-\frac{y}{b}\right)\Big/\left(\frac{x}{a}-\frac{z}{c}\right) \tag{5.3}$$

或

$$\left(\frac{x}{a}+\frac{z}{c}\right)\Big/\left(1-\frac{y}{b}\right)=\left(1+\frac{y}{b}\right)\Big/\left(\frac{x}{a}-\frac{z}{c}\right) \tag{5.4}$$

引入不同时为零的实参数 $u$、$s$，由式(5.3) 可得三元一次方程组

$$\begin{cases} s\left(\frac{x}{a}+\frac{z}{c}\right)=u\left(1+\frac{y}{b}\right) \\ u\left(\frac{x}{a}-\frac{z}{c}\right)=s\left(1-\frac{y}{b}\right) \end{cases} \tag{5.5}$$

引入不同时为零的实参数 $v$、$t$，由式(5.4) 可得三元一次方程组

$$\begin{cases} t\left(\frac{x}{a}+\frac{z}{c}\right)=v\left(1-\frac{y}{b}\right) \\ v\left(\frac{x}{a}-\frac{z}{c}\right)=t\left(1+\frac{y}{b}\right) \end{cases} \tag{5.6}$$

类似于双曲抛物面，单叶双曲面可以看成是由式(5.5) 所表示的直线簇构成的直纹面或者是由式(5.6) 所表示的直线簇构成的直纹面.

因为直纹面由直线组成，易于建构，集美观、实用于一体，所以在工程、建筑、艺术，甚至日常生活中都有着重要且广泛的应用.

单叶双曲面由于有良好的稳定性和漂亮的外观，常常应用于一些大型的建筑物，如广州塔.双曲抛物面的直纹性，使得这种曲面在工程或建筑中有着独特的应用，如水利工程中的扭面就是利用双曲抛物面形状，它是水闸、船闸的中间连接面，扭面构造可以使水流平顺，减少水土损失.

我们将在本章的应用实例中简单介绍直纹面建筑.

**习题 5.4**

1. 在空间解析几何中，下列方程所表示的曲面，哪些是直纹面？

(1)$y=2x^2$；　　(2)$x+y=1$；

(3)$x^2+y^2=4$；　　(4)$z=x^2+y^2$；

(5)$z^2=x^2+y^2$.

2. 指出双曲抛物面 $z=x^2-y^2$ 与下列平面的交线分别是什么曲线：

(1)$x=0$；　(2)$y=1$；　(3)$z=2$.

3. 指出单叶双曲面 $x^2+y^2-z^2=2$ 与下列平面的交线分别是什么曲线：

(1)$x=0$；　(2)$y=1$；　(3)$z=2$.

## 5.5 矩　阵

这一节,我们首先给出矩阵的概念,然后讨论矩阵的运算以及它与线性方程组的联系.

### 5.5.1 矩阵的概念

**定义5.1** 设有$m\times n$个数,把它们排成一个具有$m$行、$n$列的矩形阵列,并以括号括起来,则

$$\begin{bmatrix} a_{11} & a_{12} & \cdots & a_{1n} \\ a_{21} & a_{22} & \cdots & a_{2n} \\ \vdots & \vdots & & \vdots \\ a_{m1} & a_{m2} & \cdots & a_{mn} \end{bmatrix} \tag{5.7}$$

称为$\boldsymbol{m\times n}$**(维)矩阵**,用$a_{ij}$表示第$i$行第$j$列的元(素)($i=1,2,\cdots,m;j=1,2,\cdots,n$).

矩阵通常用大写字母$\boldsymbol{A},\boldsymbol{B},\cdots$表示,矩阵(5.7)可记作

$$\boldsymbol{A}=\boldsymbol{A}_{m\times n}=(a_{ij})$$

我们先来认识几种特殊的矩阵.

当矩阵$\boldsymbol{A}$中所有元素均为零时,则称$\boldsymbol{A}$为**零矩阵**,记作$\boldsymbol{O}$.

当矩阵$\boldsymbol{A}$的行数与列数相等,即$m=n$时,称

$$\boldsymbol{A}=\begin{bmatrix} a_{11} & a_{12} & \cdots & a_{1n} \\ a_{21} & a_{22} & \cdots & a_{2n} \\ \vdots & \vdots & & \vdots \\ a_{n1} & a_{n2} & \cdots & a_{nn} \end{bmatrix}$$

为$\boldsymbol{n}$**阶矩阵**或$\boldsymbol{n}$**阶方阵**,其中$a_{11},a_{22},\cdots,a_{nn}$称为主对角元,它们所处的位置称为方阵$\boldsymbol{A}$的主对角线;同理$a_{1n},a_{2(n-1)},a_{3(n-2)},\cdots,a_{n1}$所在的位置称为副对角线.如果方阵中主对角线上的元素$a_{ij}(i=j)$都为1,而其他元素$a_{ij}=0(i\neq j)$,则称此$n$阶方阵为**单位矩阵**,记作$\boldsymbol{I}$,即

$$\boldsymbol{I}=\begin{bmatrix} 1 & 0 & \cdots & 0 \\ 0 & 1 & \cdots & 0 \\ \vdots & \vdots & & \vdots \\ 0 & 0 & \cdots & 1 \end{bmatrix}$$

若矩阵$\boldsymbol{A}$的行数$m=1$,即

$$\boldsymbol{A}=\begin{bmatrix} a_1 & a_2 & \cdots & a_n \end{bmatrix}$$

则称此$1\times n$维矩阵$\boldsymbol{A}$为**行矩阵**(**或行向量**).类似地,一个$n\times 1$矩阵:

$$\boldsymbol{A}=\begin{bmatrix} a_1 \\ a_2 \\ \vdots \\ a_n \end{bmatrix}$$

被称为**列矩阵**(**或列向量**)

一个$1\times 1$矩阵是一个实数,通常略去矩阵符号.

设有两个同维的矩阵$\boldsymbol{A}$和$\boldsymbol{B}$,仅当它们位于同一行列位置上的元素都相等时,才称矩阵$\boldsymbol{A}$

**和 $B$ 相等**，记为 $A=B$；否则矩阵 $A$ 与 $B$ 不相等，记为 $A \neq B$.

例如：

$$\begin{bmatrix}1 & 2\\3 & 4\end{bmatrix}=\begin{bmatrix}1 & 2\\3 & 4\end{bmatrix},\quad \begin{bmatrix}1 & 2\\3 & 4\end{bmatrix}\neq\begin{bmatrix}1 & 3\\2 & 4\end{bmatrix},\quad \begin{bmatrix}1 & 2\\3 & 4\end{bmatrix}\neq\begin{bmatrix}1 & 2 & 0\\3 & 4 & 0\end{bmatrix}$$

如果将矩阵 $A$ 的行改为列、列改为行，但次序不变，则所形成的矩阵称为原矩阵 $A$ 的**转置矩阵**，记作 $A^{\mathrm{T}}$，例如矩阵(5.7) 的转置矩阵为

$$A^{\mathrm{T}}=\begin{bmatrix}a_{11} & a_{21} & \cdots & a_{m1}\\a_{12} & a_{22} & \cdots & a_{m2}\\\vdots & \vdots & & \vdots\\a_{1n} & a_{2n} & \cdots & a_{mn}\end{bmatrix}$$

由此可知，如果矩阵 $A$ 是一个 $m\times n$ 矩阵，那么其转置矩阵 $A^{\mathrm{T}}$ 则是一个 $n\times m$ 矩阵，例如：

$$A=\begin{bmatrix}1 & -3 & 5\\4 & 2 & 1\end{bmatrix}$$

的转置矩阵为

$$A^{\mathrm{T}}=\begin{bmatrix}1 & 4\\-3 & 2\\5 & 1\end{bmatrix}$$

如果矩阵的某行元素不全为零，则称该行为**非零行**，否则称为**零行**. 如果一个矩阵每个非零行的第一个非零元素都出现在上一行第一个非零元素的右边，同时没有一个非零行出现在零行之下，称这种矩阵为**行阶梯形矩阵**.

例如下面两个矩阵都是行阶梯形矩阵：

$$A=\begin{bmatrix}1 & 2 & 0 & 0 & 2\\0 & 0 & 1 & 0 & -1\\0 & 0 & 0 & 1 & 0\end{bmatrix},\quad B=\begin{bmatrix}1 & 3 & 0 & 2\\0 & 2 & 1 & 0\\0 & 0 & 0 & 0\end{bmatrix}$$

### 5.5.2　矩阵的运算

**1. 矩阵相加**

**定义 5.2**　设矩阵 $A$ 与 $B$ 都是 $m\times n$ 矩阵(也称 $A$ 与 $B$ 为同型矩阵)，$A=(a_{ij})$，$B=(b_{ij})$，定义 $A+B=(a_{ij}+b_{ij})$ 为矩阵 $A$ 与 $B$ 的和，例如：

$$\begin{bmatrix}1 & 2 & 3\\4 & 5 & 6\end{bmatrix}+\begin{bmatrix}a & b & c\\x & y & z\end{bmatrix}=\begin{bmatrix}1+a & 2+b & 3+c\\4+x & 5+y & 6+z\end{bmatrix}$$

由上述定义可知，如果两个矩阵的行数不相同或列数不相同，则二者不可相加，即只有同型矩阵才可以相加.

**例 5.3**　某家电商场 1 月卖出 500 台彩电、450 台冰箱、250 台空调，2 月卖出 706 台彩电、521 台冰箱、270 台空调，3 月卖出 170 台彩电、150 台冰箱、105 台空调. 试用矩阵表示每个月上述三种商品的销售情况以及一季度总的销售情况.

**解**　每个月的销售情况分别为

$$A=\begin{bmatrix}500 & 450 & 250\end{bmatrix}$$

$$B=\begin{bmatrix}706 & 521 & 270\end{bmatrix}$$

$$C = [170 \quad 150 \quad 105]$$

一季度总的销售情况为

$$\begin{aligned} A + B + C &= [500 + 706 + 170 \quad 450 + 521 + 150 \quad 250 + 270 + 105] \\ &= [1376 \quad 1121 \quad 625] \end{aligned}$$

由定义可推得矩阵的加法满足下列性质：

(1) 交换律 $A + B = B + A$；

(2) 结合律 $(A + B) + C = A + (B + C)$.

**2. 数与矩阵相乘**

**定义 5.3**　设 $k$ 为实数，$A = (a_{ij})$ 为 $m \times n$ 阶矩阵，用 $kA$ 表示 $k$ 与 $A$ 的**乘积**，定义为

$$kA = (ka_{ij}) \quad (k \text{ 乘 } A \text{ 中的每个元素})$$

**例 5.4**　某大学数学系有湖北籍学生 80 位，湖南籍学生 60 位，江西籍学生 35 位，经济系有湖北籍、湖南籍、江西籍学生正好是数学系的 2 倍，试用矩阵表示此情况.

**解**　数学系学生学籍情况可表示为

$$A = [80 \quad 60 \quad 35]^{\mathrm{T}}$$

经济系学生学籍情况可表示为

$$2A = [160 \quad 120 \quad 70]^{\mathrm{T}}$$

由定义可得数与矩阵的乘法满足下列性质：

设 $c$、$k$ 为实数，$A$、$B$ 为矩阵，则有

(1) 结合律 $c(kA) = (ck)A$；

(2) 分配律 $(c + k)A = cA + kA$.

将 $A$ 的负矩阵记为 $-A$，并规定 $-A = (-1)A = (-a_{ij})$，由此可定义同型矩阵 $A = (a_{ij})$ 与 $B = (b_{ij})$ 的减法为

$$A - B = A + (-B) = (a_{ij} - b_{ij})$$

**3. 矩阵乘法**

先看下面的例子.

设甲、乙两家公司生产 Ⅰ、Ⅱ、Ⅲ 三种型号的计算机，月产量(单位：台) 为

| | Ⅰ | Ⅱ | Ⅲ |
|---|---|---|---|
| 甲 | 25 | 20 | 18 |
| 乙 | 24 | 16 | 27 |

令

$$A = \begin{bmatrix} 25 & 20 & 18 \\ 24 & 16 & 27 \end{bmatrix} = \begin{bmatrix} a_{11} & a_{12} & a_{13} \\ a_{21} & a_{22} & a_{23} \end{bmatrix}$$

如果这三种型号的计算机每台的利润(单位：万元) 为

| | |
|---|---|
| Ⅰ | 0.5 |
| Ⅱ | 0.2 |
| Ⅲ | 0.7 |

令

$$\boldsymbol{B}=\begin{bmatrix}0.5\\0.2\\0.7\end{bmatrix}=\begin{bmatrix}b_{11}\\b_{21}\\b_{31}\end{bmatrix}$$

那么这两家公司的月利润(单位:万元)为多少?

由题意知这两家公司的月利润矩阵 $\boldsymbol{C}$ 应为

$$\boldsymbol{C}=\begin{bmatrix}a_{11}b_{11}+a_{12}b_{21}+a_{13}b_{31}\\a_{21}b_{11}+a_{22}b_{21}+a_{23}b_{31}\end{bmatrix}$$
$$=\begin{bmatrix}25\times0.5+20\times0.2+18\times0.7\\24\times0.5+16\times0.2+27\times0.7\end{bmatrix}=\begin{bmatrix}29.1\\34.1\end{bmatrix}$$

即甲公司每月的利润为 29.1 万元,乙公司每月的利润为 34.1 万元.

我们把这样得到的矩阵 $\boldsymbol{C}$ 称为矩阵 $\boldsymbol{A}$ 与 $\boldsymbol{B}$ 的乘积.

**定义 5.4** 设 $\boldsymbol{A}=(a_{ik})$ 是 $m\times q$ 矩阵,$\boldsymbol{B}=(b_{kj})$ 是 $q\times n$ 矩阵,即 $\boldsymbol{A}$ 的列数等于 $\boldsymbol{B}$ 的行数,用 $\boldsymbol{AB}$ 表示 $\boldsymbol{A}$ 与 $\boldsymbol{B}$ 的乘积,$\boldsymbol{AB}=(c_{ij})$ 是一个 $m\times n$ 矩阵,其中

$$c_{ij}=a_{i1}b_{1j}+a_{i2}b_{2j}+\cdots+a_{iq}b_{qj}=\sum_{k=1}^{q}a_{ik}b_{kj}\quad(i=1,2,\cdots,m;j=1,2,\cdots,n)$$

即 $c_{ij}$ 是矩阵 $\boldsymbol{A}$ 的第 $i$ 行中各元素分别与 $\boldsymbol{B}$ 第 $j$ 列中各对应元素的乘积之和.

由定义 5.4,月利润矩阵 $\boldsymbol{C}$ 即为矩阵 $\boldsymbol{A}$ 与 $\boldsymbol{B}$ 的乘积

$$\boldsymbol{C}=\boldsymbol{AB}=\begin{bmatrix}a_{11}&a_{12}&a_{13}\\a_{21}&a_{22}&a_{23}\end{bmatrix}\begin{bmatrix}b_{11}\\b_{21}\\b_{31}\end{bmatrix}$$

**例 5.5** 设

$$\boldsymbol{A}=\begin{bmatrix}2&-1\\6&-3\end{bmatrix},\quad \boldsymbol{B}=\begin{bmatrix}1&4\\2&8\end{bmatrix},\quad \boldsymbol{C}=\begin{bmatrix}2&3\\4&6\end{bmatrix}$$

(1) 验证 $\boldsymbol{AB}=\boldsymbol{O}$; (2) 验证 $\boldsymbol{AB}=\boldsymbol{AC}$.

**证** (1) $\boldsymbol{AB}=\begin{bmatrix}2&-1\\6&-3\end{bmatrix}\begin{bmatrix}1&4\\2&8\end{bmatrix}=\begin{bmatrix}2-2&8-8\\6-6&24-24\end{bmatrix}=\begin{bmatrix}0&0\\0&0\end{bmatrix}=\boldsymbol{O}$

(2) $\boldsymbol{AC}=\begin{bmatrix}2&-1\\6&-3\end{bmatrix}\begin{bmatrix}2&3\\4&6\end{bmatrix}=\begin{bmatrix}4-4&6-6\\12-12&18-18\end{bmatrix}=\boldsymbol{O}$

$\boldsymbol{AB}$ 与 $\boldsymbol{AC}$ 均为 $2\times2$ 的零矩阵,因此 $\boldsymbol{AB}=\boldsymbol{AC}$.

由例 5.5 可知,由 $\boldsymbol{AB}=\boldsymbol{O}$ 不能推出 $\boldsymbol{A}=\boldsymbol{O}$ 或 $\boldsymbol{B}=\boldsymbol{O}$,因此对于 $\boldsymbol{AB}=\boldsymbol{AC}$,当 $\boldsymbol{A}\neq\boldsymbol{O}$ 时也不能推出 $\boldsymbol{B}=\boldsymbol{C}$,即矩阵乘法不满足消去律,这是与实数乘法不同的一点.

**例 5.6** 设 $\boldsymbol{A}=[a_1\quad a_2\quad a_3]$,$\boldsymbol{B}=\begin{bmatrix}b_1\\b_2\\b_3\end{bmatrix}$,求 $\boldsymbol{AB}$ 及 $\boldsymbol{BA}$.

**解**

$$\boldsymbol{AB}=[a_1\quad a_2\quad a_3]\begin{bmatrix}b_1\\b_2\\b_3\end{bmatrix}=a_1b_1+a_2b_2+a_3b_3$$

$$BA = \begin{bmatrix} b_1 \\ b_2 \\ b_3 \end{bmatrix} \begin{bmatrix} a_1 & a_2 & a_3 \end{bmatrix} = \begin{bmatrix} b_1 a_1 & b_1 a_2 & b_1 a_3 \\ b_2 a_1 & b_2 a_2 & b_2 a_3 \\ b_3 a_1 & b_3 a_2 & b_3 a_3 \end{bmatrix}$$

注意到矩阵 $\boldsymbol{A}$ 是 $1\times 3$ 矩阵，$\boldsymbol{B}$ 是 $3\times 1$ 矩阵，于是 $\boldsymbol{AB}$ 是 $1\times 1$ 矩阵，即 $\boldsymbol{AB}$ 中只有一个元素；而 $\boldsymbol{BA}$ 却是 $3\times 3$ 矩阵，它有 9 个元素.

由定义知，当 $\boldsymbol{A}$ 的列数等于 $\boldsymbol{B}$ 的行数时，乘积 $\boldsymbol{AB}$ 才有意义，矩阵 $\boldsymbol{AB}$ 的行数与 $\boldsymbol{A}$ 的行数相同，列数与 $\boldsymbol{B}$ 的列数相同. 可见，并非任意两个矩阵都能相乘，即使 $\boldsymbol{AB}$ 有意义，$\boldsymbol{BA}$ 也不一定有意义，而且即使 $\boldsymbol{AB}$ 与 $\boldsymbol{BA}$ 都有意义，二者也不一定相等，即矩阵乘法不满足交换律. 与数的乘法相比较，矩阵的乘法运算具有如下性质：

(1) 结合律 $\boldsymbol{A}(\boldsymbol{BC}) = (\boldsymbol{AB})\boldsymbol{C}$；

(2) 分配律 $\boldsymbol{A}(\boldsymbol{B}+\boldsymbol{C}) = \boldsymbol{AB}+\boldsymbol{AC}$，$(\boldsymbol{A}+\boldsymbol{B})\boldsymbol{C} = \boldsymbol{AC}+\boldsymbol{BC}$.

定义了矩阵的加法、减法和乘法之后，自然想到如何定义矩阵的除法，下一节，我们将通过矩阵乘法给出逆矩阵的概念，不直接定义除法.

现在我们用矩阵表示含 $m$ 个方程、$n$ 个未知量的线性方程组，根据矩阵乘法和矩阵相等的定义，方程组

$$\begin{cases} a_{11}x_1 + a_{12}x_2 + \cdots + a_{1n}x_n = b_1 \\ a_{21}x_1 + a_{22}x_2 + \cdots + a_{2n}x_n = b_2 \\ \qquad\qquad \vdots \\ a_{m1}x_1 + a_{m2}x_2 + \cdots + a_{mn}x_n = b_m \end{cases} \tag{5.8}$$

可以写成

$$\begin{bmatrix} a_{11} & a_{12} & \cdots & a_{1n} \\ a_{21} & a_{22} & \cdots & a_{2n} \\ \vdots & \vdots & & \vdots \\ a_{m1} & a_{m2} & \cdots & a_{mn} \end{bmatrix} \begin{bmatrix} x_1 \\ x_2 \\ \vdots \\ x_n \end{bmatrix} = \begin{bmatrix} b_1 \\ b_2 \\ \vdots \\ b_m \end{bmatrix}$$

或者更简单地

$$\boldsymbol{Ax} = \boldsymbol{B} \tag{5.9}$$

这里 $\boldsymbol{A}$ 称为方程组的**系数矩阵**，$\boldsymbol{x}$ 和 $\boldsymbol{B}$ 是只有一列的矩阵：

$$\boldsymbol{A} = \begin{bmatrix} a_{11} & a_{12} & \cdots & a_{1n} \\ a_{21} & a_{22} & \cdots & a_{2n} \\ \vdots & \vdots & & \vdots \\ a_{m1} & a_{m2} & \cdots & a_{mn} \end{bmatrix}, \quad \boldsymbol{x} = \begin{bmatrix} x_1 \\ x_2 \\ \vdots \\ x_n \end{bmatrix}, \quad \boldsymbol{B} = \begin{bmatrix} b_1 \\ b_2 \\ \vdots \\ b_n \end{bmatrix}$$

方程(5.9) 称为方程组(5.8) 的矩阵形式.

这样的方程组该如何求解呢?5.6 节，我们将给出未知量个数和方程个数相等的 $n$ 元线性方程组有唯一解的克拉默法则和逆矩阵解法，并在 5.7 节通过例子给出求解一般线性方程组的消元法.

**习题 5.5**

1. 什么叫矩阵?

2. 话剧团 $A_1$ 每周去剧场 $B_1$、$B_2$、$B_3$ 的演出次数分别为 4 次、1 次和 3 次，歌舞团 $A_2$ 每周

去剧场 $B_2$、$B_3$ 的演出次数均为 2 次，试用矩阵表示他们的演出情况.

3. $m \times n$ 矩阵中的 $m$、$n$ 各表示什么？什么是一个矩阵的转置矩阵，如何表示转置矩阵？

4. 什么是 $n$ 阶方阵，什么是方阵的主对角线，什么是单位矩阵？

5. 试举例说明矩阵乘法不满足交换律.

6. 设 $\boldsymbol{A} = \begin{bmatrix} 2 & 1 & 0 \\ 1 & 1 & 2 \\ 1 & 2 & 1 \end{bmatrix}$，$\boldsymbol{B} = \begin{bmatrix} 3 & 1 & 2 \\ 3 & -2 & 1 \\ -1 & 1 & -1 \end{bmatrix}$，求 $\boldsymbol{A}+\boldsymbol{B}$，$\boldsymbol{A}-\frac{1}{2}\boldsymbol{B}$，$\boldsymbol{A}^{\mathrm{T}}$.

7. 已知 $\boldsymbol{A}+\boldsymbol{B} = [2\ \ 1\ \ 5\ \ 2\ \ 0]$，$\boldsymbol{A}-\boldsymbol{B} = [3\ \ 0\ \ 1\ \ -1\ \ 4]$，求矩阵 $\boldsymbol{A}$、$\boldsymbol{B}$.

8. 设 $\boldsymbol{A} = \begin{bmatrix} 2-y & 0 \\ -2 & 0 \end{bmatrix}$，$\boldsymbol{B} = \begin{bmatrix} 3 & 0 \\ -2 & x+y \end{bmatrix}$，且 $\boldsymbol{A} = \boldsymbol{B}$，求 $x$、$y$.

9. 设 $\boldsymbol{A} = \begin{bmatrix} 2 \\ 3 \\ -4 \end{bmatrix}$，$\boldsymbol{B} = [2\ \ -1\ \ 1]$，求 $\boldsymbol{AB}$、$\boldsymbol{BA}$.

10. 设 $\boldsymbol{A} = \begin{bmatrix} 2 & 4 \\ -3 & -6 \end{bmatrix}$，$\boldsymbol{B} = \begin{bmatrix} -2 & 4 \\ 1 & -2 \end{bmatrix}$，求 $\boldsymbol{AB}$、$\boldsymbol{BA}$.

11. 某工厂用同一原料制造三种产品 $a$、$b$、$c$，各单位产品所需原料和所用工时由矩阵

$$\begin{array}{c} \quad\quad a \quad b \quad c \\ \boldsymbol{A} = \begin{bmatrix} 4 & 5 & 8 \\ 3 & 4 & 6 \end{bmatrix} \begin{array}{l} \text{原料(kg)} \\ \text{工时(h)} \end{array} \end{array}$$

表示，而原料单价和单位工时的费用由矩阵

$$\begin{array}{c} \quad\quad \text{原料单价} \quad \text{单位工时费用} \\ \boldsymbol{B} = [15 \qquad\qquad 40] \qquad\qquad \text{单位(元)} \end{array}$$

表示，试用矩阵乘积表示产品的单位成本.

## 5.6 行列式

### 5.6.1 行列式的概念与克拉默法则

行列式概念源于二、三元线性方程组的解法，我们从求解二元一次方程组出发，引入二阶行列式，得出用行列式表示线性方程组的解的公式.

考虑以 $x_1$、$x_2$ 为未知量的二元线性方程组

$$\begin{cases} a_{11}x_1 + a_{12}x_2 = b_1 \\ a_{21}x_1 + a_{22}x_2 = b_2 \end{cases} \tag{5.10}$$

如果常数项 $b_1$、$b_2$ 不同时为零，则称该方程组为非齐次的；如果 $b_1$、$b_2$ 都为零，则称它是齐次的，其中 $a_{ij}\,(i,j = 1,2)$ 称为方程组(5.10)的系数.

如何求解方程组(5.10)呢？在初等数学中，我们是采用消元的方法完成的，比如从一个方程中解出 $x_2$，代入另一个方程则可得

$$(a_{11}a_{22} - a_{12}a_{21})x_1 = b_1a_{22} - b_2a_{12}$$

类似地，若由方程组(5.10)消去 $x_1$，则可得

$$(a_{11}a_{22}-a_{12}a_{21})x_2=b_2a_{11}-b_1a_{21}$$

当 $a_{11}a_{22}-a_{12}a_{21}\neq 0$ 时，上面的两个式子可写成

$$x_1=\frac{b_1a_{22}-b_2a_{12}}{a_{11}a_{22}-a_{12}a_{21}},\quad x_2=\frac{b_2a_{11}-b_1a_{21}}{a_{11}a_{22}-a_{12}a_{21}} \tag{5.11}$$

公式(5.11) 便是方程组(5.10) 的唯一解. 为了方便地记住公式(5.11)，引入以下记号，即约定

$$D=\begin{vmatrix}a_{11} & a_{12}\\ a_{21} & a_{22}\end{vmatrix}=a_{11}a_{22}-a_{12}a_{21}$$

这是由方程组(5.10) 的系数组成，称为方程组(5.10) 的系数行列式，其中横排叫作行，竖排叫作列，$a_{ij}$ 表示位于第 $i$ 行第 $j$ 列的元(素). 由于该行列式有两行两列，故称其为二阶行列式. 行列式的值是其元素按照一定规则运算出来的一个数. 如图 5.18 所示为此计算法则的形象表示.

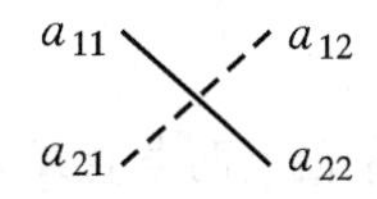


图 5.18　对角线法则图示

其中实线上的数相乘后冠以正号，称此实线为主对角线；虚线上的数相乘后冠以负号，称此虚线为副对角线. 因此可以说，二阶行列式的值是主对角线上的元素之积减去副对角线上元素之积，行列式的这种计算法称为**对角线法则**.

有了二阶行列式的概念，式(5.11) 中的分子可分别记为

$$b_1a_{22}-b_2a_{12}=\begin{vmatrix}b_1 & a_{12}\\ b_2 & a_{22}\end{vmatrix}\xlongequal{\text{记作}}D_1$$

$$b_2a_{11}-b_1a_{21}=\begin{vmatrix}a_{11} & b_1\\ a_{21} & b_2\end{vmatrix}\xlongequal{\text{记作}}D_2$$

于是方程组(5.10) 的解便可以写成极为简单的形式

$$x_1=\frac{D_1}{D},\quad x_2=\frac{D_2}{D}\quad (D\neq 0) \tag{5.12}$$

$D_1$ 是把系数行列式 $D$ 的第一列(即方程组中 $x_1$ 的系数) 换成常数项，$D_2$ 是把系数行列式 $D$ 的第二列(即方程组中 $x_2$ 的系数) 换成常数项.

有了式(5.12)，我们便可以直接利用行列式来求解二元线性方程组，无需对方程组进行消元推导.

**例 5.7**　求解方程组

$$\begin{cases}3x=4+5y\\ 2y=x+3\end{cases}$$

**解**　首先将方程组写成式(5.10) 的形式，称作标准化

$$\begin{cases}3x-5y=4\\ x-2y=-3\end{cases}$$

于是，有

$$D=\begin{vmatrix}3 & -5\\ 1 & -2\end{vmatrix}=-6+5=-1$$

$$D_1=\begin{vmatrix}4 & -5\\ -3 & -2\end{vmatrix}=-8-15=-23$$

$$D_2=\begin{vmatrix}3 & 4\\ 1 & -3\end{vmatrix}=-9-4=-13$$

利用公式(5.12),立刻得到方程组的解为

$$x=\frac{D_1}{D}=23,\quad y=\frac{D_2}{D}=13$$

公式(5.12)中要求作为分母的$D\neq 0$,但是如果$D=0$,方程组的解又是什么呢?为了便于理解,我们从几何上对这一问题进行分析.

为了与直角坐标系的变量一致,先将方程组(5.10)中的$x_1$以$x$替换,$x_2$以$y$替换,则方程组:

$$\begin{cases}a_{11}x+a_{12}y=b_1\\a_{21}x+a_{22}y=b_2\end{cases}$$

便是平面上两条直线方程的联立.

由方程表达式知,两直线的斜率分别为

$$k_1=-\frac{a_{11}}{a_{12}},\quad k_2=-\frac{a_{21}}{a_{22}}$$

如果两直线平行或重合,则有$k_1=k_2$,即

$$\frac{a_{11}}{a_{12}}=\frac{a_{21}}{a_{22}}\Leftrightarrow a_{11}a_{22}-a_{12}a_{21}=0\Leftrightarrow\begin{vmatrix}a_{11}&a_{12}\\a_{21}&a_{22}\end{vmatrix}=0$$

这说明二元一次方程组的系数行列式$D$等于零时,方程组无解或有无穷多解.

如果两直线既不平行又不重合,即两条直线有唯一的交点,则有$k_1\neq k_2$(此时$D\neq 0$).这说明二元一次方程组的系数行列式$D$不等于零时,方程组有唯一解,于是我们得到下列定理.

**定理5.1** 方程组(5.10)有唯一解的充分必要条件是,它们的系数行列式不为零,其唯一解由公式(5.12)表示.

这就是著名的**克拉默法则**.

下面,我们用消元的方法进一步研究三元线性方程组:

$$\begin{cases}a_{11}x_1+a_{12}x_2+a_{13}x_3=b_1\\a_{21}x_1+a_{22}x_2+a_{23}x_3=b_2\\a_{31}x_1+a_{32}x_2+a_{33}x_3=b_3\end{cases}\tag{5.13}$$

从而得出关于三元线性方程组的克拉默法则.

首先将前两式联立消去$x_3$,再将后两式联立也消去$x_3$,得到只含有$x_1$、$x_2$的两个二元线性方程,再从这两个方程消去$x_2$,则得到$Dx_1=D_1$,其中

$$D=a_{11}a_{22}a_{33}+a_{12}a_{23}a_{31}+a_{13}a_{21}a_{32}-a_{31}a_{22}a_{13}-a_{32}a_{23}a_{11}-a_{33}a_{21}a_{12}\tag{5.14}$$

$$D_1=b_1a_{22}a_{33}+a_{12}a_{23}b_3+a_{13}b_2a_{32}-b_3a_{22}a_{13}-a_{32}a_{23}b_1-a_{33}b_2a_{12}\tag{5.15}$$

通过比较,发现$D_1$是把$D$中$a_{11}$、$a_{21}$、$a_{31}$分别换成$b_1$、$b_2$、$b_3$的结果,当$D\neq 0$时,得出

$$x_1=\frac{D_1}{D}$$

采用类似的方法,可以求出$x_2=\frac{D_2}{D}$、$x_3=\frac{D_3}{D}(D\neq 0)$,这里$D_2$、$D_3$是把$D$中的$a_{12}$、$a_{22}$、$a_{32}$及$a_{13}$、$a_{23}$、$a_{33}$分别换成$b_1$、$b_2$、$b_3$的结果.

同二元线性方程组的解一样,为了便于记忆,类似于二阶行列式,将式(5.14)记作

$$D=\begin{vmatrix}a_{11}&a_{12}&a_{13}\\a_{21}&a_{22}&a_{23}\\a_{31}&a_{32}&a_{33}\end{vmatrix}\tag{5.16}$$

称式(5.16) 为三阶行列式，它是方程组(5.13) 的系数组成的行列式，称为方程组(5.13) 的系数行列式. 三阶行列式含有三行三列，人们发现，式(5.14) 可以从式(5.16) 中 9 个元素按照以下法则构成：

$$\begin{matrix} a_{11} & a_{12} & a_{13} & a_{11} & a_{12} \\ a_{21} & a_{22} & a_{23} & a_{21} & a_{22} \\ a_{31} & a_{32} & a_{33} & a_{31} & a_{32} \end{matrix}$$

其中实线位置上三数之积前冠以正号，虚线位置上三数之积前冠以负号，它们的代数和便是 $D$ 的值. 同样称这种计算行列式的方法为**对角线法则**.

比较式(5.15) 中 $D_1$ 的算式，以及 $D_2$、$D_3$ 的特点，我们得到

$$D_1 = \begin{vmatrix} b_1 & a_{12} & a_{13} \\ b_2 & a_{22} & a_{23} \\ b_3 & a_{32} & a_{33} \end{vmatrix},\quad D_2 = \begin{vmatrix} a_{11} & b_1 & a_{13} \\ a_{21} & b_2 & a_{23} \\ a_{31} & b_3 & a_{33} \end{vmatrix},\quad D_3 = \begin{vmatrix} a_{11} & a_{12} & b_1 \\ a_{21} & a_{22} & b_2 \\ a_{31} & a_{32} & b_3 \end{vmatrix}$$

现在可以用三阶行列式记法将方程组(5.13) 当 $D\neq 0$ 时的唯一解用行列式简洁地表示为

$$x_1 = \frac{D_1}{D},\quad x_2 = \frac{D_2}{D},\quad x_3 = \frac{D_3}{D}(D\neq 0) \tag{5.17}$$

这一结果就是三元线性方程组的克拉默法则. 对于 $n$ 元线性方程组，也可这样定义它的系数行列式，即 $n$ 阶行列式，并有相应的克拉默法则成立. 这样，求解线性方程组的问题便转化为求行列式的问题.

同样，为了与空间直角坐标系的变量一致，将方程组(5.13) 中的 $x_1$、$x_2$、$x_3$ 分别以 $x$、$y$、$z$ 替换，则每个方程表示一个平面，当 $D\neq 0$ 时，如下三个平面：

$$\begin{cases} a_{11}x + a_{12}y + a_{13}z = b_1 \\ a_{21}x + a_{22}y + a_{23}z = b_2 \\ a_{31}x + a_{32}y + a_{33}z = b_3 \end{cases}$$

交于一点，而当 $D=0$ 时，方程组(5.13) 有无穷多组解或者无解. 若方程组(5.13) 有无穷多组解，这时上述三个平面重合或交于一条直线. 读者可以思考一下，方程组(5.13) 无解时，上述三个平面会有哪些位置关系呢？

**例 5.8**　求解三元线性方程组

$$\begin{cases} 2x_1 - 4x_2 + x_3 = 1 \\ x_1 - 5x_2 + 3x_3 = 2 \\ x_1 - x_2 + x_3 = -1 \end{cases}$$

**解**　$D = \begin{vmatrix} 2 & -4 & 1 \\ 1 & -5 & 3 \\ 1 & -1 & 1 \end{vmatrix} = -10-12-1+5+4+6 = -8$

$$D_1 = \begin{vmatrix} 1 & -4 & 1 \\ 2 & -5 & 3 \\ -1 & -1 & 1 \end{vmatrix} = 11, D_2 = \begin{vmatrix} 2 & 1 & 1 \\ 1 & 2 & 3 \\ 1 & -1 & 1 \end{vmatrix} = 9, D_3 = \begin{vmatrix} 2 & -4 & 1 \\ 1 & -5 & 2 \\ 1 & -1 & -1 \end{vmatrix} = 6$$

于是由克拉默法则，得方程组的解

$$x_1 = -\frac{11}{8},\quad x_2 = -\frac{9}{8},\quad x_3 = -\frac{3}{4}$$

例 5.8 中的三个方程在空间中表示三个平面，此结果表明这三个平面交于一点.

从以上讨论我们可以看出，行列式是因解线性方程组的需要而产生的，它是直接为解方程组服务的.

由二阶行列式的计算方法和三阶行列式的计算方法，容易发现以下关系：

$$D=\begin{vmatrix} a_{11} & a_{12} & a_{13} \\ a_{21} & a_{22} & a_{23} \\ a_{31} & a_{32} & a_{33} \end{vmatrix}=a_{11}\begin{vmatrix} a_{22} & a_{23} \\ a_{32} & a_{33} \end{vmatrix}-a_{12}\begin{vmatrix} a_{21} & a_{23} \\ a_{31} & a_{33} \end{vmatrix}+a_{13}\begin{vmatrix} a_{21} & a_{22} \\ a_{31} & a_{32} \end{vmatrix} \tag{5.18}$$

式(5.18) 的特点是用二阶行列式来表达三阶行列式，通常称为三阶行列式按第一行展开的计算公式，为简便起见，进一步将式(5.18) 记作

$$D=a_{11}A_{11}+a_{12}A_{12}+a_{13}A_{13}$$

其中，$A_{ij}$ 是在 $D$ 中划去第 $i$ 行第 $j$ 列后剩下的元素，按其相对位置形成的二阶行列式 $M_{ij}$ 乘符号 $(-1)^{i+j}$ 而成的算式，称为 $a_{ij}$ 的**代数余子式**，$M_{ij}$ 称为 $a_{ij}$ 的**余子式**. 例如 $a_{12}$ 对应的代数余子式为

$$A_{12}=(-1)^{1+2}\begin{vmatrix} a_{21} & a_{23} \\ a_{31} & a_{33} \end{vmatrix}=-\begin{vmatrix} a_{21} & a_{23} \\ a_{31} & a_{33} \end{vmatrix}$$

又如 $a_{22}$ 对应的代数余子式为

$$A_{22}=(-1)^{2+2}\begin{vmatrix} a_{11} & a_{13} \\ a_{31} & a_{33} \end{vmatrix}=\begin{vmatrix} a_{11} & a_{13} \\ a_{31} & a_{33} \end{vmatrix}$$

由此可得 $n$ 阶行列式中元素 $a_{ij}$ 的代数余子式的定义及表示法.

这样三阶行列式有了两种算法：一是按它的第一行的展开公式来计算；二是按对角线法则来计算. 可以证明，三阶行列式可以按任一行或任一列展开来计算.

**例 5.9**　计算三阶行列式：

$$D=\begin{vmatrix} 1 & 2 & 3 \\ 6 & 5 & 4 \\ 8 & 9 & 7 \end{vmatrix}$$

**解**　按第一行展开，得

$$\begin{aligned}\begin{vmatrix} 1 & 2 & 3 \\ 6 & 5 & 4 \\ 8 & 9 & 7 \end{vmatrix}&=1\times\begin{vmatrix} 5 & 4 \\ 9 & 7 \end{vmatrix}-2\times\begin{vmatrix} 6 & 4 \\ 8 & 7 \end{vmatrix}+3\times\begin{vmatrix} 6 & 5 \\ 8 & 9 \end{vmatrix}\\&=1\times(35-36)-2\times(42-32)+3\times(54-40)=21\end{aligned}$$

或由对角线法则，得

$$\begin{aligned}\begin{vmatrix} 1 & 2 & 3 \\ 6 & 5 & 4 \\ 8 & 9 & 7 \end{vmatrix}&=1\times5\times7+2\times4\times8+6\times9\times3-3\times5\times8-4\times9\times1-2\times6\times7\\&=35+64+162-120-36-84=21\end{aligned}$$

既然三阶行列式可以用二阶行列式定义，那么就可以考虑用三阶行列式去定义四阶行列式. 于是四阶行列式可定义为(比如，按第一行展开)

$$\begin{vmatrix} a_{11} & a_{12} & a_{13} & a_{14} \\ a_{21} & a_{22} & a_{23} & a_{24} \\ a_{31} & a_{32} & a_{33} & a_{34} \\ a_{41} & a_{42} & a_{43} & a_{44} \end{vmatrix} = a_{11}\begin{vmatrix} a_{22} & a_{23} & a_{24} \\ a_{32} & a_{33} & a_{34} \\ a_{42} & a_{43} & a_{44} \end{vmatrix} - a_{12}\begin{vmatrix} a_{21} & a_{23} & a_{24} \\ a_{31} & a_{33} & a_{34} \\ a_{41} & a_{43} & a_{44} \end{vmatrix} +$$

$$a_{13}\begin{vmatrix} a_{21} & a_{22} & a_{24} \\ a_{31} & a_{32} & a_{34} \\ a_{41} & a_{42} & a_{44} \end{vmatrix} - a_{14}\begin{vmatrix} a_{21} & a_{22} & a_{23} \\ a_{31} & a_{32} & a_{33} \\ a_{41} & a_{42} & a_{43} \end{vmatrix}$$

一般地，$n$ 阶行列式也可用 $n-1$ 阶行列式来定义. 从而 $n$ 阶行列式可用降阶的方法计算.

说到 $n$ 阶行列式，容易使人联想起 $n$ 阶方阵，但要注意：$n$ 阶行列式表示的是一个数，这个数是依据行列式规则用其中的 $n^2$ 个数计算出来的；而 $n$ 阶矩阵则是由 $n \times n$ 个数按一定规律排列成的一个数据表格，行列式与矩阵不是一个概念.

如对于三阶方阵

$$\boldsymbol{A} = \begin{bmatrix} 1 & 3 & 0 \\ 2 & 4 & -1 \\ 2 & -2 & 1 \end{bmatrix}$$

记

$$|\boldsymbol{A}| = \begin{vmatrix} 1 & 3 & 0 \\ 2 & 4 & -1 \\ 2 & -2 & 1 \end{vmatrix}$$

称 $|\boldsymbol{A}|$ 为方阵 $\boldsymbol{A}$ 的行列式.

矩阵的行、列、主对角线、转置等术语均适用于行列式.

### 5.6.2　行列式的性质

当行列式的阶数大于 3 时，行列式的计算没有与三阶行列式类似的对角线法则可用，虽然可用降阶的方法最终归结为 3 阶或 2 阶行列式来计算，但过程复杂，因此计算也复杂多了. 为此我们介绍对行列式进行变形、化简的若干性质. 为了使叙述简单，下面仅用三阶行列式来表述，而这些性质对于任意 $n$ 阶行列式都成立.

**性质 1**　矩阵转置后其行列式的值不变，即 $|\boldsymbol{A}| = |\boldsymbol{A}^{\mathrm{T}}|$，或者

$$\begin{vmatrix} a_{11} & a_{12} & a_{13} \\ a_{21} & a_{22} & a_{23} \\ a_{31} & a_{32} & a_{33} \end{vmatrix} = \begin{vmatrix} a_{11} & a_{21} & a_{31} \\ a_{12} & a_{22} & a_{32} \\ a_{13} & a_{23} & a_{33} \end{vmatrix}$$

由性质 1 可得，行列式的行与列是对称的，于是凡是行列式的有关行（或列）的性质对于列（或行）也适用.

**性质 2**　对调行列式的任意两行（或列），行列式仅改变符号，如

$$\begin{vmatrix} a_{11} & a_{12} & a_{13} \\ a_{21} & a_{22} & a_{23} \\ a_{31} & a_{32} & a_{33} \end{vmatrix} = -\begin{vmatrix} a_{11} & a_{12} & a_{13} \\ a_{31} & a_{32} & a_{33} \\ a_{21} & a_{22} & a_{23} \end{vmatrix}$$

**性质 3**　某行（或列）的公因数，可以提到行列式外面，如

$$\begin{vmatrix} a_{11} & ka_{12} & a_{13} \\ a_{21} & ka_{22} & a_{23} \\ a_{31} & ka_{32} & a_{33} \end{vmatrix} = k\begin{vmatrix} a_{11} & a_{12} & a_{13} \\ a_{21} & a_{22} & a_{23} \\ a_{31} & a_{32} & a_{33} \end{vmatrix}$$

**推论**　若行列式有一行(或列)的元素全为零,则行列式的值为零.

**性质 4**　若行列式的两行(或列)的元素成比例(特别地,两行元素相同),则行列式的值为零.例如

$$\begin{vmatrix} a_{11} & a_{12} & a_{13} \\ ka_{11} & ka_{12} & ka_{13} \\ a_{31} & a_{32} & a_{33} \end{vmatrix} = 0$$

**性质 5**　某行(或列)加上另一行(或列)的常数倍,行列式的值不变,例如

$$\begin{vmatrix} a_{11} & a_{12} & a_{13} \\ a_{21} & a_{22} & a_{23} \\ a_{31} & a_{32} & a_{33} \end{vmatrix} = \begin{vmatrix} a_{11} & a_{12} & a_{13}+ka_{11} \\ a_{21} & a_{22} & a_{23}+ka_{21} \\ a_{31} & a_{32} & a_{33}+ka_{31} \end{vmatrix}$$

上述性质的证明略.

**例 5.10**　利用行列式的性质计算行列式:

$$D = \begin{vmatrix} 2 & -1 & 5 \\ 1 & 2 & -3 \\ 4 & -2 & 6 \end{vmatrix}$$

**解**　提出第三行的公因数 2,得

$$D = 2\times\begin{vmatrix} 2 & -1 & 5 \\ 1 & 2 & -3 \\ 2 & -1 & 3 \end{vmatrix} \xlongequal[\text{加到第三行}]{\text{第一行乘}(-1)} 2\times\begin{vmatrix} 2 & -1 & 5 \\ 1 & 2 & -3 \\ 0 & 0 & -2 \end{vmatrix}$$

$$= 2\times(-2)(-1)^{3+3}\begin{vmatrix} 2 & -1 \\ 1 & 2 \end{vmatrix} = -20 \quad (\text{按第三行展开})$$

**例 5.11**　计算四阶对角形行列式(未写出的元素是 0):

(1) $D = \begin{vmatrix} a & & & \\ & b & & \\ & & c & \\ & & & d \end{vmatrix}$;　　(2) $D = \begin{vmatrix} & & & a \\ & & b & \\ & c & & \\ d & & & \end{vmatrix}$.

**解**　(1) 按第 1 行展开,得

$$D = a\begin{vmatrix} b & & \\ & c & \\ & & d \end{vmatrix} = abcd$$

(2) 按第 1 行展开,注意 $A_{14}$ 中的符号为 $(-1)^{1+4}=-1$,并对三阶行列式用对角线法则得

$$D = aA_{14} = -a\begin{vmatrix} & & b \\ & c & \\ d & & \end{vmatrix} = a(bcd) = abcd$$

**例 5.12**　计算四阶行列式:

$$D=\begin{vmatrix}0&a&0&0\\b&0&0&0\\0&0&c&0\\0&0&0&d\end{vmatrix}$$

**解**　按第一行展开，得

$$D=a\cdot(-1)^{1+2}\begin{vmatrix}b&&\\&c&\\&&d\end{vmatrix}=-abcd$$

### 5.6.3　逆矩阵

设 $\boldsymbol{A}$、$\boldsymbol{B}$ 均为 $n\times n$ 方阵，$\boldsymbol{I}$ 为 $n$ 阶单位矩阵，如果 $\boldsymbol{A}$、$\boldsymbol{B}$ 满足

$$\boldsymbol{AB}=\boldsymbol{BA}=\boldsymbol{I}$$

则称 $\boldsymbol{A}$ 为 $\boldsymbol{B}$ 的**逆矩阵**，或 $\boldsymbol{B}$ 为 $\boldsymbol{A}$ 的逆矩阵. 如果 $\boldsymbol{A}$ 的逆矩阵存在，则称 $\boldsymbol{A}$ 是可逆的.

(1) 矩阵 $\boldsymbol{A}$ 可逆的充分必要条件是矩阵 $\boldsymbol{A}$ 的行列式 $|\boldsymbol{A}|\neq 0$.

(2) 若矩阵 $\boldsymbol{A}$ 可逆，则逆矩阵唯一. 矩阵 $\boldsymbol{A}$ 的逆矩阵记为 $\boldsymbol{A}^{-1}$.

(3) 若矩阵 $\boldsymbol{A}$ 可逆，则逆矩阵的计算公式为

$$\boldsymbol{A}^{-1}=\frac{1}{|\boldsymbol{A}|}\boldsymbol{A}^{*}$$

其中

$$\boldsymbol{A}^{*}=\begin{bmatrix}A_{11}&A_{21}&\cdots&A_{n1}\\A_{12}&A_{22}&\cdots&A_{n2}\\\vdots&\vdots&&\vdots\\A_{1n}&A_{2n}&\cdots&A_{nn}\end{bmatrix}$$

称为 $\boldsymbol{A}$ 的伴随矩阵，$A_{ij}$ 为元素 $a_{ij}$ 的代数余子式.

**例 5.13**　求 $\boldsymbol{A}=\begin{bmatrix}a&b\\c&d\end{bmatrix}$ 的逆矩阵，其中 $|\boldsymbol{A}|=\begin{vmatrix}a&b\\c&d\end{vmatrix}\neq 0$.

**解**　因为 $|\boldsymbol{A}|=\begin{vmatrix}a&b\\c&d\end{vmatrix}\neq 0$，从而 $\boldsymbol{A}$ 可逆.

$$A_{11}=(-1)^{1+1}d,\quad A_{12}=(-1)^{1+2}c,\quad A_{21}=(-1)^{2+1}b,\quad A_{22}=(-1)^{2+2}a$$

于是

$$\boldsymbol{A}^{-1}=\frac{1}{|\boldsymbol{A}|}\begin{bmatrix}A_{11}&A_{21}\\A_{12}&A_{22}\end{bmatrix}=\frac{1}{|\boldsymbol{A}|}\begin{bmatrix}d&-b\\-c&a\end{bmatrix}$$

如

$$\begin{bmatrix}1&2\\3&4\end{bmatrix}^{-1}=\frac{1}{-2}\begin{bmatrix}4&-2\\-3&1\end{bmatrix}=\begin{bmatrix}-2&1\\\frac{3}{2}&-\frac{1}{2}\end{bmatrix}$$

可以验证，

$$\begin{bmatrix}-2&1\\\frac{3}{2}&-\frac{1}{2}\end{bmatrix}\begin{bmatrix}1&2\\3&4\end{bmatrix}=\begin{bmatrix}1&2\\3&4\end{bmatrix}\begin{bmatrix}-2&1\\\frac{3}{2}&-\frac{1}{2}\end{bmatrix}=\begin{bmatrix}1&0\\0&1\end{bmatrix}$$

**例 5.14** 求 $\boldsymbol{A}=\begin{bmatrix}1&0&1\\2&1&0\\-3&2&-5\end{bmatrix}$ 的逆矩阵.

**解** 由 $|\boldsymbol{A}|=\begin{vmatrix}1&0&1\\2&1&0\\-3&2&-5\end{vmatrix}=2\neq0$ 知 $\boldsymbol{A}$ 可逆.

$$A_{11}=\begin{vmatrix}1&0\\2&-5\end{vmatrix}=-5,\quad A_{12}=-\begin{vmatrix}2&0\\-3&-5\end{vmatrix}=10,\quad A_{13}=\begin{vmatrix}2&1\\-3&2\end{vmatrix}=7$$

$$A_{21}=-\begin{vmatrix}0&1\\2&-5\end{vmatrix}=2,\quad A_{22}=\begin{vmatrix}1&1\\-3&-5\end{vmatrix}=-2,\quad A_{23}=-\begin{vmatrix}1&0\\-3&2\end{vmatrix}=-2$$

$$A_{31}=\begin{vmatrix}0&1\\1&0\end{vmatrix}=-1,\quad A_{32}=-\begin{vmatrix}1&1\\2&0\end{vmatrix}=2,\quad A_{33}=\begin{vmatrix}1&0\\2&1\end{vmatrix}=1$$

故

$$\boldsymbol{A}^{-1}=\frac{1}{2}\begin{bmatrix}-5&2&-1\\10&-2&2\\7&-2&1\end{bmatrix}=\begin{bmatrix}-\frac{5}{2}&1&-\frac{1}{2}\\5&-1&1\\\frac{7}{2}&-1&\frac{1}{2}\end{bmatrix}$$

### 5.6.4 逆矩阵法求解线性方程组

对于 $n$ 元线性方程组 $\boldsymbol{Ax}=\boldsymbol{B}$，若 $\boldsymbol{A}$ 为可逆方阵，则等式两边左乘 $\boldsymbol{A}^{-1}$，得

$$\boldsymbol{A}^{-1}\boldsymbol{Ax}=\boldsymbol{A}^{-1}\boldsymbol{B}$$

于是

$$\boldsymbol{x}=\boldsymbol{A}^{-1}\boldsymbol{B}$$

即当 $\boldsymbol{A}$ 可逆时，线性方程组有唯一解 $\boldsymbol{x}=\boldsymbol{A}^{-1}\boldsymbol{B}$.

**例 5.15** 用逆矩阵法求解线性方程组

$$\begin{cases}x_1+2x_2+3x_3=-7\\2x_1-x_2+2x_3=-8\\x_1+3x_2=7\end{cases}$$

**解** 令

$$\boldsymbol{A}=\begin{bmatrix}1&2&3\\2&-1&2\\1&3&0\end{bmatrix},\quad \boldsymbol{x}=\begin{bmatrix}x_1\\x_2\\x_3\end{bmatrix},\quad \boldsymbol{B}=\begin{bmatrix}-7\\-8\\7\end{bmatrix}$$

则原方程组为 $\boldsymbol{Ax}=\boldsymbol{B}$，其系数矩阵的行列式：

$$|\boldsymbol{A}|=\begin{vmatrix}1&2&3\\2&-1&2\\1&3&0\end{vmatrix}=19\neq0$$

故 $\boldsymbol{A}$ 可逆，且可以算出

$$\boldsymbol{A}^{-1}=\frac{1}{19}\begin{bmatrix}-6&9&7\\2&-3&4\\7&-1&-5\end{bmatrix}$$

于是
$$x=\begin{bmatrix}x_1\\x_2\\x_3\end{bmatrix}=\frac{1}{19}\begin{bmatrix}-6&9&7\\2&-3&4\\7&-1&-5\end{bmatrix}\begin{bmatrix}-7\\-8\\7\end{bmatrix}=\begin{bmatrix}1\\2\\-4\end{bmatrix}$$
即方程组的解为 $x_1=1,x_2=2,x_3=-4$.

**习题 5.6**

1. 什么叫三阶行列式,它表示的是什么?

2. $\begin{vmatrix}a&0&0\\0&a&0\\0&0&a\end{vmatrix}$ 与 $\begin{vmatrix}0&0&a\\0&a&0\\a&0&0\end{vmatrix}$ 相等吗,它们有何关系?

3. 设 $\begin{vmatrix}a_1&a_2&a_3\\b_1&b_2&b_3\\c_1&c_2&c_3\end{vmatrix}=5$,则
$$\begin{vmatrix}b_1&b_2&b_3\\a_1&a_2&a_3\\c_1&c_2&c_3\end{vmatrix},\quad\begin{vmatrix}b_1&b_2&b_3\\c_1&c_2&c_3\\a_1&a_2&a_3\end{vmatrix},\quad\begin{vmatrix}a_1&a_2&a_3\\a_1&a_2&a_3\\c_1&c_2&c_3\end{vmatrix},$$
$$k\begin{vmatrix}a_1&a_2&a_3\\b_1&b_2&b_3\\c_1&c_2&c_3\end{vmatrix},\quad\begin{vmatrix}ka_1&ka_2&ka_3\\kb_1&kb_2&kb_3\\kc_1&kc_2&kc_3\end{vmatrix}\quad(k\neq0)$$
各等于多少?

4. 计算下列行列式:

(1) $\begin{vmatrix}2&3\\-1&4\end{vmatrix}$; (2) $\begin{vmatrix}a-b&b\\-b&a+b\end{vmatrix}$; (3) $\begin{vmatrix}\cos\theta&-\sin\theta\\\sin\theta&\cos\theta\end{vmatrix}$;

(4) $\begin{vmatrix}0&3&0\\-1&4&7\\2&-2&1\end{vmatrix}$; (5) $\begin{vmatrix}1&0&2\\1&\cos^2\theta&\sin^2\theta\\0&\sin^2\theta&\cos^2\theta\end{vmatrix}$.

5. 用克拉默法则解下列线性方程组:

(1) $\begin{cases}3x_1-5x_2=13\\2x_1+7x_2=81\end{cases}$; (2) $\begin{cases}4x-3y=1\\3x-8y=-1\end{cases}$;

(3) $\begin{cases}5x_1-x_2-x_3=0\\x_1+2x_2+3x_3=14\\4x_1+3x_2+2x_3=16\end{cases}$; (4) $\begin{cases}x+y-z=1\\x+2y+2z=2\\3x+3y=0\end{cases}$.

6. 求下列矩阵的逆矩阵:

(1) $\boldsymbol{A}=\begin{bmatrix}1&2\\-1&3\end{bmatrix}$; (2) $\boldsymbol{B}=\begin{bmatrix}1&1&0\\-1&1&1\\-2&-1&0\end{bmatrix}$.

7. 用逆矩阵法解下列线性方程组:

(1) $\begin{cases}2x-y=4\\8x+y=1\end{cases}$; (2) $\begin{cases}3x+6y+z=0\\3x-3y+2z=2\\6x+9y+2z=1\end{cases}$.

## 5.7 线性方程组

行列式的理论是由于解线性方程组的需要而产生的.行列式理论的发展,从理论上解决了 $n$ 元线性方程组的求解问题.但是,实际运用行列式来解线性方程组时,还存在一定的矛盾.

首先,计算很繁琐.对于 $n$ 元线性方程组,需计算 $n+1$ 个 $n$ 阶行列式,而当 $n>3$ 时,不仅需要计算的行列式很多,而且无论用行列式的性质还是通过降阶展开来计算,计算量都是比较大的.

其次,对于某些方程组,行列式解法——克拉默法则失去作用.一是克拉默法则要求线性方程组中未知量个数与方程个数相等,二是克拉默法则要求系数行列式不为零.当方程个数和未知量个数不等或者系数行列式等于零时,方程组就不能用行列式求解,当然也不能用逆矩阵法求解.但并不能说,原方程组无解.因此有必要对一般的线性方程组解法作进一步讨论.

在寻找线性方程组解的过程中,人们发现,对线性方程组常常进行下列三种变换:

(1) 互换线性方程组中某两个方程的位置;

(2) 用一个非零常数去乘某一方程;

(3) 把某一方程的常数倍加到另一方程上去.

重要的是,经过这三种变换得到的新的方程组和原方程组同解,并且这三种变换实质上可以通过对方程系数及常数项所构成的矩阵(称为线性方程组的**增广矩阵**)进行类似的变换来实现.

考虑线性方程组

$$\begin{cases} a_{11}x_1+a_{12}x_2+\cdots+a_{1n}x_n=b_1 \\ a_{21}x_1+a_{22}x_2+\cdots+a_{2n}x_n=b_2 \\ \qquad\qquad\vdots \\ a_{m1}x_1+a_{m2}x_2+\cdots+a_{mn}x_n=b_m \end{cases} \tag{5.19}$$

记

$$\boldsymbol{A}=\begin{bmatrix} a_{11} & a_{12} & \cdots & a_{1n} \\ a_{21} & a_{22} & \cdots & a_{2n} \\ \vdots & \vdots & & \vdots \\ a_{m1} & a_{m2} & \cdots & a_{mn} \end{bmatrix},\quad \widetilde{\boldsymbol{A}}=\begin{bmatrix} a_{11} & a_{12} & \cdots & a_{1n} & b_1 \\ a_{21} & a_{22} & \cdots & a_{2n} & b_2 \\ \vdots & \vdots & & \vdots & \vdots \\ a_{m1} & a_{m2} & \cdots & a_{mn} & b_n \end{bmatrix},\quad \boldsymbol{B}=\begin{bmatrix} b_1 \\ b_2 \\ \vdots \\ b_m \end{bmatrix}$$

分别称 $\boldsymbol{A}$ 和 $\widetilde{\boldsymbol{A}}$ 为方程组(5.19)的**系数矩阵**和**增广矩阵**.

若 $\boldsymbol{B}\neq\boldsymbol{0}$,称方程组(5.19)为非齐次线性方程组.

若 $\boldsymbol{B}=\boldsymbol{0}$,称方程组(5.19)为齐次线性方程组.

上述三种对线性方程组的变换对应着对增广矩阵 $\widetilde{\boldsymbol{A}}$ 进行的三种变换:

(1) 交换 $\widetilde{\boldsymbol{A}}$ 的某两行;

(2) 用一个非零数去乘 $\widetilde{\boldsymbol{A}}$ 的某一行;

(3) 给 $\widetilde{\boldsymbol{A}}$ 的某一行乘数 $k$ 加到另一行的对应元素上.

这三种变换称为矩阵的**初等行变换**.

将 $\widetilde{\boldsymbol{A}}$ 经初等行变换化成行阶梯形矩阵(见5.5.1节)$\boldsymbol{C}$,记为 $\widetilde{\boldsymbol{A}}\xrightarrow{\text{初等行变换}}\boldsymbol{C}$,显然 $\boldsymbol{C}$ 所对应

的方程组与方程组(5.19)同解. 这样,求解线性方程组(5.19)的消元过程就可以通过对 $\widetilde{\boldsymbol{A}}$ 进行初等行变换来完成. 这就是解一般线性方程组的**消元法**.

下面通过例子来说明这种求解方法.

**例 5.16**　求解方程组

$$\begin{cases} x_1 - 2x_2 + 3x_3 - x_4 + 2x_5 = 2 \\ 3x_1 - x_2 + 5x_3 - 3x_4 - x_5 = 6 \\ 2x_1 + x_2 + 2x_3 - 2x_4 - 3x_5 = 8 \end{cases}$$

**解**

$$\widetilde{\boldsymbol{A}} = \left[\begin{array}{ccccc:c} 1 & -2 & 3 & -1 & 2 & 2 \\ 3 & -1 & 5 & -3 & -1 & 6 \\ 2 & 1 & 2 & -2 & -3 & 8 \end{array}\right] \text{(虚线右边为常数项矩阵 } \boldsymbol{B}\text{)}$$

$$\xrightarrow[\text{加在第二行上}]{\text{第一行乘}-3} \left[\begin{array}{ccccc:c} 1 & -2 & 3 & -1 & 2 & 2 \\ 0 & 5 & -4 & 0 & -7 & 0 \\ 2 & 1 & 2 & -2 & -3 & 8 \end{array}\right]$$

$$\xrightarrow[\text{加在第三行上}]{\text{第一行乘}-2} \left[\begin{array}{ccccc:c} 1 & -2 & -3 & -1 & 2 & 2 \\ 0 & 5 & -4 & 0 & -7 & 0 \\ 0 & 5 & -4 & 0 & -7 & 4 \end{array}\right]$$

$$\xrightarrow[\text{加在第三行上}]{\text{第二行乘}-1} \left[\begin{array}{ccccc:c} 1 & -2 & -3 & -1 & 2 & 2 \\ 0 & 5 & -4 & 0 & -7 & 0 \\ 0 & 0 & 0 & 0 & 0 & -4 \end{array}\right] = \boldsymbol{C}$$

与原方程组同解的方程组为

$$\begin{cases} x_1 - 2x_2 - 3x_3 - x_4 + 2x_5 = 2 \\ 0x_1 + 5x_2 - 4x_3 + 0x_4 - 7x_5 = 0 \\ 0x_1 + 0x_2 + 0x_3 + 0x_4 + 0x_5 = -4 \end{cases}$$

第三个方程为矛盾方程,因此方程组无解.

**例 5.17**　求解方程组

$$\begin{cases} x_1 + 2x_2 - 3x_3 = 13 \\ 2x_1 + 3x_2 + x_3 = 4 \\ 3x_1 - x_2 + 2x_3 = -1 \\ x_1 - x_2 + 3x_3 = -8 \end{cases}$$

**解**　对此方程组对应的增广矩阵进行初等行变换:

$$\widetilde{\boldsymbol{A}} = \left[\begin{array}{ccc:c} 1 & 2 & -3 & 13 \\ 2 & 3 & 1 & 4 \\ 3 & -1 & 2 & -1 \\ 1 & -1 & 3 & -8 \end{array}\right] \xrightarrow[\text{加到第二、三、四行}]{\text{第一行分别乘}-2\text{、}-3\text{、}-1} \left[\begin{array}{ccc:c} 1 & 2 & -3 & 13 \\ 0 & -1 & 7 & -22 \\ 0 & -7 & 11 & -40 \\ 0 & -3 & 6 & -21 \end{array}\right]$$

$$\xrightarrow[\text{加到第三、四行}]{\text{第二行分别乘}-7\text{、}-3} \left[\begin{array}{ccc:c} 1 & 2 & -3 & 13 \\ 0 & -1 & 7 & -22 \\ 0 & 0 & -38 & 114 \\ 0 & 0 & -15 & 45 \end{array}\right]$$

$$\xrightarrow[\text{第四行除以}-15]{\text{第三行除以}-38}\left[\begin{array}{ccc:c}1&2&-3&13\\0&-1&7&-22\\0&0&1&-3\\0&0&1&-3\end{array}\right]$$

$$\xrightarrow[\text{加到第一、二、四行}]{\text{第三行分别乘}3、-7、-1}\left[\begin{array}{ccc:c}1&2&0&4\\0&-1&0&-1\\0&0&1&-3\\0&0&0&0\end{array}\right]$$

$$\xrightarrow[\text{第二行乘}-1]{\text{第二行乘}2\text{加到第一行}}\left[\begin{array}{ccc:c}1&0&0&2\\0&1&0&1\\0&0&1&-3\\0&0&0&0\end{array}\right]=\boldsymbol{C}$$

这表示经过初等变换后，与原线性方程组同解的方程组为

$$\begin{cases}x_1+0x_2+0x_3=2\\0+x_2+0x_3=1\\0+0+x_3=-3\end{cases}$$

即 $x_1=2,x_2=1,x_3=-3$ 为原方程组的唯一解.

**例 5.18** 求解方程组

$$\begin{cases}x_1-x_2+x_3-x_4=1\\x_1-x_2-x_3+x_4=0\\x_1-x_2-2x_3+2x_4=-\dfrac{1}{2}\end{cases}$$

**解**

$$\widetilde{\boldsymbol{A}}=\left[\begin{array}{cccc:c}1&-1&1&-1&1\\1&-1&-1&1&0\\1&-1&-2&2&-\dfrac{1}{2}\end{array}\right]$$

$$\xrightarrow[\text{第一行乘}-1\text{加到第三行}]{\text{第一行乘}-1\text{加到第二行}}\left[\begin{array}{cccc:c}1&-1&1&-1&1\\0&0&-2&2&-1\\0&0&-3&3&-\dfrac{3}{2}\end{array}\right]$$

$$\xrightarrow[\text{第三行乘}-\frac{1}{3}]{\text{第二行乘}-\frac{1}{2}}\left[\begin{array}{cccc:c}1&-1&1&-1&1\\0&0&1&-1&\dfrac{1}{2}\\0&0&1&-1&\dfrac{1}{2}\end{array}\right]$$

$$\xrightarrow{\text{第二行乘}-1\text{加到第三行}}\left[\begin{array}{cccc:c}1&-1&1&-1&1\\0&0&1&-1&\dfrac{1}{2}\\0&0&0&0&0\end{array}\right]=\boldsymbol{C}$$

原方程组可表示为同解方程组

$$\begin{cases} x_1 - x_2 + x_3 - x_4 = 1 \\ x_3 - x_4 = \dfrac{1}{2} \end{cases}$$

此方程组可写成

$$\begin{cases} -x_2 + x_3 = 1 - x_1 + x_4 \\ x_3 = \dfrac{1}{2} + x_4 \end{cases}$$

其中 $x_1$、$x_4$ 可以独立地取任意实数.不妨设 $x_1 = c_1$，$x_4 = c_2$，则原方程组的解为

$$\begin{cases} x_1 = c_1 \\ x_2 = c_1 - \dfrac{1}{2} \\ x_3 = c_2 + \dfrac{1}{2} \\ x_4 = c_2 \end{cases} \quad (c_1、c_2 \text{ 为任意实数})$$

这表明原方程组有无穷多组解.

**例 5.19**　解方程组

$$\begin{cases} x_1 - x_2 + 3x_3 = 0 \\ x_1 + x_2 - 2x_3 = 0 \\ 3x_1 + x_2 - x_3 = 0 \\ x_1 - 3x_2 + 8x_3 = 0 \end{cases}$$

**解**　这是一个齐次线性方程组，只需对系数矩阵进行初等行变换

$$\boldsymbol{A} = \begin{bmatrix} 1 & -1 & 3 \\ 1 & 1 & -2 \\ 3 & 1 & -1 \\ 1 & -3 & 8 \end{bmatrix} \xrightarrow[\text{加到第二、三、四行}]{\text{分别将第一行的}(-1)、(-3)、(-1)\text{ 倍}} \begin{bmatrix} 1 & -1 & 3 \\ 0 & 2 & -5 \\ 0 & 4 & -10 \\ 0 & -2 & 5 \end{bmatrix}$$

$$\xrightarrow[\text{加到第三、四行}]{\text{分别将第二行的}(-2)、1\text{ 倍}} \begin{bmatrix} 1 & -1 & 3 \\ 0 & 2 & -5 \\ 0 & 0 & 0 \\ 0 & 0 & 0 \end{bmatrix} = \boldsymbol{C}$$

与原方程组同解的方程组为

$$\begin{cases} x_1 - x_2 + 3x_3 = 0 \\ 2x_2 - 5x_3 = 0 \end{cases} \text{或} \begin{cases} x_1 - x_2 = -3x_3 \\ 2x_2 = 5x_3 \end{cases}$$

其中 $x_3$ 可取任意值.不妨令 $x_3 = c$，可得原方程组的解为

$$x_1 = -\frac{1}{2}c, \quad x_2 = \frac{5}{2}c, \quad x_3 = c$$

其中 $c$ 为任意常数，即该齐次线性方程组有无穷多组解.

当 $c = 0$ 时，$x_1 = 0$、$x_2 = 0$、$x_3 = 0$，这个解称为方程组的**零解**，否则称为**非零解**.

对于方程个数和未知量个数相等的 $n$ 元齐次线性方程组

$$\begin{cases} a_{11}x_1 + a_{12}x_2 + \cdots + a_{1n}x_n = 0 \\ a_{21}x_1 + a_{22}x_2 + \cdots + a_{2n}x_n = 0 \\ \qquad\qquad \vdots \\ a_{n1}x_1 + a_{n2}x_2 + \cdots + a_{nn}x_n = 0 \end{cases}$$

由 5.6.1 节的克拉默法则可知，只要系数行列式 $D \neq 0$，则该方程组只有零解，这是因为这时 $D_1 = 0, D_2 = 0, \cdots, D_n = 0$. 反过来，若方程组有非零解，则必有系数行列式 $D = 0$.

**习题 5.7**

1. 求解下列线性方程组：

(1) $\begin{cases} x_1 - 2x_2 + x_3 = 9 \\ 2x_1 + 3x_2 + x_3 = 1 \\ 2x_1 + x_2 + 3x_3 = 11 \end{cases}$；　(2) $\begin{cases} x_1 + x_2 + x_3 + x_4 = 0 \\ x_1 + 2x_2 + 3x_3 + 4x_4 = 0 \\ x_1 + 3x_2 + 6x_3 + 10x_4 = 0 \\ x_1 + 4x_2 + 10x_3 + 20x_4 = 0 \end{cases}$；

(3) $\begin{cases} x_1 + x_2 - x_3 + 2x_4 = 3 \\ 2x_1 + x_2 - 3x_4 = 1 \\ -4x_1 - 2x_2 + 6x_4 = -2 \end{cases}$.

2. 设方程组

$$\begin{cases} \lambda x_1 + x_2 + x_3 = 0 \\ x_1 + \lambda x_2 + x_3 = 0 \\ 3x_1 - x_2 + x_3 = 0 \end{cases}$$

有非零解，求 $\lambda$ 的值.

## 5.8 应用实例

**1. 指派问题**

**例 5.20** 某所大学计划在暑假期间对三幢教学大楼进行维修，该校就此项目进行招标，有三家建筑公司对每幢大楼的修理费用进行报价，具体见表 5.1.

**表 5.1 建筑公司报价单**

| 建筑公司 | 修理费用 / 万元 | | |
|---|---|---|---|
| | 教学 1 楼 | 教学 2 楼 | 教学 3 楼 |
| 建筑一公司 | 13 | 24 | 10 |
| 建筑二公司 | 17 | 19 | 15 |
| 建筑三公司 | 20 | 22 | 21 |

暑假期间每家建筑公司只能修理一幢教学大楼，因此该大学必须把各教学大楼的维修工作分派给不同的建筑公司，为了使维修费用的总和最小，应指定各建筑公司分别负责维修哪一幢教学大楼？

**解** 这个问题的效率矩阵为

$$C=\begin{bmatrix}13 & 24 & 10\\17 & 19 & 15\\20 & 22 & 21\end{bmatrix}$$

这里有 3! = 6 种可能维修方案,我们计算每种方案的费用. 下面对 6 种方案所对应矩阵的元素作标记,并计算它们的和.

$$\begin{bmatrix}\boxed{13} & 24 & 10\\17 & \boxed{19} & 15\\20 & 22 & \boxed{21}\end{bmatrix}\quad\begin{bmatrix}\boxed{13} & 24 & 10\\17 & 19 & \boxed{15}\\20 & \boxed{22} & 21\end{bmatrix}\quad\begin{bmatrix}13 & \boxed{24} & 10\\\boxed{17} & 19 & 15\\20 & 22 & \boxed{21}\end{bmatrix}$$

$13+19+21=53$　　$13+22+15=50$　　$17+24+21=62$

方案 1　　方案 2　　方案 3

$$\begin{bmatrix}13 & 24 & \boxed{10}\\\boxed{17} & 19 & 15\\20 & \boxed{22} & 21\end{bmatrix}\quad\begin{bmatrix}13 & \boxed{24} & 10\\17 & 19 & \boxed{15}\\\boxed{20} & 22 & 21\end{bmatrix}\quad\begin{bmatrix}13 & 24 & \boxed{10}\\17 & \boxed{19} & 15\\\boxed{20} & 22 & 21\end{bmatrix}$$

$17+22+10=49$　　$20+24+15=59$　　$20+19+10=49$

方案 4　　方案 5　　方案 6

由上面分析可见维修费用最少 49 万元、最多 62 万元. 由于从两种方案 4 与 6 得到最少维修费用总价均为 49 万元,因此,该大学应在下列两种方案中选定一种,即

$$\begin{cases}\text{建筑二公司承包教学楼 1 楼}\\\text{建筑三公司承包教学楼 2 楼}\\\text{建筑一公司承包教学楼 3 楼}\end{cases}\quad\text{或}\quad\begin{cases}\text{建筑三公司承包教学楼 1 楼}\\\text{建筑二公司承包教学楼 2 楼}\\\text{建筑一公司承包教学楼 3 楼}\end{cases}$$

**2. 交通问题**

设有 $A$、$B$、$C$ 三国,它们的城市 $A_1$、$A_2$、$A_3$,$B_1$、$B_2$、$B_3$,$C_1$、$C_2$ 之间的交通连接情况(不考虑国内交通)如图 5.19 所示.

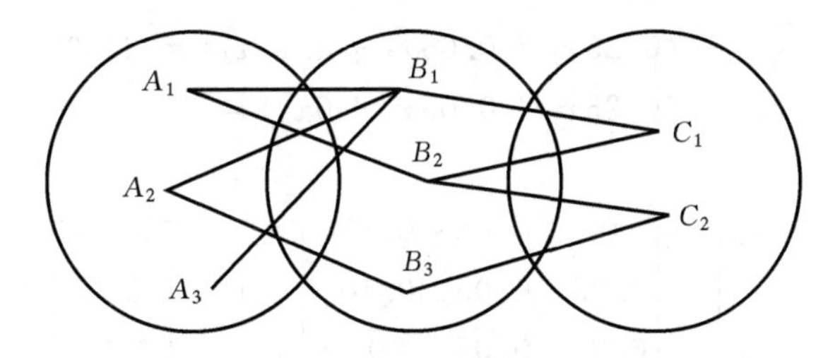


图 5.19　三国城市交通连接图

根据图 5.19,$A$ 国和 $B$ 国城市之间交通连接情况可用矩阵

$$M=\begin{array}{c}\begin{array}{ccc}B_1 & B_2 & B_3\end{array}\\\begin{bmatrix}1 & 1 & 0\\1 & 0 & 1\\1 & 0 & 0\end{bmatrix}\end{array}\begin{array}{c}\\A_1\\A_2\\A_3\end{array}$$

表示,其中

$$m_{ij}=\begin{cases}1, & A_i \text{ 和 } B_j \text{ 连通} \\ 0, & A_i \text{ 和 } B_j \text{ 不连通}\end{cases} \quad (i=1,2,3;j=1,2,3)$$

同样，$B$ 国和 $C$ 国城市之间的交通情况可用矩阵 $\boldsymbol{N}$ 表示如下：

$$\begin{array}{c} \quad\quad\ C_1\ \ C_2 \\ \boldsymbol{N}=\begin{bmatrix}1 & 0 \\ 1 & 1 \\ 0 & 1\end{bmatrix}\begin{matrix}B_1\\B_2\\B_3\end{matrix}\end{array}$$

其中

$$n_{ij}=\begin{cases}1, & B_i \text{ 和 } C_j \text{ 连通} \\ 0, & B_i \text{ 和 } C_j \text{ 不连通}\end{cases} \quad (i=1,2,3;j=1,2)$$

用 $\boldsymbol{P}$ 表示 $A$ 国和 $C$ 国城市之间的交通连接情况，则 $\boldsymbol{P}$ 是矩阵 $\boldsymbol{M}$ 与 $\boldsymbol{N}$ 的乘积，可算出

$$\boldsymbol{P}=\boldsymbol{MN}=\begin{bmatrix}1 & 1 & 0 \\ 1 & 0 & 1 \\ 1 & 0 & 0\end{bmatrix}\begin{bmatrix}1 & 0 \\ 1 & 1 \\ 0 & 1\end{bmatrix}=\begin{bmatrix}2 & 1 \\ 1 & 1 \\ 1 & 0\end{bmatrix}$$

**3. 生产总值问题**

**例 5.21** 一个城市有三家重要的企业：一座煤矿，一座发电厂和一家经营地方铁路的运输公司. 开采价值1元的煤，煤矿必须支付0.25元的电费和0.25元的运输费. 生产价值1元的电力，发电厂需购买0.65元的煤作燃料，自己亦需支付0.05元的电费来驱动辅助设备并支付0.05元的运输费. 而提供价值1元的运输力量，运输公司需购买0.55元的煤作燃料，0.10元的电力驱动它的辅助设备. 某周内，煤矿接到外地50000元煤的订单，发电厂接到外地25000元电力的订单，运输公司未接到除煤矿及发电厂外的其他订单. 问这三家企业在这一周内生产总值为多少时才能精确地满足它们本地要求和外地的订单？

**解** 对于这一周，$x_1$ 表示煤矿的总产值，$x_2$ 表示发电厂的总产值，$x_3$ 表示运输公司的总产值. 根据题意：

$$\begin{cases}x_1-(0x_1+0.65x_2+0.55x_3)=50000 \\ x_2-(0.25x_1+0.05x_2+0.10x_3)=25000 \\ x_3-(0.25x_1+0.05x_2+0x_3)=0\end{cases}$$

写成矩阵形式，得

$$\begin{bmatrix}x_1\\x_2\\x_3\end{bmatrix}-\begin{bmatrix}0 & 0.65 & 0.55 \\ 0.25 & 0.05 & 0.10 \\ 0.25 & 0.05 & 0\end{bmatrix}\begin{bmatrix}x_1\\x_2\\x_3\end{bmatrix}=\begin{bmatrix}50000\\25000\\0\end{bmatrix}$$

记

$$\boldsymbol{x}=\begin{bmatrix}x_1\\x_2\\x_3\end{bmatrix},\quad \boldsymbol{C}=\begin{bmatrix}0 & 0.65 & 0.55 \\ 0.25 & 0.05 & 0.10 \\ 0.25 & 0.05 & 0\end{bmatrix},\quad \boldsymbol{d}=\begin{bmatrix}50000\\25000\\0\end{bmatrix}$$

则上式写为

$$\boldsymbol{x}-\boldsymbol{Cx}=\boldsymbol{d}$$

即

$$(\boldsymbol{I}-\boldsymbol{C})\boldsymbol{x}=\boldsymbol{d}$$

$$\begin{bmatrix} 1 & -0.65 & -0.55 \\ -0.25 & 0.95 & -0.10 \\ -0.25 & -0.05 & 1 \end{bmatrix}\begin{bmatrix} x_1 \\ x_2 \\ x_3 \end{bmatrix}=\begin{bmatrix} 50000 \\ 25000 \\ 0 \end{bmatrix}$$

因为系数行列式

$$|\boldsymbol{I}-\boldsymbol{C}|=0.62875\neq 0$$

由方程组的逆矩阵解法，方程组有唯一解

$$\boldsymbol{x}=(\boldsymbol{I}-\boldsymbol{C})^{-1}\boldsymbol{d}=\frac{1}{503}\begin{bmatrix} 756 & 542 & 470 \\ 220 & 690 & 190 \\ 200 & 170 & 630 \end{bmatrix}\begin{bmatrix} 50000 \\ 25000 \\ 0 \end{bmatrix}=\begin{bmatrix} 102087 \\ 56163 \\ 28330 \end{bmatrix}$$

即这一周煤矿总产值为 102087 元，发电厂总产值为 56163 元，运输公司总产值为 28330 元时，可以精确地满足它们本地要求和外地订单.

**4. 直纹面建筑**

(1) 广州塔(“小蛮腰”).

广州塔于 2009 年建成，2010 年正式对外营业，总高度 600 m，是中国第一高塔，主体结构是一个典型的单叶双曲面，如图 5.20 所示.

(2) 火电厂的冷却塔.

火电厂冷却塔的外形为单叶双曲面，如图 5.21 所示. 建造时，可根据单叶双曲面有且仅有两组直母线这一性质，把编织钢筋网的钢筋取为直材，并配以围圆，两者的疏密程度均可跟据强度要求而确定. 如此施工省时、省力、操作简便且使建筑物外形准确，有较好的力学性能.

图 5.20　广州塔

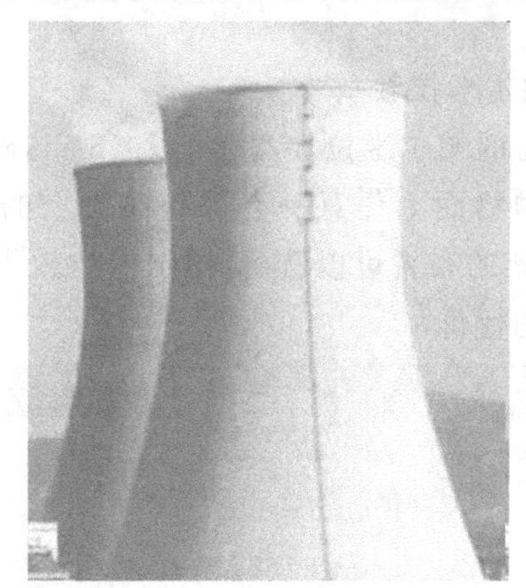

图 5.21　火电厂冷却塔

(3) 上海体育场.

上海体育场整体是一个双曲抛物面结构，如图 5.22 所示. 这样建造，利用了它的直纹性及抛物曲面的特性，可提供给观众最大的视域、更好的观赏点，同时也使有限的空间中可以容纳更多的观众.

(4) 成都露天音乐公园主舞台.

成都露天音乐公园主舞台的罩棚采用空间实腹斜拱与双曲抛物面索网的组合结构体系，主拱为五边宝石形截面的实腹拱，双曲抛物面索网将双拱合理连接，形成稳定的受力体系，如

图 5.23 所示.

图 5.22 上海体育场

图 5.23 成都露天音乐公园主舞台

(5) 广州星海音乐厅.

广州星海音乐厅,临珠江而建,充满现代感的双曲抛物面几何体结构雄伟壮观,如图 5.24 所示.

图 5.24 广州星海音乐厅

(6) 帕尔米拉教堂.

墨西哥的帕尔米拉教堂建于 1958 年,外形是双曲抛物面,如图 5.25 所示.

双曲抛物面上任意一点都有曲面上的两根直线经过这个点,这个特征尤为重要. 从图 5.26 中构架的布置可以看出,帕尔米拉教堂的模板就是利用了双曲抛物面的直纹性,大大减少了施工的代价.

图 5.25 墨西哥的帕尔米拉教堂

图 5.26 建造中的帕尔米拉教堂

(7) 中柱旋转楼梯.

中柱旋转楼梯外形为直角螺旋面,其特点在于占用地方较小,易于安装,所以复式结构住宅很多采用中柱旋转楼梯,如图 5.27 所示.

图 5.27　中柱旋转楼梯

## 第 5 章复习题

1. 填空题.

(1) 已知 $\boldsymbol{A}=\begin{bmatrix}-1 & 1 & 0\\-4 & 3 & 0\\1 & 0 & 2\end{bmatrix}$,则 $|\boldsymbol{A}|=$ ________.

(2) 已知 3 阶矩阵 $\boldsymbol{A}$ 的所有元素均为 1,$\boldsymbol{B}=\begin{bmatrix}1\\1\\1\end{bmatrix}$,则 $\boldsymbol{AB}=$ ________.

(3) 设 $a_1a_2a_3\neq 0$,$D_1=\begin{vmatrix}2a_1 & & \\ & 2a_2 & \\ & & 2a_3\end{vmatrix}$,$D_2=\begin{vmatrix} & & a_1\\ & a_2 & \\ a_3 & & \end{vmatrix}$,则 $D_1=$ ________ $D_2$.

(4) 矩阵 $\boldsymbol{A}=\begin{bmatrix}1 & -1\\-1 & -1\end{bmatrix}$的逆矩阵 $\boldsymbol{A}^{-1}=$ ________.

(5) 对于第 Ⅵ 卦限中的点,其在 $x$ 轴坐标、$y$ 轴坐标、$z$ 轴坐标的正负依次为________.

2. 判断题,请在每题后的括号中填入"√"或"×".

(1) 设 $\boldsymbol{A}$ 为 $n$ 阶方阵,$\boldsymbol{I}$ 为 $n$ 阶单位矩阵,若 $\boldsymbol{A}^2=\boldsymbol{A}$,则 $\boldsymbol{A}=\boldsymbol{O}$ 或 $\boldsymbol{A}=\boldsymbol{I}$.　(　)

(2) 设 $\boldsymbol{A}$、$\boldsymbol{B}$ 为 $n$ 阶方阵,则$(\boldsymbol{A}+\boldsymbol{B})(\boldsymbol{A}-\boldsymbol{B})=\boldsymbol{A}^2-\boldsymbol{B}^2$.　(　)

(3) 设 $\boldsymbol{A}$ 为 2 阶方阵,且 $|\boldsymbol{A}|=3$,则 $|2\boldsymbol{A}|=12$.　(　)

(4) 设 $\boldsymbol{A}$ 为 $n$ 阶可逆方阵,$\boldsymbol{A}^*$ 为 $\boldsymbol{A}$ 的伴随矩阵,则 $\boldsymbol{A}^{-1}=\dfrac{1}{|\boldsymbol{A}|}\boldsymbol{A}^*$.　(　)

(5) 在空间解析几何中,柱面都是直纹面.　(　)

3. 计算题.

(1) 已知,$\boldsymbol{A}=\begin{bmatrix}1 & 0 & 3\\2 & 1 & -1\end{bmatrix}$,　$\boldsymbol{B}=\begin{bmatrix}-1 & 1 & 4\\3 & -2 & 1\\0 & 0 & 2\end{bmatrix}$,　$\boldsymbol{C}=\begin{bmatrix}-3 & 4 & 10\\3 & 0 & 1\end{bmatrix}$,求 $3\boldsymbol{AB}-\boldsymbol{C}$.

(2) 已知 $\boldsymbol{A}=\begin{bmatrix}5&0&0\\0&1&2\\0&3&4\end{bmatrix}$,求 $\boldsymbol{A}^{-1}$.

(3) 求行列式 $\begin{vmatrix}1&1&1\\a&b&c\\b+c&c+a&a+b\end{vmatrix}$.

(4) $\boldsymbol{A}=\begin{bmatrix}0&0&2\\0&2&0\\1&0&1\end{bmatrix}$,$\boldsymbol{A}^*$ 为 $\boldsymbol{A}$ 的伴随矩阵,求 $|\boldsymbol{A}^*|$.

(5) 在 $yOz$ 坐标面上,求与三点 $A(3,1,2)$、$B(4,-2,-2)$、$C(0,5,1)$ 等距离的点.

4. 用逆矩阵法解线性方程组

$$\begin{cases}x_1+2x_2=1\\2x_1-x_2=1\end{cases}$$

5. 用克拉默法则解线性方程组

$$\begin{cases}x_1+2x_2-x_3=1\\\qquad 2x_2-x_3=1\\2x_1-x_2\qquad=1\end{cases}$$

6. 用消元法解线性方程组

$$\begin{cases}x_1+x_2-3x_3-x_4=1\\3x_1+2x_2-3x_3+4x_4=4\\x_1+2x_2-9x_3-8x_4=0\end{cases}$$

7. 指出旋转抛物面 $z=x^2+y^2$ 与平面 $z=c(c>0)$ 的交线是什么曲线,并用方程组表示该曲线.

## 线性方程组的发展

**1. 导引**

中国在公元14世纪以前是世界数学强国.《九章算术》是我国古代数学成就之集大成者,成书于公元1世纪左右,现今流传的大多是公元3世纪刘徽(约225—约295)为《九章算术》所作的注本.全书分为9章,其中第8章以"方程"命名,这里的方程是指多元一次方程组,如其中第7题"今有牛五、羊二,值金十两;牛二、羊五,值金八两;问牛、羊各值金几何?"就是简单的二元一次方程组的问题.

**2. 资料**

公元820年左右,波斯数学家阿尔·花拉子米(al-Khwārizmi)曾写过一本名为《还原与对消计算概要》的书,重点讨论代数方程的解法,这本书对后来数学发展产生了很大的影响.

宋元时期,中国数学家李冶(1192—1279)在《测圆海镜》中将实际问题所求的未知数记为天元,再把实际问题化成代数方程且求出未知数的技术称为"天元术",后人称"代数即天元".

朱世杰(1249—1314) 在《四元玉鉴》(1303) 中引入了“天元、地元、人元、物元”这四元,即 4 个未知数. 书中主要讲述了一元至四元高次方程组的建立和化为一元高次方程(最高达 14 次)的消元法. 苏联数学史家尤什克维奇(Yushkevich,1906—1993) 说“这是中国传统数学最伟大的成就之一”.

在很长时期内,方程没有专门的表达形式,人们使用一般的语言文字来叙述它们. 17 世纪时,法国数学家笛卡儿(Descartes,1596—1650) 最早提出用 $x$、$y$、$z$ 这样的字母表示未知数,把这样的字母与普通数字同样看待,用运算符号和等号将字母与数字连接起来,就形成含有未知数的等式,后来经过不断的简化改进,方程逐渐演变成现在的表达形式. 1859 年,中国清代数学家李善兰(1811—1882) 翻译外国数学著作时,开始将 equation(指含有未知数的等式) 一词译为方程,即将含有未知数的一个等式称为方程,而将含有未知数的多个等式一起称为方程组,此术语一直沿用至今.

《九章算术》第 8 章的“方程”,是指多元一次方程组,采用分离系数的方法表示线性方程组,相当于现在的矩阵;解线性方程组时使用的直除法,与矩阵的初等变换一致. 这是世界上最早的完整的线性方程组的解法. 在西方,直到 17 世纪才由莱布尼茨提出完整的线性方程组的解法.

**3. 思考**

公元 1 世纪《九章算术》中线性方程组解法的提出,比西方早 16 个世纪;13 世纪《四元玉鉴》中提出的解四元方程,直至 1764 年,法国数学家贝佐特(Bezout,1730—1783) 在《代数方程的一般理论》中才给出了系统解决方法,这些古代数学成就都是中华民族的骄傲.

虽然我国古代数学成就非凡,近代却落后于西方. 但事物都有两面性,中国地大物博、人才济济,中国人并不缺乏创新能力,需要的只是时间来突破. 作为学生,“择其善者而从之,其不善者而改之”,努力提高自身能力,培养科学素养,将来才能为祖国的科技发展贡献自己的力量,有良好数学传统的中国,必定可以成为 21 世纪的数学强国.

# 第 6 章　概率论初步

虽然它是从考虑某一低级的赌博开始，但它却已成为人类知识中最重要的领域.

——拉普拉斯(Laplace)

**概率论是研究随机事件统计规律性的一个数学分支.** 我们把自然界和人类社会发生的事情分为三大类：必然事件、不可能事件和随机事件. 在一定条件下必然发生的事情，叫作必然事件；在一定条件下不可能发生的事情，叫作不可能事件；在一定条件下可能发生也可能不发生，但重复多次又具有某种规律性的事情，叫作随机事件. 数学上，我们把在同一条件下事件发生的可能性大小称为概率. 概率在英文中的单词为 probability，意为可能性、或然性，因此，概率有时也称为或然率.

## 6.1　从赌博中发展起来的概率理论

概率问题的历史可以追溯到遥远的过去. 很早以前，人们就用抽签、抓阄的方法解决彼此间的争端，这可能是概率最早的应用. 而真正的研究出现在 15 世纪之后，当时保险业已在欧洲蓬勃发展起来，不过，当时的保险业非常不成熟，只是一种完全靠估计形势而出现的赌博性行业，保险公司要承担很大的不确定性风险，保险业的发展渴望能有指导保险的科学的计算工具的出现.

这一渴望戏剧性地因 15 世纪末赌博现象的大量出现而得到解决. 当时的主要赌博形式有玩纸牌、掷骰子、转铜币等. 参加赌博的人，特别是那些以赌博赢利为生的职业赌徒，天长日久地逐渐悟出了一个道理：在少数几次赌博中无法预料到输赢的结果，如果多次重复进行下去，就可能对结果有所预料，并不是完全的碰巧. 这无意中给学者们提供了一个比较简单而又非常典型的概率研究模型.

1654 年，法国人梅勒遇到了一个难解的问题：梅勒和他的一个朋友每人出 30 个金币，两人谁先赢满 3 局谁就得到全部赌注. 在游戏进行了一会儿后，梅勒赢了 2 局，他的朋友赢了 1 局. 这时候，梅勒由于一个紧急事情必须离开，游戏不得不停止. 他们该如何分配赌桌上 60 个金币的赌注呢？梅勒的朋友认为，既然他接下来赢的机会是梅勒的一半，那么他该拿到梅勒所得的一半，即他拿 20 个金币，梅勒拿 40 个金币. 然而梅勒认为：再掷一次骰子，即使他输了，游戏是平局，他最少也能得到全部赌注的一半 ——30 个金币；但如果他赢了，则可拿走全部的 60 个金币. 在下一次掷骰子之前，他实际上已经拥有了 30 个金币，他还有 50% 的机会赢得另外 30 个金币，所以，他应分得 45 个金币.

赌资究竟如何分配才合理呢？后来梅勒把这个问题告诉了当时著名的数学家帕斯卡(Pascal，1623—1662). 这居然也难住了帕斯卡，因为当时并没有相关知识来解决此类问题，而且两人说的似乎都有道理.帕斯卡又写信告诉了费马,于是在这两位伟大的法国数学家之间开始了具有划时代意义的通信.在通信中,他们最终正确地解决了这个问题.他们设想:如果继续赌下去,离赌博结束最多还要 2 局,其结果只有 4 种:(甲赢,甲赢)、(甲赢,乙赢)、(乙赢,甲赢)、(乙赢,乙赢).在前三种情况下甲赢,只有最后一种情况下乙获胜,因此甲有权获得赌资的四分之三.

彩票是否中奖是一个典型的概率事件,但概率不仅仅出现在类似买彩票这样的赌博或游戏中,在日常生活中,我们时时刻刻都会接触概率事件.比如,天气有可能是晴、阴、下雨或刮风,天气预报其实反映的是天气情况的概率;又如,今天某条高速公路上可能发生车祸,也可能不发生车祸.这些都是无法确定的概率事件.

由于在日常生活中经常碰到概率问题,所以即使人们不懂得如何计算概率,经验和直觉也能帮助他们作出判断.但在某些情况下,如果不利用概率理论经过缜密的分析和精确的计算,人们的结论可能会错得离谱.

## 6.2　随机事件与概率

### 6.2.1　随机事件

人们在实践活动中所遇到的现象,一般来说可分为两大类:一类是**必然现象**,也称为确定性现象;另一类是**随机现象**,有时也称为不确定性现象.

必然现象的特点:在一定的条件下,必然出现某一结果.例如,在 1 个标准大气压下,水加热到 100 ℃,必然沸腾;导体通电后,必然发热;用手向空中抛出的石子,必然下落;做匀速直线运动的物体,在无外力的作用下,必然继续做匀速直线运动;等等.这些都是必然现象.

随机现象的特点:在一定的条件下,其可能结果不止一个,至于哪一个结果会出现,事先无法确定.例如掷一枚均匀硬币,可能"正面朝上",也可能"反面朝上",事先无法作出判断;一次打靶射击,可能"击中 10 环",可能"击中 9 环",可能"击中 8 环",也可能"击中 1 环",当然也可能"脱靶"等,事先也无法作出判断.还可以举出很多类似的例子,如抽查某厂的某一件产品,可能是"正品",也可能是"次品";在 1 h 内,电话总机接到的呼叫次数,可能"小于 10 次",可能"从 10 次至 20 次",也可能"大于 20 次"等都是随机现象.这一类现象广泛存在于客观世界的各个领域中.

对于随机现象,是否有规律可循呢?人们经过长期的反复实践,发现这类现象虽然就每次试验结果来说,具有不确定性,但是大量重复试验,所得结果却呈现出某种规律性.例如:

(1) 掷一枚均匀的硬币,当投掷次数很多时,就会发现正面和反面出现的次数几乎各占一半.历史上,德摩根(De Morgan,1806—1871) 掷过 4092 次,得到 2048 次正面;布丰(Buffon,1707—1788) 掷过 4040 次,得到 2048 次正面;皮尔逊(Pearson,1857—1936) 掷过 24000 次,得到 12012 次正面.

(2) 一名射击运动员,他的射击水平可以从大量射击训练的成绩反映出来.例如,进行 100 次射击,有 90 次命中目标,那么这位射击运动员射击命中率在 90% 左右.

(3) 检查两批同类产品时,如果只从各批中随机抽取一件产品进行比较,以此来对两批产品的质量作判断,这样的结果是难以令人信服的.若随机各抽取 100 件,或更多的产品来检验比较，所得的结论就比较令人信服.

以上几个例子，在大量重复试验中都呈现出某种规律性，这种规律性称为**随机现象的统计规律性**.

对随机现象的研究，总是需要进行观察、测量或者做各种各样的科学测试(试验). 为了方便起见，我们将这些统称为**试验**. 仔细分析和比较，会发现这些试验具有如下共同的特点：

(1) 试验可以在相同的条件下重复进行；

(2) 试验的所有可能结果不止一个，而且所有可能结果是事先知道的；

(3) 每次试验总是出现这些可能结果中的一个，但究竟出现哪一个结果，试验前无法确切预言.

我们将满足上述三个条件的试验称为**随机试验**，简称试验. 用英文字母 $E$ 来表示. 在试验中，可能发生也可能不发生的事件称为**随机事件**，简称事件，用英文字母 $A,B,C,\cdots$ 来表示.

**例 6.1** 抛掷一枚均匀硬币，记落下后硬币的正面朝上(规定硬币有币值的一面为正面)为 $A$；记落下后硬币的反面朝上(规定硬币有花卉图案的一面为反面)为 $B$.

若 $A$ 表示"正面朝上"，$B$ 表示"反面朝上"，则 $A,B$ 都是随机事件.

**例 6.2** 抛掷一枚骰子一次，可能出现 $1,2,3,\cdots,6$ 点.

若 $A_i(i=1,2,\cdots,6)$ 表示第 $i$ 点出现，则 $A_1,A_2,\cdots,A_6$ 都是随机事件.

若 $B$ 表示出现奇数点，$C$ 表示出现偶数点，则 $B$、$C$ 也都是随机事件.

**例 6.3** 在 10 个同类产品中，有 8 个是正品，2 个是次品. 现从中任取 3 个，$A$ 表示 2 个是正品，1 个是次品；$B$ 表示 1 个是正品，2 个是次品；$C$ 表示 3 个都是正品；$D$ 表示 3 个都是次品；$F$ 表示至少有 1 个正品，则 $A$、$B$、$C$、$D$、$F$ 都是随机事件.

一般来说，随机试验的每一个可能结果称为**基本事件**(不能再分解). 例如，例 6.1 中的 $A$、$B$；例 6.2 中的 $A_i$；例 6.3 中的 $A$、$B$、$C$ 都是基本事件. 而例 6.2 中 $B$、$C$ 则不是基本事件，称它们为**复合事件**. 其中 $B$ 由出现奇数点的基本事件组成，$C$ 则由出现偶数点的基本事件组成. 也就是说，复合事件是由多个基本事件组成.

另外，例 6.3 中的事件 $D$ 不可能出现，我们称其为不可能事件；$F$ 表示至少有一个正品，是复合事件，也是必然发生的事件，我们称其为必然事件. 今后用 $U$ 表示必然事件，用 $\varnothing$ 表示不可能事件.

现在引进样本空间的概念. 一个随机试验的所有基本事件的集合称为**样本空间**，显然它是必然事件，因此用 $U$ 表示. 基本事件也称**样本点**.

例 6.1 的样本空间可以由下面的集合来表示：$U=\{A,B\}$

例 6.2 的样本空间可以由下面的集合来表示：$U=\{A_1,A_2,A_3,A_4,A_5,A_6\}$

我们再举一些稍微复杂的例子.

**例 6.4** 抛掷一枚均匀硬币两次，$A$ 表示正面朝上，$B$ 表示反面朝上. 试验的可能结果(基本事件)有 4 个：$(A,A)$，$(A,B)$，$(B,A)$，$(B,B)$，样本空间为

$$U=\{(A,B),(A,A),(B,A),(B,B)\}$$

其中 $(A,B)$ 表示为第一次正面朝上，第二次反面朝上，其余类推.

**例 6.5** 从一批灯泡中随机抽取一只，测试它的寿命. 设 $t$ 表示灯泡寿命，则样本空间为

$$U=\{t\mid t\geqslant 0\}$$

用 $A$ 表示寿命小于 5，则

$$A = \{t \mid 0 \leqslant t < 5\}$$

**注**：有些教材用 $\Omega$ 和 $E$ 表示样本空间和必然事件.

### 6.2.2　事件间的关系

**1. 事件的包含关系**

若事件 $A$ 出现必导致事件 $B$ 出现，则称事件 $B$ 包含事件 $A$，记作 $A \subset B$ 或 $B \supset A$.

例如，$A$ 表示"一次命中 6 环或 7 环"；$B$ 表示为"一次命中 5 环以上". 显然，事件 $A$ 出现必导致事件 $B$ 出现，即事件 $B$ 包含事件 $A$.

**2. 事件的相等关系**

若 $A \subset B$ 且 $B \subset A$，则称事件 $A$ 与事件 $B$ 相等，记作 $A = B$.

从基本事件看，$A = B$ 就是指 $A$ 与 $B$ 所含的基本事件相同.

**3. 事件的和**

"事件 $A$ 与事件 $B$ 至少有一个出现"所描述的事件，称为事件 $A$ 与事件 $B$ 的和事件，记作 $A \cup B$.

**4. 事件的积**

"事件 $A$ 与事件 $B$ 同时出现"所描述的事件，称为事件 $A$ 与事件 $B$ 的积事件，记作 $AB$ 或 $A \cap B$.

我们不难把事件的和与事件的积的概念推广到多个事件上去.

例如，对 $n$ 个事件 $A_1, A_2, A_3, \cdots, A_n$，

$\bigcup\limits_{i=1}^{n} A_i = A_1 \cup A_2 \cup \cdots \cup A_n$，表示 $A_1, A_2, A_3, \cdots, A_n$ 中至少有一个发生；

$\bigcap\limits_{i=1}^{n} A_i = A_1 \cap A_2 \cap \cdots \cap A_n$，表示 $A_1, A_2, A_3, \cdots, A_n$ 同时发生.

**5. 事件的差**

"事件 $A$ 出现而事件 $B$ 不出现"所描述的事件，称为事件 $A$ 与事件 $B$ 的差事件，记作 $A - B$.

例如，酒店前台会不停接到客房的呼唤，设 $A$ 表示"单位时间最多接到 5 次呼唤"，$B$ 表示"单位时间至少接到 4 次呼唤"，则 $A - B$ 表示"单位时间最多接到 3 次呼唤".

不难看出，$A - B$ 所含基本事件是 $A$ 所含基本事件减去 $AB$ 所含的基本事件.

**6. 事件的互斥关系**

若事件 $A$ 与 $B$ 在一次试验中不同时出现，则称事件 $A$ 与 $B$ 互斥，也称互不相容.

例如，抛掷一枚骰子，设 $A$ 表示"出现奇数点"，$B$ 表示为"出现偶数点". 显然，一次抛掷一枚骰子，事件 $A$ 与 $B$ 不能同时出现，则事件 $A$ 与 $B$ 互斥.

**7. 事件的对立关系**

若事件 $A$ 与 $B$ 同时满足 $A \cup B = U$ 和 $A \cap B = \varnothing$，则称事件 $A$ 是 $B$ 的对立事件，或事件 $B$ 是 $A$ 的对立事件. 记事件 $A$ 的对立事件为 $\overline{A}$.

例如，在检验一件产品时，设 $A$ 表示"产品合格"，$B$ 表示"产品不合格". 显然 $A \cup B = U$ 且 $A \cap B = \varnothing$，故事件 $A$ 与 $B$ 之间是对立关系，事件 $A$ 是 $B$ 的对立事件，同时事件 $B$ 是 $A$ 的对立事件.

一般来说，若一样本空间只有两个基本事件，则这两个基本事件互为对立事件.若一样本空间不只两个基本事件，只要将全部基本事件一分为二，则所构成的两个事件互为对立事件.

### 6.2.3 事件的运算律

由定义不难验证，事件满足以下运算律：

(1) 交换律 $A \cup B = B \cup A$；

(2) 结合律 $A \cup (B \cup C) = (A \cup B) \cup C$；

(3) 分配律 $A \cap (B \cup C) = (A \cap B) \cup (A \cap C)$；

$A \cup (B \cap C) = (A \cup B) \cap (A \cup C)$；

(4) 对偶原则 $\overline{A \cup B} = \overline{A} \cap \overline{B}$，$\overline{A \cap B} = \overline{A} \cup \overline{B}$.

在表示事件 $A$ 与 $B$ 的和时，用 $A \cup B$ 表示.有限个事件 $A_1, A_2, \cdots, A_n$ 的和(或者称并)用 $\bigcup\limits_{i=1}^{n} A_i$ 表示，若 $A_1, A_2, \cdots, A_n$ 是两两互斥的，记为 $\sum\limits_{i=1}^{n} A_i$.

**例 6.6** 某圆柱形产品，只有长度和直径两个指标(只有这两个指标同时合格，产品才算合格)，设 $A$ 表示"长度合格而不管直径是否合格"，$B$ 表示"直径合格而不管长度是否合格".试说明下列事件所表示的意义：

(1) $\overline{A} \cup \overline{B}$；(2) $\overline{A}\,\overline{B}$；(3) $\overline{A \cup B}$；(4) $\overline{AB}$.

**解** $\overline{A}$ 表示"长度不合格"，$\overline{B}$ 表示"直径不合格"，则

(1) $\overline{A} \cup \overline{B}$ 表示"长度和直径至少有一个不合格"；

(2) $\overline{A}\,\overline{B}$ 表示"长度和直径都不合格"；

(3) $\overline{A \cup B}$ 表示"长度和直径都不合格"；

(4) $\overline{AB}$ 表示"长度和直径至少有一个不合格".

### 6.2.4 事件的概率

在 6.2.1 节中我们已经看到德摩根等人做的掷一枚均匀硬币的试验，当投掷次数很大时，正面和反面出现的次数几乎各占一半；又有人对英文字母被使用的情况作了大量统计，发现字母 e 在英文文本中出现的频率大约稳定在 0.1 左右，而字母 z 在英文文本中出现的频率大约稳定在 0.001 左右.

在大量重复试验中，观察事件 $A$ 发生的次数，如果 $n$ 次试验中事件 $A$ 发生了 $m$ 次，则称比值 $\frac{m}{n}$ 为事件 $A$ 发生的频率.在大量的重复试验中，人们发现所关心的事件发生的频率总是稳定在一个常数附近，由此，便产生了下面的概率定义.

**概率的统计定义**：如果在大量重复试验中，事件 $A$ 发生的频率稳定于一个常数 $p$，则称 $p$ 为事件 $A$ 的概率，记作

$$P(A) = p$$

概率的统计定义虽然适合一般情形且直观，但在数学上不严密.因为频率的稳定性是通过大量重复试验表现出来的，试验次数究竟大到什么程度，频率才能呈现出稳定性并没有确切的说明.根据频率的特性，如果称 $P(A)$ 为随机事件 $A$ 的概率，要求其必须满足以下三个公理：

(1) 任何事件 $A$ 的概率 $P(A)$ 总是介于 0 与 1 之间，即

$$0 \leqslant P(A) \leqslant 1$$

(2) 必然事件$U$的概率为1,不可能事件$\varnothing$的概率为0,即

$$P(U)=1, \quad P(\varnothing)=0$$

(3) 对于两两互斥的事件$A_1,A_2,\cdots$,有

$$P\Big(\sum_{i=1}^{\infty}A_i\Big)=\sum_{i=1}^{\infty}P(A_i)$$

由上述三个公理,可以推出概率的下列性质:

**性质1**　对于任何事件$A$,有$P(\overline{A})=1-P(A)$.

**性质2**　对于两两互斥的事件$A_1,A_2,\cdots,A_k$,有

$$P\Big(\sum_{i=1}^{k}A_i\Big)=\sum_{i=1}^{k}P(A_i)$$

**性质3**　若$A\supset B$,则$P(A-B)=P(A)-P(B)$.

**性质4**(概率的加法公式)　若$A$与$B$为任意两个事件,则

$$P(A\cup B)=P(A)+P(B)-P(AB)$$

**证**　由于$A\cup B=A+(B-AB)$且$B\supset AB$,由性质2和性质3,得

$$P(A\cup B)=P(A)+P(B-AB)=P(A)+P(B)-P(AB)$$

**性质5**　$P(A\cup B)\leqslant P(A)+P(B)$.

**性质6**　若$A\supset B$则$P(A)\geqslant P(B)$.

**例6.7**　设$A$、$B$是两个随机事件,已知

$$P(A)=0.6, \quad P(B)=0.5, \quad P(AB)=0.4$$

求$P(B-A)$,$P(\overline{A})$,$P(A\cup B)$.

**解**　由概率的基本性质得

$$P(B-A)=P(B)-P(AB)=0.5-0.4=0.1$$

$$P(\overline{A})=1-P(A)=1-0.6=0.4$$

$$P(A\cup B)=P(A)+P(B)-P(AB)=0.6+0.5-0.4=0.7$$

**习题6.2**

1. 举例说明“对立”与“互不相容”两个概念的异同.

2. 设$A$表示“三件被检验的仪器中有至少一件为废品”,$B$表示“三件仪器皆为正品”,则$A\cup B$和$AB$分别表示什么事件?

3. 一批产品有正品也有次品,从中抽取三件,设$A$表示“抽出的第一件是正品”,$B$表示“抽出的第二件是正品”,$C$表示“抽出的第三件是正品”. 试用$A$、$B$、$C$表示下列事件:

(1) 只有第一件是正品;

(2) 第一、二件是正品,第三件是次品;

(3) 三件都是正品;

(4) 至少有一件是正品;

(5) 至少有两件是正品;

(6) 恰有一件为正品;

(7) 恰有两件为正品;

(8) 没有一件为正品;

(9) 正品不多于两件.

4. 在某班级中任选一学生,设 $A$ 表示"选出的是男学生",$B$ 表示"选出的是运动员",$C$ 表示"选出的是不喜欢唱歌的学生".问:

(1) $A\bar{B}C$ 与 $A\bar{B}\,\bar{C}$ 各表示什么事件?

(2) $\bar{C}\subset B, A\bar{B}\subset\bar{C}$ 分别在什么条件下成立?

5. 利用事件的运算律,简化事件

$$\bar{A}BC\cup A\bar{B}C\cup AB\bar{C}\cup ABC$$

6. 设 $A$、$B$ 是两个随机事件,已知

$$P(A)=0.3,\quad P(B)=0.4,\quad P(A\cup B)=0.5$$

求 $P(AB)$,$P(\bar{A}B)$,$P(A-B)$.

# 6.3 等可能概型

## 6.3.1 古典概型

"概型"是指某种概率的模型.古典概型是概率论发展史上首先被人们研究的概率模型,它是在一定条件下,以试验的客观对称性为基础的一种模型.

在 6.2.1 节中,例 6.1 和例 6.2 有这样的特点:

(1) 随机试验只有有限种可能的结果,即样本空间中基本事件的个数是有限的;

(2) 每个基本事件发生的可能性是相同的.

具有以上两个特性的试验是大量存在的,这时所研究的问题称为**古典概型**问题.下面给出古典概型的概率计算公式.

设样本空间中基本事件的总数为 $n$,若事件 $A$ 包含 $m$ 个基本事件,则

$$P(A)=\frac{m}{n}$$

概率的这种定义,称为**概率的古典定义**.

**例 6.8** 掷两枚均匀硬币,求出现两个正面的概率.

**解** 样本空间 $U=\{(正,正),(正,反),(反,正),(反,反)\}$.这里 4 个基本事件是等可能发生的,属古典概型.$n=4,m=1$,故所求概率为$\frac{1}{4}$.

**例 6.9** 有 $n$ 个球,$N$ 个格子($n\leqslant N$),球与格子都是可以区分的.每个球落在各格子内的概率相同(设格子足够大,可以容纳任意多个球).求:(1) 指定的 $n$ 个格子各有 1 个球的概率;(2) 有$n$ 个格子各有 1 个球的概率.

**解** 把球编号 $1\sim n$,$n$个球的每一种放法是一个样本点,这属于古典概型.由于一个格子可落入任意多个球,每个球都有 $N$ 种放法,故样本点总数应为 $N^n$.

(1) 记 $A=\{指定的 n 个格子各有 1 个球\}$,它包含的样本点数是指定的 $n$个格子中 $n$ 个球的全排列数 $n!$,故

$$P(A)=\frac{n!}{N^n}$$

(2) 记 $B=\{有 n 个格子各有 1 个球\}$,它所包含的样本点数是 $N$ 个格子中任取 $n$ 格的选

排列数 $A_N^n$，故

$$P(B) = \frac{A_N^n}{N^n} = \frac{N!}{N^n(N-n)!}$$

**例 6.10**　口袋中有 $a$ 只白球，$b$ 只黑球.随机地一只一只摸，摸后不放回.求第 $k$ 次摸得白球的概率.

**解**　把球编号，按摸的次序把球排成一列，直到 $(a+b)$ 个球都摸完，每一列作为一个样本点，样本点总数就是 $(a+b)$ 个球的全排列数 $(a+b)!$.所考察的事件相当于在第 $k$ 位放白球，共有 $a$ 种放法，每种放法又对应其他 $(a+b-1)$ 个球的 $(a+b-1)!$ 种放法，故该事件包含的样本点数为 $a(a+b-1)!$，所求概率为

$$P = \frac{a(a+b-1)!}{(a+b)!} = \frac{a}{a+b}$$

本题的结果与 $k$ 无关，即不论第几次，摸得白球的概率都一样，都是白球所占的比例数.这相当于抽签，不论先抽后抽，中签的机会都一样.

**例 6.11**　$a$ 件次品，$b$ 件正品，外形相同.从中任取 $n$ 件 $(n \leqslant a)$，求 $A_k = \{$恰好有 $k$ 件次品$\}$ 的概率.

**解**　把 $a+b$ 件产品取 $n$ 件的任一个组合作为一个样本点，总数为 $C_{a+b}^n$；事件 $A_k$ 包含的样本点数为 $C_a^k \cdot C_b^{n-k}$，故

$$P(A_k) = \frac{C_a^k \cdot C_b^{n-k}}{C_{a+b}^n}$$

本例是产品抽样检查时常用的概率模型.

### 6.3.2　几何概型

古典概型要求样本点总数是有限的.但若有无限个样本点，特别是连续无限的情况，虽是等可能的，也不能利用古典概型的概率计算公式.因此，我们有必要将古典概型进行如下推广.

若样本空间是一个包含无限个点的区域 $\Omega$（一维、二维、三维或 $n$ 维），样本点是区域中的一个点.此时用点数度量样本点的多少就毫无意义.“等可能性”可以理解成“对任意两个区域，当它们的测度（长度，面积，体积，…）相等时，样本点落在这两区域上的概率相等，而与形状和位置都无关”.

在这种理解下，若记事件 $A_g = \{$任取一个样本点，它落在区域 $g \subset \Omega\}$，则 $A_g$ 的概率定义为

$$P(A_g) = \frac{g\text{ 的测度}}{\Omega\text{ 的测度}}$$

这样定义的概率称为**几何概率**.

**例 6.12**（会面问题）两人相约 7:00－8:00 在某地会面，先到者等候另一人 20 min，过时离去.求两人会面的概率.

**解**　因为两人谁也没有讲好确切的时间，故样本点由两个数（甲乙两人各自到达的时刻）组成.以 7:00 作为计算时间的起点，设甲乙各在第 $x$ 分和第 $y$ 分到达，则样本空间为

$$\Omega = \{(x,y) \mid 0 \leqslant x \leqslant 60, 0 \leqslant y \leqslant 60\}$$

会面的充要条件是 $|x-y| \leqslant 20$，事件 $A = \{$可以会面$\}$，所对应的区域是图 6.1 中的阴影部分.

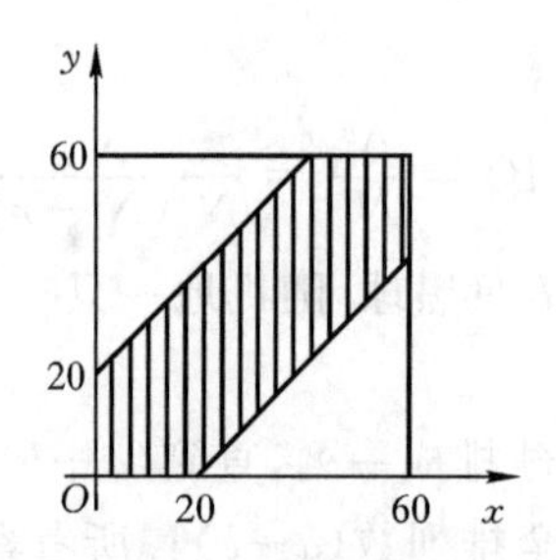


图 6.1　会面问题图示

$$P(A)=\frac{g\text{ 的面积}}{\Omega\text{ 的面积}}=\frac{60^2-(60-20)^2}{60^2}=\frac{5}{9}$$

**习题 6.3**

1. 某射手一次射中 10 环的概率为 0.28，射中 9 环的概率为 0.24，射中 8 环的概率为 0.19，射中 7 环及 7 环以下的概率为 0.29. 求这射手：

(1) 一次射击至少射中 9 环的概率；

(2) 一次射击至多射中 9 环的概率.

2. 盒子里装有 10 个相同的球，分别标上号码 1,2,3,…,10. 从中任取一球，求这个球的号码是奇数的概率.

3. 10 个学生分别佩带从 1 号到 10 号的纪念章，任选 3 人记录其纪念章号码，求：

(1) 最小号码为 5 的概率；

(2) 最大号码为 5 的概率.

4. 四个女孩三个男孩随机排成一排，求男女相间的概率.

5. 设有 20 件产品，其中有次品 5 件，现从中任取 2 件. 求至多有 1 件次品的概率.

6. 把一枚均匀硬币抛掷三次，求“恰有两次正面朝上”的概率.

7. 某路公共汽车 5 min 一班准时到达某车站，求任一人在该车站等车时间少于 3 min 的概率(假定车到来后每人都能上车).

## 6.4　条件概率　乘法公式　事件的独立性

### 6.4.1　条件概率

在实际问题中，除了研究事件 $A$ 发生的概率 $P(A)$ 外，往往还要研究“在事件 $B$ 已经发生”的条件下，事件 $A$ 发生的概率. 一般说来，两者是不同的，把后者称为**条件概率**，记为 $P(A\mid B)$.

**例 6.13**　从一副去掉大小王的扑克牌(52 张) 中任意抽取一张，求：

(1) 这张牌是红桃的概率是多少，这张牌有人头像(J、Q、K) 的概率是多少？

(2) 在这张牌是红桃的条件下，有人头像的概率是多少？

**解**　(1) 设 $A$ 表示事件“任取一张牌是红桃”，$B$ 表示事件“任取一张牌有人头像”，则

$$P(A)=\frac{13}{52},\quad P(B)=\frac{12}{52}$$

而 $AB$ 表示“任取一张牌既是红桃又有人头像”，则

$$P(AB)=\frac{3}{52}$$

(2) 任取一张牌是红桃的条件下，求有人头像的概率就是在 13 张红桃的范围内考虑有人头像的概率，这就是条件概率 $P(B \mid A)$. 显然

$$P(B \mid A)=\frac{3}{13}$$

从例 6.13 中，可以发现以下关系：

$$P(B \mid A)=\frac{3}{13}=\frac{\frac{3}{52}}{\frac{13}{52}}=\frac{P(AB)}{P(A)}$$

对于条件概率，有如下计算公式：

设 $A$、$B$ 是两个随机事件，$P(A)>0$，则事件 $A$ 发生的条件下，事件 $B$ 发生的条件概率：

$$P(B \mid A)=\frac{P(AB)}{P(A)}$$

类似地，若 $P(B)>0$，则事件 $B$ 发生的条件下，事件 $A$ 发生的条件概率：

$$P(A \mid B)=\frac{P(AB)}{P(B)}$$

应该注意的是，$P(A)$、$P(B)$ 和 $P(AB)$ 都以 $U$ 为样本空间，而 $P(B \mid A)$ 和 $P(A \mid B)$ 分别以 $A$ 和 $B$ 所含全体样本点为样本空间($A \subset U, B \subset U$).

**例 6.14**　设某种动物由出生算起存活 20 年以上的概率为 0.8，存活 25 年以上的概率为 0.4. 现有一只 20 岁的这种动物，问它能活到 25 岁以上的概率是多少？

**解**　$A$ 表示"某种动物能存活 20 年以上"，$B$ 表示"某种动物能存活 25 年以上"，由题意，$P(A)=0.8$，$P(B)=0.4$，求 $P(B \mid A)$.

显然，事件 $A$ 包含事件 $B$，故 $AB=B$. 于是

$$P(B \mid A)=\frac{P(AB)}{P(A)}=\frac{P(B)}{P(A)}=\frac{0.4}{0.8}=0.5$$

### 6.4.2　乘法公式

由条件概率的定义，当 $P(A)>0$ 或 $P(B)>0$ 时，可以得到以下公式：

$$P(AB)=P(A)P(B \mid A) \quad \text{或} \quad P(AB)=P(B)P(A \mid B)$$

这两个公式称为**概率乘法公式**.

**例 6.15**　已知某产品的次品率为 4%，其合格品中 75% 为一级品，求任选一件为一级品的概率.

**解**　设 $A$ 表示为"任选一件为合格品"，$B$ 表示"任选一件为一级品". 显然，事件 $A$ 包含事件 $B$，故 $AB=B$，又已知 $P(A)=0.96$，$P(B \mid A)=0.75$，从而由乘法公式得

$$P(B)=P(AB)=P(A)P(B \mid A)=0.96 \times 0.75=0.72$$

乘法公式可以推广到有限个事件的情形. 若 $A_1, A_2, \cdots, A_n$ 是 $n(\geqslant 2)$ 个事件，且 $P(A_1A_2\cdots A_n)>0$，则

$$P(A_1A_2\cdots A_n)=P(A_1)P(A_2 \mid A_1)P(A_3 \mid A_1A_2)\cdots P(A_n \mid A_1A_2\cdots A_{n-1})$$

**例 6.16**　一批产品共 100 件，次品率为 10%，每次从中任取一件，取后不放回. 求连取三

次而在第三次才取到合格品的概率.

**解**　设 $A_i$ 表示“第 $i$ 次取出的是合格品”，$i=1,2,3$，则求 $P(\overline{A}_1\overline{A}_2A_3)$. 已知

$$P(\overline{A}_1)=\frac{10}{100},\qquad P(\overline{A}_2\mid\overline{A}_1)=\frac{9}{99},\qquad P(A_3\mid\overline{A}_1\overline{A}_2)=\frac{90}{98}$$

由推广的乘法公式得

$$\begin{aligned}P(\overline{A}_1\overline{A}_2A_3)&=P(\overline{A}_1)P(\overline{A}_2\mid\overline{A}_1)P(A_3\mid\overline{A}_1\overline{A}_2)\\&=\frac{10}{100}\times\frac{9}{99}\times\frac{90}{98}=0.0083\end{aligned}$$

### 6.4.3　事件的独立性

条件概率反映了某一事件 $B$ 对另一事件 $A$ 的影响，一般来说，$P(A)$ 和 $P(A\mid B)$ 是不相同的，但在某些情况下，事件 $B$ 的发生或不发生对事件 $A$ 不产生影响. 换句话说，事件 $A$ 和事件 $B$ 之间存在某种“独立性”.

**定义 6.1**　对事件 $A$ 与 $B$，如果

$$P(AB)=P(A)P(B)$$

则称 $A$ 与 $B$ 是相互独立的.

当 $P(A)$ 和 $P(B)$ 都不为零时，由上述定义和乘法公式可以推得

$$P(B\mid A)=P(B),\quad P(A\mid B)=P(A)$$

反之，如果 $P(B\mid A)=P(B)$，$P(A\mid B)=P(A)$，此时由乘法公式可得

$$P(AB)=P(A)P(B)$$

因此，当 $P(A)$ 和 $P(B)$ 都不为零时，$P(B\mid A)=P(B)$ 或 $P(A\mid B)=P(A)$ 的充分必要条件是 $P(AB)=P(A)P(B)$.

**例 6.17**　设一个产品分两道工序各自独立生产，第一道工序的次品率为 10%，第二道工序的次品率为 3%. 问该产品的次品率是多少？

**解**　$A$ 表示“任取一件为合格品”，$B_1$ 表示“第一道工序合格”，$B_2$ 表示“第二道工序合格”. 则

$$P(B_1)=1-P(\overline{B}_1)=1-10\%,\quad P(B_2)=1-P(\overline{B}_2)=1-3\%$$

由题设，$B_1$、$B_2$ 是独立的. 因此

$$P(A)=P(B_1B_2)=P(B_1)P(B_2)=(1-10\%)(1-3\%)=0.873$$

设 $C=\{$任取一件为次品$\}$，则

$$P(C)=1-P(A)=1-0.873=0.127$$

**定理 6.1**　若以下四对事件中有一对事件独立，则另外三对事件也独立：

$$(A,B),(A,\overline{B}),(\overline{A},B),(\overline{A},\overline{B}).$$

**证**　首先证明由 $(A,B)$ 一对独立推得 $(A,\overline{B})$ 一对也独立.

由于 $A$、$B$ 相互独立，则有 $P(AB)=P(A)P(B)$，因此

$$\begin{aligned}P(A\overline{B})&=P[A(U-B)]=P(A-AB)=P(A)-P(AB)\\&=P(A)-P(A)P(B)=P(A)[1-P(B)]=P(A)P(\overline{B})\end{aligned}$$

所以 $A$、$\overline{B}$ 相互独立. 其他的证明由读者自己完成.

若三个事件 $A$、$B$、$C$ 是相互独立的，则 $A$、$B$、$C$ 应满足以下等式：

$$P(ABC)=P(A)P(B)P(C)$$
$$P(AB)=P(A)P(B)$$
$$P(AC)=P(A)P(C)$$
$$P(BC)=P(B)P(C)$$

也就是说，对三个事件的独立性，不仅要求$P(ABC)=P(A)P(B)P(C)$，还要求其中任意两个事件是相互独立的，即两两独立. 由此可见，若三个事件是相互独立的，则一定可推出事件两两相互独立，但反过来是不成立的.

### 6.4.4　独立试验序列概型与二项分布

首先来看一个例子.

**例6.18**　设某射击运动员射击的命中率为0.8，现独立地重复射击三次. 求恰好命中一次的概率.

**解**　据题意，每次射击只有命中和未命中两个结果，其概率分别为

$$P\{命中\}=0.8,\quad P\{未命中\}=1-P\{命中\}=0.2$$

设$A_i$表示"第$i$次命中目标"，则$\overline{A}_i$表示"第$i$次未命中目标"，$i=1,2,3$. 事件$D$表示"独立重复射击三次，恰好命中一次"，则

$$D=A_1\overline{A}_2\overline{A}_3+\overline{A}_1A_2\overline{A}_3+\overline{A}_1\overline{A}_2A_3$$

从而

$$\begin{aligned}P(D)&=P(A_1\overline{A}_2\overline{A}_3+\overline{A}_1A_2\overline{A}_3+\overline{A}_1\overline{A}_2A_3)\\&=P(A_1\overline{A}_2\overline{A}_3)+P(\overline{A}_1A_2\overline{A}_3)+P(\overline{A}_1\overline{A}_2A_3)\\&=P(A_1)P(\overline{A}_2)P(\overline{A}_3)+P(\overline{A}_1)P(A_2)P(\overline{A}_3)+P(\overline{A}_1)P(\overline{A}_2)P(A_3)\\&=0.8\times0.2^2+0.8\times0.2^2+0.8\times0.2^2\\&=C_3^1\times0.8\times0.2^2\end{aligned}$$

若$D$表示重复射击三次恰好命中两次这一事件，则

$$D=A_1A_2\overline{A}_3+A_1\overline{A}_2A_3+\overline{A}_1A_2A_3$$

这时事件$D$的概率，可以用与上面类似的方法得到

$$P(D)=C_3^2\times0.8^2\times0.2$$

现在将重复独立射击的次数由3次增加到5次，其他条件不变. 用$X$表示5次射击中命中的次数，则事件"独立重复射击五次，恰好命中两次"可用$X=2$表示，而"独立重复射击五次，恰好命中四次"可用$X=4$表示. 这时

$$P\{X=2\}=C_5^2\times0.8^2\times0.2^3$$
$$P\{X=4\}=C_5^4\times0.8^4\times0.2$$

如果射击次数为$n$，其他的条件不变，而用$X$表示$n$次射击中命中的次数，则恰好命中$k$次的概率为

$$P\{X=k\}=C_n^k\times0.8^k\times0.2^{n-k}$$

类似这样的试验，称为**独立试验序列概型**，也称为$n$重伯努利(Bernoulli)试验.

设每次试验中事件$A$发生的概率为$p(0<p<1)$，事件$A$不发生的概率为$1-p=q$，$X$表示$n$次试验中$A$发生的次数，则事件$A$在$n$次独立重复试验中发生$k$次的概率为

$$P\{X=k\}=C_n^kp^kq^{n-k}=C_n^kp^k(1-p)^{n-k},\quad k=0,1,2,\cdots,n$$

上述问题中，$X$ 的每个取值都对应着一种随机试验的结果，也就是说，随机试验的结果可以用变量 $X$ 的取值来表示，这样的变量称为**随机变量**. 此时，了解随机现象的规律就转化为了解随机变量所有可能的取值及随机变量取每个值的概率.

若随机变量 $X$ 取值为 $0,1,2,\cdots,n$，且

$$P\{X=k\}=C_n^k p^k q^{n-k}, \quad k=0,1,2,\cdots,n$$

其中，$0<p<1, q=1-p$，则称 $X$ 服从参数为 $n$、$p$ 的二项分布，记作 $X \sim B(n,p)$.

许多实际问题可以用二项分布来描述. 如例 6.18，$X$ 表示命中次数；一个均匀的硬币掷 $n$ 次，$X$ 表示正面出现的次数；某产品的次品率为 $p$，$X$ 表示任取 $n$ 个产品中的次品数；等等. 这些问题中 $X$ 都服从二项分布.

**例 6.19**　已知一大批某种产品中有 30% 的一级品，现从中随机抽取 5 个样品，求 5 个样品中恰有 2 个一级品的概率.

**解**　由于这批产品总数很大，而抽取数量对于总数来说很小，因而可以作为有放回抽样来处理，用 $X$ 表示任取 5 个产品中的次品数，则 $X$ 服从参数 $n=5$、$p=0.3$ 的二项分布，即 $X \sim B(5,0.3)$，

$$P\{X=k\}=C_5^k \times 0.3^k \times 0.7^{n-k}, \quad k=0,1,2,3,4,5$$

由题意要求 $P\{X=2\}$. 从而 5 个样品中恰有 2 个一级品的概率为

$$P\{X=2\}=C_5^2 \times 0.3^2 \times 0.7^3=0.3087$$

**习题 6.4**

1. 一个口袋中有 4 个红球和 6 个白球，从中任取一个球后不放回，再从这口袋中任取一球. 求第一次和第二次都取到白球的概率.

2. 已知 $P(A)=P(B)=0.4, P(AB)=0.28$，求 $P(A \cup B), P(A \mid B), P(B \mid A)$.

3. 某机械零件的加工由两道工序组成，第一道工序的废品率为 0.015，第二道工序的废品率为 0.02. 假定两道工序出废品彼此无关，求产品的合格率.

4. 若 $P(A)=0$，且 $P(B \mid A)=P(B \mid \overline{A})$，试证事件 $A$ 与 $B$ 相互独立.

5. 一个工人看管三台机床，在一小时内机床不需要工人看管的概率：第一台等于 0.9，第二台等于 0.8，第三台等于 0.7. 求在一小时内三台机床中最多有一台需要工人看管的概率.

6. 根据历年气象资料统计，某地四月刮东风的概率是 8/30，既刮东风又下雨的概率是 7/30. 问该地四月刮东风与下雨的关系是否密切？用在“某地四月刮东风”的条件下，“某地四月下雨”的概率大小来说明.

## 6.5　生活中的概率

现代生活的方方面面几乎都与概率论有关. 正如拉普拉斯所说：“对于生活中的大部分，最重要的问题实际上只是概率问题. 你可以说几乎我们所掌握的所有知识都是不确定的，只有一小部分我们能确定地了解. 甚至数学科学本身，归纳法、类推法和发现真理的首要手段都是建立在概率论的基础之上. 因此，整个人类知识系统是与这一理论相联系的……”

**1. 生日概率问题**

下面来看一个经典的生日概率问题. 以 1 年 365 天计(不考虑闰年因素)，如果肯定在某人

群中至少有两人生日相同，那么这个人群至少需要有多少人？大家不难得到结果，366，只要人数超过 365，必然会有人生日相同. 但如果一个班有 50 人，他们中间有人生日相同的概率是多少？你可能想，大概 20% ～ 30%，错，有 97% 的可能！

它的计算过程如下：

50 个人可能的生日组合有 $a = 365 \times 365 \times 365 \times \cdots \times 365$(共 50 个相同乘数) 个；

50 个人生日都不重复的组合有 $b = 365 \times 364 \times 363 \times \cdots \times 316$(共 50 个乘数) 个；

那么，50 个人中生日有重复的概率是 $1 - \dfrac{b}{a}$.

这里，50 个人生日全不相同的概率是 $\dfrac{b}{a} = 0.03$，因此 50 个人中生日有重复的概率是 $1 - 0.03 = 0.97$，即 97%.

根据概率公式计算，只要有 23 人在一起，其中两人生日相同的概率就达到 51%！但是，如果换一个角度，要求你遇到的人中至少有一人和你生日相同的概率大于 50%，你最少要遇到 23 人才行.

**2. 抽奖问题**

这是一个常见的抽奖例子. 参加抽奖，当然人人都想得奖，这时候该先抽还是后抽，才能让中奖概率提高呢？

恐怕很多人都会在这个问题上犯糊涂，让我们用科学方法解决这个问题吧. 假设箱子中有两个酸苹果、一个甜苹果，甲、乙、丙依次从箱中摸出一个苹果，谁最有机会吃到甜苹果呢？首先，甲的机会是三摸一，所以甲摸到甜苹果的概率是 1/3. 乙的机会如何呢？甲没有摸到的概率是 2/3，然后在这个概率中计算乙摸到的概率：(2/3) × (1/2)(只剩 2 个苹果让乙摸) = 1/3，所以乙摸到甜苹果的概率是 1/3. 丙呢？丙只有在甲、乙都没有摸到的情况下才可能摸到甜苹果，所以扣掉甲、乙摸中的概率，就是丙的机会大小了，其概率 1 − (1/3) − (1/3) = 1/3. 明白了吗？不管先摸也好，后摸也罢，每个人摸到甜苹果的机会其实都是一样的.

**3. 婴儿出生时的性别比例**

一般人或许认为，生男生女的可能性是相等的，因而推测出男婴和女婴的出生数的比应当是 1 ∶ 1，可事实并非如此.

公元 1814 年，拉普拉斯在他的新作《关于概率的哲学随笔》一书中，记载了一个有趣的统计. 他根据伦敦、彼得堡、柏林和全法国的统计资料，得出了几乎完全一致的男婴和女婴出生数的比值是 22 ∶ 21，即在全体出生婴儿中，男婴占 51.2%，女婴占 48.8%. 可奇怪的是，当他统计 1745—1784 年整整 40 年间巴黎男婴出生率时，却得到了另一个比是 25 ∶ 24，男婴占 51.02%，与前者相差 0.18%. 对于这一微小差异，拉普拉斯感到困惑不解，他深信自然规律，他觉得这差异的后面，一定有深刻的因素. 于是，他进行深入调查研究，终于发现：当时巴黎人"重女轻男"，有抛弃男婴的陋俗，以至于歪曲了出生率的真相，经过修正，巴黎男女婴的出生比依然是 22 ∶ 21.

**4. 一名优秀数学家 = 10 个师**

在第二次世界大战中，美国曾经宣布：一名优秀数学家的作用超过 10 个师的兵力. 这句话有一个非同寻常的来历.

1943年以前，在大西洋上英美运输船队常常受到德国潜艇的袭击. 当时，英美两国限于实力，无力增派更多的护航舰，一时间，德军的“潜艇战”搞得盟军焦头烂额. 为此，有位美国海军将领专门去请教了几位数学家，数学家们运用概率论分析后指出，船队与敌潜艇相遇是一个随机事件，从数学角度来看这一问题，它具有一定的规律性. 一定数量的船(为100艘)编队规模越小，编次就越多(如每次20艘，就有5个编次)，编次越多，与敌人相遇的概率就越大. 美国海军接受了数学家的建议，命令船只在指定海域集合，再集体通过危险海域，然后各自驶向预定港口. 结果奇迹出现了：盟军船只遭袭被击沉的概率由原来的25%降为1%，大大减少了损失，保证了物资的及时供应.

**5. “下一个赢家就是你!”与摸奖骗术**

“下一个赢家就是你!”这句响亮的具有极大蛊惑性的话是英国彩票的广告词. 买一张英国彩票的诱惑有多大呢？只要你花上1英镑，就有可能获得2200万英镑的大奖!

一点小小的投资竟然可能得到天文数字般的奖金，这没办法不让人动心. 很多人都会想：也许真如广告所说，下一个赢家就是我呢!因此，在英国已有超过90%的成年人购买过这种彩票，也真的有数以百计的人成为百万富翁. 如今在世界各地都流行着类似的游戏，我国各地也在发行各种福利彩票、体育彩票，各种充满诱惑的广告满天飞，而报纸、电视上关于中大奖的幸运儿的报道也热闹非凡，因此吸引了不计其数的人踊跃购买. 很简单，只要花2元人民币，就可以拥有这么一次尝试的机会，试一下自己的运气.

但一张彩票的中奖机会有多少呢？以英国彩票为例来计算一下. 英国彩票的规则是49选6，即在1至49的49个号码中选6个号码. 买一张彩票，你只需要选6个号，花1英镑而已. 在每一轮，有一个专门的摇奖机随机摇出6个标有数字的小球，如果6个小球的数字都被你选中了，你就获得了头等奖. 可是，当我们计算一下在49个数字中随意组合其中6个数字的方法有多少种时，我们会吓一大跳：从49个数中选6个数的组合有13983816种!

这就是说，假如你只买了一张彩票，6个号码全对的机会是大约一千四百万分之一，这个数小得已经无法想象. 如果每周你买50张彩票，你赢得一次大奖的时间约为5000年；即使每周买1000张彩票，也大致需要270年才有一次6个号码全对的机会. 这几乎是单个人力不可为的，获奖仅是我们期盼的偶然而又偶然的事件.

那么为什么总有人能成为幸运儿呢？这是因为参与的人数是极其巨大的，人们总是抱着撞大运的心理去参加. 孰不知，彩民们就在这样的幻想中为彩票公司贡献了巨额的财富. 一般情况下，彩票发行者只拿出回收的全部彩金的45%作为奖金，这意味着无论奖金的比例如何分配，无论彩票的销售总量是多少，彩民平均付出的1元只能赢得0.45元的回报. 从这个平均值出发，这个游戏对彩民是绝对不划算的.

另据某报报道的“××街头的免费摸奖”骗术：箱内装有写着5与10的乒乓球各10个，摸奖者免费摸出10个球，球上数字之和为100或50时可得大奖1000元，95或55时可得100元，而摸得75者则必须掏25元买洗发水一瓶. 既然是免费摸奖，那就碰碰运气吧!

这是一个典型的古典概型问题，摸得100和50的概率仅为$5.4\times10^{-6}$，摸得95和55的概率为$5.4\times10^{-5}$，而摸得75的概率却为34.4%. 这就是说，摸奖的人不但很难得到奖，反倒极有可能要掏25元买一瓶劣质洗发水.

**6. 概率天气预报**

人人都会关心天气的变化，概率天气预报所提供的就是天气现象如晴天、多云、降水等出现的可能性的大小. 如对降水的预报，传统的天气预报一般预报有雨或无雨，而概率天气预报则给出可能出现降水的概率，概率越大，出现降水的可能性越大. 一般来讲，概率小于或等于30%，可认为基本不会降水；概率在 30% ～ 60%，降水可能发生，但可能性较小；概率在 60% ～ 70%，降水可能性很大；概率大于 70%，有降水发生. 概率天气预报既反映了天气变化确定性的一面，又反映了天气变化的不确定性和不确定程度. 在许多情况下，这种预报形式更能满足经济活动和军事活动中决策的需要.

**7. 人身保险问题**

下面讨论一个简化了的人身保险问题. 设有 10000 人投保某保险公司人身意外保险. 该公司规定：每人每年交保费 120 元，若遇意外死亡，将获得 10000 元赔偿. 若每人每年意外死亡率为 0.006，则保险公司几乎是不亏本的，能以 99.5% 的概率赚到 40 万以上，这些数据是怎么得到的呢？

在这个问题中，按 10000 人投保计算，保险公司的年收入是 120 万元，而利润取决于投保人中意外死亡的人数（这里不考虑公司的日常性开支，如工资等），但这完全是随机的，若用 $X$ 表示这 10000 人中意外死亡的人数，则 $X$ 服从参数 $n = 10000$、$p = 0.006$ 的二项分布，即 $X \sim B(10000, 0.006)$，则

$$P\{X = k\} = \mathrm{C}_{10000}^{k} \times 0.006^{k} \times (1 - 0.006)^{10000-k}, \quad k = 0,1,2,3,\cdots,10000$$

分析一下，若投保人中一年意外死亡 $X$ 个人，则保险公司要赔偿 $X$ 万元，这时保险公司的利润是 $(120 - X)$ 万元，显然，当死亡人数大于 120 人时，保险公司是亏本的，其亏本的概率为

$$\begin{aligned} P\{X > 120\} &= 1 - P\{X \leqslant 120\} = 1 - \sum_{k=0}^{120} P\{X = k\} \\ &= 1 - \sum_{k=0}^{120} \mathrm{C}_{10000}^{k} \times 0.006^{k} \times (1 - 0.006)^{10000-k} \end{aligned}$$

可以算出，这个值近似等于 0，即保险公司几乎是不亏本的，而要利润不少于 40 万，其概率为

$$\begin{aligned} P\{120 - X \geqslant 40\} = P\{X \leqslant 80\} &= \sum_{k=0}^{80} P\{X = k\} \\ &= \sum_{k=0}^{80} \mathrm{C}_{10000}^{k} \times 0.006^{k} \times (1 - 0.006)^{10000-k} \\ &\approx 0.995 \end{aligned}$$

## 第 6 章复习题

1. 选择题：

(1) 书架上同一层任意立放着不同的 10 本书，那么指定的 3 本书紧挨着放在一起的概率为(　).

A. $\dfrac{1}{15}$　　B. $\dfrac{1}{120}$　　C. $\dfrac{1}{90}$　　D. $\dfrac{1}{30}$

(2) 停车场可把 12 辆车停放在一排上，当有 8 辆车已停放后，恰有 4 个空位连在一起，这样的事件发生的概率为(　).

A. $\frac{7}{C_{12}^{8}}$　　B. $\frac{8}{C_{12}^{8}}$　　C. $\frac{9}{C_{12}^{8}}$　　D. $\frac{10}{C_{12}^{8}}$

(3) 甲盒中有200个螺杆,其中有160个A型的;乙盒中有240个螺母,其中有180个A型的.现从甲乙两盒中各任取一个零件,则能配成A型螺栓的概率为(　).

A. $\frac{1}{20}$　　B. $\frac{15}{16}$　　C. $\frac{3}{5}$　　D. $\frac{19}{20}$

(4) 一个小孩用13个字母:3个A,2个I,2个M,2个T,其他C、E、H、N各1个作组词游戏,恰好组成"MATHEMATICIAN"一词的概率为(　).

A. $\frac{24}{8!}$　　B. $\frac{48}{8!}$　　C. $\frac{24}{13!}$　　D. $\frac{48}{13!}$

(5) 袋中有红球、黄球、白球各1个,每次任取1个,有放回地抽取3次,则下列事件中概率是$\frac{8}{9}$的是(　).

A. 颜色全相同　　B. 颜色不全相同　　C. 颜色全不同　　D. 无红色

(6) 某射手命中目标的概率为$p$,则在3次射击中至少有1次未命中目标的概率为(　).

A. $p^3$　　B. $(1-p)^3$　　C. $1-p^3$　　D. $1-(1-p)^3$

2. 填空题:

(1) 某自然保护区内有$n$只大熊猫,从中捕捉$t$只体检并加上标志再放回保护区,1年后再从这个保护区内捕捉$m$只大熊猫(设该区内大熊猫总数不变),则其中有$s$只大熊猫是第2次接受体检的概率是________.

(2) 某企业正常用水(1天用水不超过一定量)的概率为$\frac{3}{4}$,则在5天内至少有4天用水正常的概率为________.

(3) 有6群鸽子任意分群放养在甲、乙、丙3片不同的树林里,则甲树林恰有3群鸽子的概率为________.

(4) 今有标号为1、2、3、4、5的5张信纸,另有同样标号的5个信封,现将5张信纸任意地装入5个信封中,每个信封一张信纸,则恰有两封信的信纸与信封标号一致的概率为________.

3. 解答题

(1) 如图6.2所示,已知电路中4个开关闭合的概率都是$\frac{1}{2}$,且是相互独立的,求电路正常工作的概率.

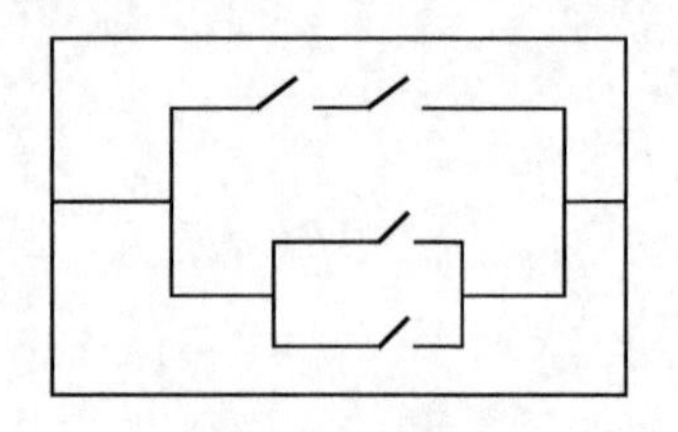

图6.2　电路图

(2) 对贮油器进行8次独立射击,若第一次命中只能使汽油流出而不燃烧,第二次命中才能使汽油燃烧起来,每次射击命中目标的概率为0.2,求汽油燃烧起来的概率.(结果保留3位有效数字)

(3) 飞机俯冲时,每支步枪射击飞机的命中率为$p=0.004(\lg 996\approx 2.9983)$.求:① 250支步枪同时独立地进行一次射击,飞机被击中的概率;

② 要求步枪击中飞机的概率达到99%,需要多少支步枪同时射击?

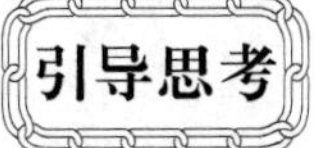


## 机遇——偶然中的必然

**1. 导引**

频率具有随机性，对相同的试验，试验次数不同事件发生的频率值可能不同；而概率是客观存在的，具有必然性，对于特定事件只对应一个固定的值. 当试验次数较少时，事件发生的频率与概率偏差较大，体现了对立性；但当试验次数很大时，事件发生的频率则稳定于某一常数附近，这个常数就是事件的概率，这又反映出统一性.

青霉素的发现纯属偶然吗？

**2. 资料**

概率是事物发展过程中确定的、合乎规律的必然结果，而频率则是事物发展过程中不确定的、随机的偶然结果. 概率和频率体现事物的联系和发展，其关系可以体现出必然性和偶然性之间的对立统一.

人类科学史上，一些重大的发明发现似乎是偶然的，如青霉素的发现. 青霉素的发现者亚历山大·弗莱明(Alexander Fleming)，用了好几年的时间来研究对付葡萄球菌的办法，但始终没有成效. 有一次，弗莱明看到一只培养葡萄球菌的碟子发了霉，但他并没有把发了霉的培养液倒掉，而是将这些特殊的培养液放到显微镜下观察，结果意外发现在青绿色霉斑周围没有葡萄球菌生长. 经过进一步的研究，弗莱明终于发现了青霉素，为人类社会作出了巨大贡献. 弗莱明发现青霉素表面上是偶然的，但自身努力又是必然的. 从这点上来说，没有一种机遇是纯偶然的，偶然中存在必然.

恩格斯指出，在表面偶然性起作用的地方，这种偶然性始终是受内部隐蔽的规律支配的，而我们的问题只是在于发现这些规律. 偶然性和必然性既是对立的，又是统一的，必然性总是通过大量的偶然性表现出来，没有脱离偶然性的纯粹必然性，也没有脱离必然性的纯粹偶然性.

**3. 思考**

偶然与必然的联系可用内因与外因的观点来阐释. 事物的变化是内因和外因共同作用的结果，内因是事物变化发展的根据，外因是事物变化发展的条件，内因起决定作用，外因通过内因才能起作用.

偶然往往是一种机遇，是外因，如果只注重偶然的机遇，守株待兔，而不是通过主观努力去创造条件，失败就是必然的了. 只有脚踏实地，养成良好的学习和生活习惯，才能成就美好的未来.

# 第7章　数学发展史与经典数学问题

## 7.1　数学发展简史

在人类历史的长河中，数学的发展经历了一条漫长的道路，出现过三次危机，迄今仍未完全消除.数学作为一门基础学科，其重要性毋庸置疑.因此，了解数学的发展历程（数学史）和规律，对于我们认识数学是完全必要的.

在第1章，我们把数学的发展按思想方法大体分成四个阶段，即精确数学、随机数学、模糊数学、突变数学.在这一节，我们将对数学的发展按时间分期，可以认为数学的发展经历了数学的萌芽时期、常量数学时期、变量数学时期和现代数学时期.

### 7.1.1　数学的萌芽时期（远古至公元前6世纪）

数学的萌芽时期大体从远古到公元前6世纪，根据目前考古学的成果，可以追溯到几十万年以前.这一时期可以分为两段，第一段是史前时期，从几十万年前到大约公元前5000年，第二段是从公元前5000年到公元前6世纪.

人类在长期的生产实践中，逐步形成了数的概念，并初步掌握了数的运算方法，积累了一些数学知识.由于土地丈量和天文观测的需要，几何知识也慢慢积累起来，但这些知识是片段和零碎的，缺乏逻辑因素，基本上看不到命题的证明.这一时期对数学的发展作出贡献的主要是古代的中国、古埃及、古巴比伦和古印度.

在漫长的萌芽时期，数学迈出了十分重要的一步，形成了最初的数学概念，如自然数、分数，最简单的几何图形，如正方形、矩形、三角形、圆形等，数和形的概念逐步产生.这时人们也开始积累一些简单的数学计算知识，如数的符号、记数方法、计算方法，等等.中小学数学中关于算术和几何最简单的概念，就是在这个时期的日常生活实践基础上形成的.

### 7.1.2　常量数学时期（公元前6世纪至公元17世纪初）

从公元前6世纪到公元17世纪初，是数学发展的第二个时期，通常称为常量数学或初等数学时期.这一时期也可以分成两段，第一段是初等数学的开始时期，第二段是初等数学的交流和发展时期.这个时期的特点是，人们对零星的数学知识进行了积累、归纳、系统化，采用逻辑演绎的方法形成了古典初等数学的体系，它包括初等几何、算术、初等代数等独立学科，是中小学数学课的主要内容.

欧几里得（Euclid，约公元前330— 约公元前275）的《几何原本》和成书于东汉时期的《九章算术》，是人们在长期的实践中，用数学解决实际问题的经验总结.《几何原本》和《九章算术》标志着古典初等数学体系的形成.《几何原本》全书共13卷，以空间形式为研究对象，以逻辑思维为主线，以5个公设、23个定义和5个公理证明了467个命题，从而建立了公理化演绎体系.《九章算术》则由246个数学问题、答案的术文组成,主要的研究对象是数量关系.该书以直觉思维为主线,按算法分为方田、粟米、衰分、少广、商功、均输、盈不足、方程、勾股等九章,构成了以题解为中心的机械化算法体系.

### 7.1.3　变量数学时期(17世纪中叶至19世纪)

17世纪中叶至19世纪末,是数学发展的第三个时期,通常称为变量数学时期.这个时期,数学的研究对象已由常量进入变量,从有限进入无限,由确定性进入非确定性,数学研究的基本方法也由传统的演绎方法转变为数学分析方法.

17世纪是数学发展史上具有开创性的百年.17世纪创立了一系列影响很大的新领域:解析几何、微积分、概率论、射影几何和数论等.这一世纪数学出现了代数化的趋势,代数比几何占有更重要的位置,它进一步向符号代数转化,几何问题常常可以用代数方法解决.随着数学新分支的创立,新的概念层出不穷,如无理数、虚数、导数、积分等,它们都不是经验事实的直接反映,而是数学认识进一步抽象的结果.

18世纪是数学蓬勃发展的时期,以微积分为基础发展起来的数学领域——数学分析(包括无穷数论、微分方程、微分几何、变分法等学科),后来成为数学发展的一个主流方向.数学方法也发生了完全的转变,主要是欧拉、拉格朗日和拉普拉斯等数学家完成了从几何方法向解析方法的转变.这个世纪数学发展的动力,除了来自物质生产之外,还来自其他学科,特别是来自力学、天文学的需要.

19世纪是数学发展史上一个伟大的转折点.这一时期,近代数学的主体部分发展成熟了:微积分发展演变成了数学分析,方程论发展演变成了高等代数,解析几何发展演变成了高等几何.19世纪还有一个独特的贡献,就是数学基础的研究形成了三个理论:实数理论、集合论和数理逻辑,这三个理论的建立为现代数学打下了更为坚实的基础.

### 7.1.4　现代数学时期(公元19世纪末以后)

从19世纪末到现在,是现代数学时期.这个时期是科学技术飞速发展的时期,不断出现震撼世界的重大创造与发展.在这个时期里数学发展的特点是,由研究现实世界的一般抽象形式和关系,进入研究更抽象、更一般的形式和关系,数学各分支互相渗透融合.随着计算机的出现和日益普及,数学越来越显示出科学和技术的双重品质.20世纪初,涌现了大量新的应用数学分支,如计算数学、对策论、控制论、生物数学、数学金融学等.数学渗透到几乎所有的科学领域里,起到越来越大的作用.20世纪40年代以后,纯数学基础理论和计算机一样,也有了飞速的发展,如非标准分析、模糊数学与突变理论等诸多数学分支,也在这一时期涌现出来.

总之,从时间上看,数学的发展是一个由简单到复杂、由低级向高级、由特殊到一般的过程.

**思考题**

1. 数学的发展按时间分期,共分哪几个阶段?
2. 数学发展的每个时期,其主要成就有哪些?

## 7.2 数学的三次危机

从哲学上来看,矛盾是无处不在的,即便以确定无疑著称的数学也不例外. 数学中有许多大大小小的矛盾,例如正与负、加与减、有理数与无理数、实数与虚数、微分与积分等. 在整个数学发展过程中,还有许多深刻的矛盾,例如常量与变量、有穷与无穷、连续与离散、精确与近似等.

数学追求至善至美的境界,数学遵循严格的逻辑原则,进行精确的推演论证,所以在数学体系中不容许有半点逻辑的缺陷或基本原理的漏洞,一旦发现,就要弥补和克服. 在数学的发展历史中,曾出现过三次大的问题,因为每次都涉及数学理论的根基,所以史称数学的三次危机.

数学呈现无比兴旺发达的景象,正是人们不断同数学中的矛盾和危机斗争的结果.

### 7.2.1 第一次数学危机

人类对数的认识经历了一个不断深化的过程,在这一过程中数的概念进行了多次扩充与发展. 其中无理数的引入在数学上更具有特别重要的意义,它在西方数学史上曾导致了一场大的风波,史称"第一次数学危机".

如果追溯这一危机的来龙去脉,那么就需要我们把目光投向公元前 6 世纪的古希腊. 那时,在数学界占统治地位的是毕达哥拉斯学派. 这一学派的创立者毕达哥拉斯(Pythagoras,约公元前570—约公元前500至490)是著名的哲学家、数学家. 他在哲学上提出"万物皆数"的论断,并认为宇宙的本质在于"数的和谐". 他所谓"数的和谐"是指:一切事物和现象都可以归结为整数与整数的比. 与此相对应,在数学中他提出任意两条线段的比都可表示为整数或整数的比,用他的话说就是:任意两条线段都是可通约的. 他在数学上最重要的功绩是提出并证明了毕达哥拉斯定理,即我们所说的勾股定理. 然而深具讽刺意味的是,正是他在数学上的这一最重要发现,却把他推向了两难的尴尬境地.

他的一个学生希伯斯(Hippasus)在研究老师的著名成果毕达哥拉斯定理时,提出了这样一个问题:正方形的对角线与边长这两条线段是不是可通约的呢?换句话说,两者的比是不是有理数呢?经过认真的思考,他发现这个数既不是整数,也不是一个分数,而是一个全新的数. 我们现在知道这个数是$\sqrt{2}$,这是人类历史上诞生的第一个无理数. $\sqrt{2}$ 的诞生是人类对数认识的一次重大飞跃,是数学史上的伟大发现. 然而这一发现不容于毕达哥拉斯学派. 相传后来当希伯斯本人把发现泄漏后,学派内的成员把希伯斯抛入了大海. 希伯斯所提出的问题(史称"希伯斯悖论"或"毕达哥拉斯悖论". 什么是悖论?笼统地说,是指这样的推理过程:它看上去是合理的,但结果却得出了矛盾.)没有随同主人一起被抛入大海,而是在社会上流传开来.

其实,这一悖论的提出不但对毕达哥拉斯学派是致命的,它对当时所有人的观念都是一个极大的冲击. 当时人们根据经验完全确信:一切量都可以用有理数表示. 即便是在现在测量技术已经高度发展后,任何量在任何精确度范围内都可以表示成有理数不仍是正确的吗?然而这一完全符合常识的论断居然被$\sqrt{2}$ 的存在推翻了!这是多么违反常识、多么荒谬的事呀!更糟糕的是,面对这一荒谬,人们竟然毫无办法. 这就在当时直接导致了人们认识上的危机,从而产生了数学上的第一次危机. 直到二百年后,古希腊数学家欧多克索斯(Eudoxus,约公元前 408—

约公元前 355）建立了一套完整的比例论，使比例论不仅适用于可通约线段，也适用于不可通约线段，才用几何方法把由于无理数的出现而引起的数学危机解决了.

希伯斯的发现导致了第一次数学危机，然而为了解决这一危机，却又导致了古希腊古典逻辑学与公理几何学的诞生.这恐怕正是这一事件给予我们的一大启示：提出似乎无法解答的问题并不可怕，相反，这种问题的提出往往会成为数学发展中的强大推动力，使数学在对问题的克服中向前大步迈进.

### 7.2.2　第二次数学危机

17、18 世纪关于微积分发生的激烈的争论，被称为第二次数学危机.从历史或逻辑的观点来看，它的发生也带有必然性.

这次危机的萌芽出现在大约公元前 450 年，古希腊人芝诺（Zeno，约公元前 490— 约公元前 430）注意到由对无限性的理解而产生的矛盾，提出了关于时空的有限与无限的四个悖论：

两分法：向着一个目的地运动的物体，首先必须经过路程的中点，然而要经过这点，又必须经过路程的 1/4 点 …… 如此类推以至无穷，结论是：无穷是不可穷尽的过程，运动是永远不可能开始的.

阿基里斯（《荷马史诗》中的善跑的英雄）追不上乌龟：阿基里斯总是首先必须到达乌龟的出发点，而乌龟总是跑在阿基里斯的前头.这个论点同两分法悖论一样，所不同的是不必把所需通过的路程一再平分.

飞矢不动：意思是箭在运动过程中的任一瞬时必在一确定位置上，因而是静止的，所以箭就不能处于运动状态.

操场或游行队伍：$A$、$B$ 两个物体以等速向相反方向运动.从静止的 $C$ 来看，如果说 $A$、$B$ 都在 1 h 内移动了 2 km，可是从 $A$ 看来，则 $B$ 在 1 h 内就移动了 4 km.运动是矛盾的，所以 $A$、$B$ 是不可能运动的.

芝诺揭示的矛盾是深刻而复杂的.前两个悖论诘难了关于时间和空间无限可分，因而运动是连续的观点；后两个悖论诘难了时间和空间不能无限可分，因而运动是间断的观点.芝诺悖论的提出可能有更深刻的背景，不一定是专门针对数学的，但是它们在数学王国中却掀起了一场轩然大波.它们说明了古希腊人已经看到“无穷小”与“很小很小”的矛盾，但他们无法解决这些矛盾.

经过许多人多年的努力，终于在 17 世纪晚期，形成了无穷小演算 —— 微积分这门学科.牛顿和莱布尼茨被公认为是微积分的奠基者，他们的功绩主要在于：把各种有关问题的解法统一成微分法和积分法；有明确的计算步骤；微分法和积分法互为逆运算.由于运算的完整性和应用的广泛性，微积分成为当时解决问题的重要工具.同时，关于微积分基础的研究也越来越深入.由此而引起了数学界甚至哲学界长达一个半世纪的争论，造成了第二次数学危机.

下面仅以一无穷级数为例：无穷级数 $S = 1 - 1 + 1 - 1 + 1 - 1 + \cdots$ 到底等于什么？当时人们认为一方面 $S = (1-1) + (1-1) + \cdots = 0$；另一方面，$S = 1 - (1-1) - (1-1) - \cdots = 1$，那么岂非 $0 = 1$？由此一例，不难看出当时数学研究中出现的混乱局面了.

当时一些数学家和其他学者，也批判过微积分的一些问题，指出其缺乏必要的逻辑基础.例如，罗尔曾说：“微积分是巧妙的谬论的汇集.”在那个勇于创造的时代的初期，科学中逻辑上存在这样那样的问题，并不是个别现象.

18世纪的数学思想的确是不严密的、直观的，强调形式的计算而不管基础的可靠.其中特别的是：没有清楚的无穷小概念，从而导数、微分、积分等概念不清晰；无穷大概念不清晰；发散级数求和任意性；符号不严格使用；不考虑连续性就进行微分；不考虑导数及积分的存在性及函数可否展开成幂级数等.

直到19世纪20年代，一些数学家才开始关注微积分的严格基础，中间经历了半个多世纪，基本上解决了矛盾，为数学分析奠定了一个严格的基础.使分析基础严密化的工作由法国著名数学家柯西(Cauchy,1789—1857)迈出了第一大步.柯西于1821年开始出版了几本在数学史上具有划时代意义的著作，其中给出了分析学一系列基本概念的严格定义.如他开始用不等式来刻画极限，使无穷的运算化为一系列不等式的推导.这就是所谓极限概念的"算术化".后来，德国数学家魏尔斯特拉斯(Weierstrass,1815—1897)给出更为完善的沿用至今的"$\varepsilon-\delta$"方法.另外，在柯西的努力下，连续、导数、微分、积分、无穷级数的和等概念也建立在了较坚实的基础上.

19世纪70年代初，实数理论建立起来了，而且在实数理论的基础上，建立起极限论的基本定理，从而使数学分析建立在实数理论的严格基础之上.第二次数学危机基本得到解决.

### 7.2.3 第三次数学危机

数学基础的第三次危机是在1897年突然出现的，从整体上看到现在还没有解决到令人满意的程度.这次危机是由在康托尔(Cantor,1845—1918)的一般集合理论的边缘发现悖论引起的.由于集合概念已经渗透到众多的数学分支，并且实际上集合论已经成了数学的基础之一，因此集合论中悖论的发现自然地引起了对数学的整个基本结构的有效性的怀疑.

1902年，罗素(Russell,1872—1970)发现了一个悖论，它除了涉及集合概念本身外不涉及别的概念.

罗素悖论曾被以多种形式通俗化，其中最著名的是罗素于1919年给出的，它讲的是某理发师的困境.理发师宣布了这样一条原则：他只给不给自己刮胡子的人刮胡子.当人们试图答复下列疑问时，就认识到了这种情况的悖论性质："理发师是否可以给自己刮胡子?"如果他给自己刮胡子，那么他就不符合他的原则；如果他不给自己刮胡子，那么他按原则就该为自己刮胡子.

自从在康托尔的集合论中发现上述矛盾之后，还发现了许多类似的悖论.例如公元前4世纪的说谎者悖论："我现在正在做的这个陈述是假的."如果这个陈述是真的，则它是假的；然而，如果这个陈述是假的，则它又是真的了.于是，这个陈述既不能是真的，又不能是假的，怎么也逃避不了矛盾.更早的还有古希腊克利特人埃皮门尼德(Epimenides,公元前6世纪)悖论："克利特人总是说谎的人."只要简单分析一下，就能看出这句话也是自相矛盾的.

集合论中悖论的存在，明确地表现出某些地方有了问题.自从发现它们之后，人们发表了大量关于这个课题的文章，并且为解决它们作过诸多尝试.

数学中的矛盾既然是固有的，它的激烈冲突——危机就不可避免.危机的解决过程给数学带来了许多新认识、新内容，有时也带来了革命性的变化.把20世纪的数学同以前全部数学相比，内容要丰富得多，认识要深入得多.在集合论的基础上，诞生了抽象代数学、拓扑学、泛函分析与测度论，数理逻辑也兴旺发达而成为数学有机体的一部分.古代的代数几何、微分几何、复分析等现在已经推广到高维领域.代数数论的面貌也多次改变，变得越来越优美、完整.一系列经典问题完满地得到解决，同时又产生更多的新问题.特别是20世纪50年代之后，新成果层出不穷，从未间断.

## 7.3 经典数学问题

在数学发展史上，数学问题是数学中的一种疑难和矛盾，它的提出和解决是推动数学发展的重要力量.

### 7.3.1 古代几何三大问题

平面几何作图，如果限制只能用直尺、圆规，且直尺没有刻度只能画直线，那么正七边形、正九边形就无法画出. 有些问题看起来好像很简单，但真正做起来却很困难，这些问题之中最有名的就是所谓的三大问题.

几何三大问题：

(1) 化圆为方 —— 求作一正方形使其面积等于一已知圆；

(2) 三等分任意角；

(3) 倍立方 —— 求作一立方体使其体积是一已知立方体的二倍.

第一个问题中圆与正方形都是常见的几何图形，但如何作一个正方形和已知圆等面积呢？若已知圆的半径为1，则其面积为 $\pi \cdot 1^2 = \pi$，所以化圆为方的问题等于去求一正方形使其面积为 $\pi$，也就是用尺规做出长度为 $\sqrt{\pi}$ 的线段.

第二个问题是三等分一个角的问题. 对于某些角如 90°、180°，三等分并不难，但是否所有角都可以三等分呢？例如 60°，若能三等分则可以做出 20° 的角，那么正十八边形及正九边形也都可以做出来了(注：圆内接正十八边形每边所对的圆周角为 $360°/18 = 20°$). 其实三等分角的问题是由求作正多边形这类问题所引出的.

第三个问题是倍立方. 埃拉托塞尼(公元前276年—公元前195年)曾经记述一个神话，说有一个先知者得到神谕：必须将立方体的祭坛的体积加倍，有人主张将每边长加倍，但我们都知道那是错误的，因为这样做体积就变成原来的 8 倍. 这些问题困扰数学家一千多年都不得其解，而实际上这三大问题都不可能用直尺、圆规经有限个步骤解决.

笛卡儿 1637 年创建解析几何以后，许多几何问题都可以转化为代数问题来研究. 1837 年旺策尔(Wantzel，1814—1848) 给出三等分任一角及倍立方不可能用尺规作图的证明. 1882 年林德曼(Lindemann，1852—1939) 证明了 $\pi$ 的超越性(即 $\pi$ 不是任何整系数代数方程的根)，化圆为方的不可能性才得以证明(请参阅《数学文化与数学教育》，王庚编著，科学出版社).

### 7.3.2 近代三大猜想

**1. 四色猜想**

四色猜想是由英国人格思里(Guthrie，1831—1899) 提出来的. 1852 年，毕业于伦敦大学的格思里来到一家科研单位进行地图着色工作时，发现了一种有趣的现象："看来，每幅地图都可以用四种颜色着色，使得有共同边界的国家着上不同的颜色." 这个结论能不能从数学上加以严格证明呢？他和在大学读书的弟弟决心试一试. 兄弟二人为证明这一问题使用的稿纸已经堆了一大叠，可是研究工作依然没有进展.

1852 年 10 月 23 日，他的弟弟就这个问题的证明请教自己的老师、著名数学家德摩根(De

Morgan,1806—1871),德摩根也没能找到解决这个问题的途径,于是写信向自己的好友、著名数学家哈密顿(Hamilton,1805—1865)爵士请教.哈密顿接到德摩根的信后,对四色问题进行论证.但直到1865年哈密顿逝世为止,问题也没能解决.

1872年,英国当时著名的数学家凯莱(Cayley,1821—1895)正式向伦敦数学学会提出了这个问题,于是四色猜想成了世界数学界关注的问题.世界上许多一流的数学家都纷纷参加了四色猜想的大会战.1878—1880年间,两位著名律师兼数学家肯普(Kempe,1849—1922)和泰特(Tait,1831—1901)分别提交了证明四色猜想的论文,宣布证明了四色定理,大家都认为四色猜想从此也就解决了.

然而11年后,即1890年,数学家希伍德(Hearvood,1861—1955)以自己的精确计算指出肯普的证明是错误的.不久,泰特的证明也被人们否定了.后来,越来越多的数学家虽然对此绞尽脑汁,但一无所获.于是,人们开始认识到,这个貌似容易的题目,实是一个可与费马猜想相媲美的难题:先辈数学大师们的努力,为后世的数学家揭示四色猜想之谜铺平了道路.

进入20世纪以来,科学家们对四色猜想的证明基本上是按照肯普的想法在进行.1913年,美国数学家伯克霍夫(Birkhoff,1884—1944)在肯普的基础上引进了一些新技巧,1922年富兰克林(Franklin,1898—1965)证明了25个区域及以下的地图都可以用四色着色.1950年,有人将这个证明从25个区域推进到35个区域.1960年,又有人证明了39个区域以下的地图可以只用四种颜色着色,随后又推进到了50个区域.这种推进仍然十分缓慢.电子计算机问世以后,由于演算速度迅速提高,加之人机对话出现,大大加快了对四色猜想证明的进程.1976年,两位美国数学家阿佩尔(Appel)与哈肯(Haken)在美国伊利诺斯大学的两台不同的电子计算机上,用了1200小时,作了100亿次判断,终于完成了四色定理的证明.四色猜想的计算机证明,轰动了世界.它不仅解决了一个历时100多年的难题,而且有可能成为数学史上一系列新思维的起点.不过也有不少数学家并不满足于计算机取得的成就,他们还在寻找一种简捷明快的书面证明方法.

**2. 费马猜想**

法国数学家费马(Fermat,1601—1665)是17世纪最卓越的数学家之一,他在数学的许多领域中都有着极大的贡献,但他的本行是专业的律师.

三百多年前的一天,费马在阅读丢番图(Diophantus,约246—330)的《算术》一书时,在书中一问题(把已给平方数分解为两个平方数的和,这是我们所熟知的书中勾股定理)的旁边空白处写下这样的话:"一个立方数不可能分解为两个立方数的和,一个四次方的数不能分解为两个四次方数的和,一般地说,大于2的任意次幂都不能分解为两个同次幂的数的和.我找到了这个命题的真正奇妙的证明,但是书上空白的地方太少,写不下."这就是著名的费马猜想,现在用数学语言来叙述就是:对于$n>2$的整数,方程$x^n+y^n=z^n$没有整数解.可惜的是,他的证明后人始终没有找到.究竟费马是否真的正确地证明了这一命题,至今仍是个谜.费马也因此留下了千古难题,三百多年来无数的数学家尝试要去解决这个难题却都徒劳无功.这个号称世纪难题的费马猜想也就成了数学界的心头大患.

19世纪时法国的法兰西斯数学院曾经在1815年和1860年两度悬赏金质奖章和300法郎给任何解决此难题的人,可惜都没有人能够领到奖赏.1908年德国的数学爱好者沃尔夫斯凯尔(Wolfskehl)提供10万马克,设立了沃尔夫斯凯尔奖,给第一个能够证明费马猜想是正确的人,有效期限为100年.

为了寻求费马猜想的证明,三个多世纪以来,一代又一代的数学家们前赴后继,却壮志未酬.20 世纪计算机发展以后,许多数学家利用计算机,证明了这个定理当 $n$ 很大时是成立的.

激动人心的时刻终于到来了!英国数学家安德鲁·怀尔斯(Andrew Wiles) 教授经过 8 年的持久奋战,证明了费马的猜想,于是这个猜想之后被称为费马大定理,这个证明长达 130 页,发表在 1995 年 5 月《数学年刊》上.怀尔斯成为整个数学界的英雄.

证明的过程无疑是艰辛的.20 世纪 50 年代,日本数学家谷山丰首先提出一个有关椭圆曲线的猜想,后来由另一位数学家志村五郎加以发扬光大,当时没有人认为这个猜想与费马猜想有任何关联.80 年代德国数学家弗赖(Frey) 将谷山丰的猜想与费马猜想关联在一起,而怀尔斯所做的正是根据这个关联论证出一种形式的谷山丰猜想是正确的,进而推出费马猜想也是正确的.这个结论由怀尔斯在 1993 年 6 月 23 日于英国剑桥大学牛顿数学研究所的研讨会正式发表,这个报告马上震惊整个数学界,就是数学门外的社会大众也寄以无限的关注.不过怀尔斯的证明马上被检验出有少许的瑕疵,于是怀尔斯与他的学生又花了 14 个月的时间再加以修正.1994 年 9 月他们终于交出完整无瑕的解答,数学界的梦魇终于结束.1997 年 6 月,怀尔斯领取了沃尔夫斯凯尔奖.

**3. 哥德巴赫猜想**

哥德巴赫(Goldbach,1690—1764) 是德国一位中学教师,也是一位著名的数学家,生于 1690 年,1725 年当选为俄国彼得堡科学院院士.1742 年,哥德巴赫在教学中发现,每个不小于 6 的偶数都可表示成两个素数之和.如 $6=3+3$,$12=5+7$ 等.公元 1742 年哥德巴赫写信给当时的大数学家欧拉(Euler,1707—1783),提出了以下的想法:

任何一个大于或等于 6 的偶数,都可以表示成两个素数之和.

任何一个大于或等于 9 的奇数,都可以表示成三个素数之和.

这就是著名的哥德巴赫猜想.欧拉在给他的回信中说,他相信这个猜想是正确的,但他不能证明.叙述如此简单的问题,连欧拉这样首屈一指的数学家都不能证明,这个猜想便引起了许多数学家的注意.从哥德巴赫提出这个猜想至今,许多数学家都不断努力想攻克它,但都没有成功.当然曾经有人作了些具体的验证工作,例如:$6=3+3$,$8=3+5$,$10=5+5=3+7$,$12=5+7$,$14=7+7=3+11$,$16=5+11$,$18=5+13$,…,等等.有人对 $33\times 108$ 以内且大于 6 的偶数一一进行验算,哥德巴赫猜想都成立.但严格的数学证明尚待数学家的努力.

从此,这道著名的数学难题引起了世界上成千上万数学家的注意.200 年过去了,没有人能证明它.哥德巴赫猜想由此成为数学皇冠上一颗可望不可及的“明珠”.到了 20 世纪 20 年代,才有人开始向它靠近.

方法是这样的:先将偶数 $N$ 写成两个自然数之和

$$N=n_1+n_2$$

而 $n_1$ 与 $n_2$ 里的素数因子个数记为 $\alpha_1$ 与 $\alpha_2$,简记为$(\alpha_1,\alpha_2)$,或写成 $\alpha_1+\alpha_2$.科学家们想通过逐步减少每个数里所含素数因子的个数,直到最后使每个数里都是一个素数为止,这样就证明了“哥德巴赫猜想”.

目前最佳的结果是中国数学家陈景润(1933—1996) 于 1966 年证明的,称为陈氏定理(Chen's Theorem):“任何充分大的偶数都是一个质数与一个自然数之和,而后者仅仅是两个质数的乘积.”通常都简称这个结果为大偶数可表示为“$1+2$”的形式.

最终会由谁攻克“$1+1$”这个难题呢?现在还无法预测.

### 7.3.3 其他经典问题

**1. 蜂窝猜想**

公元前36年,罗马学者瓦罗(Varro,公元前116—公元前27)提出猜想,人们所见到的、截面呈六边形的蜂窝,是蜜蜂采用最少量的蜂蜡建造成的.他的这一猜想称为“蜂窝猜想”,但这一猜想一直没有人能证明.

美国数学家黑尔斯(Hales)宣称,他已破解这一猜想.蜂窝是十分精密的建筑工程.蜜蜂建巢时,青壮年工蜂负责分泌片状新鲜蜂蜡,每片只有针头大小,而另一些工蜂则负责将这些蜂蜡仔细摆放到一定的位置,以形成竖直六面柱体.每一面蜂蜡隔墙厚度及误差都非常小.六面隔墙宽度完全相同,墙之间的角度正好120°,形成一个完美的几何图形.人们一直有疑问,蜜蜂为什么不让其巢室呈三角形、正方形或其他形状呢?隔墙为什么呈平面,而不是呈曲面呢?虽然蜂窝是一个三维建筑,但每一个蜂巢都是六面柱体,而蜂蜡墙的总面积仅与蜂巢的截面有关.由此引出一个数学问题,即寻找面积最大、周长最小的平面图形.

1943年,匈牙利数学家托特(Toth,1915—2005)巧妙地证明,在所有首尾相连的正多边形中,正六边形的周长是最小的.但如果多边形的边是曲线时,会发生什么情况呢?托特认为,正六边形与其他任何形状的图形相比,它的周长最小,但他不能证明这一点.而黑尔在考虑了周边是曲线时,无论是曲线向外凸,还是向内凹,都证明了由许多正六边形组成的图形周长最小,他已将19页的证明过程放在因特网上,许多专家都已看到了这一证明,认为黑尔的证明是正确的.

**2. 柯尼斯堡七桥问题(一笔画问题)**

瑞士数学家欧拉在1736年访问柯尼斯堡时,发现当地的市民正从事一项非常有趣的消遣活动.柯尼斯堡城中流经一条名叫普雷格尔的河流,在河上建有七座桥,如图7.1(a)所示.

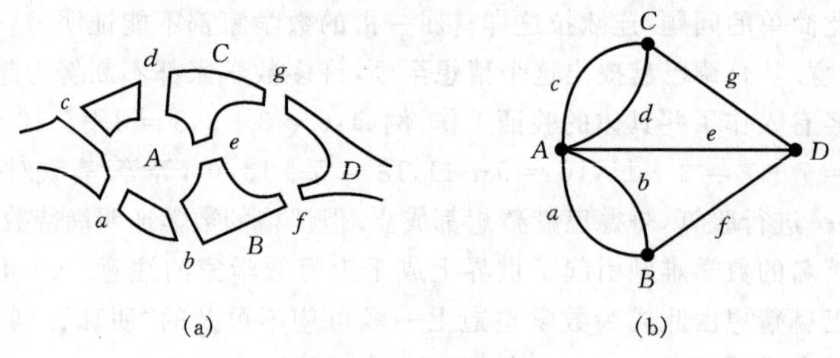


图7.1 七桥问题

这项有趣的消遣活动是:走过所有七座桥,每座桥只能经过一次而且起点与终点必须是同一地点.

欧拉得出结论:此种走法是不可能的.他认为,除了起点以外,每一次当一个人由一座桥进入一块陆地(或点)时,他(或她)也必须由另一座桥离开此点.所以每行经一点时,需要两座桥(或线),从起点离开的线与最后回到起点的线亦需两座桥,因此每一个陆地与其他陆地连接的桥数必为偶数.

七桥所成的图形中,没有一点含有偶数条桥(见图7.1(b)),因此上述的走法是不可能实现的.

# 附录 1 数学家简介

**牛顿(Newton,1642—1727)**

牛顿,英国人,1642 年 12 月 25 日出生于英国林肯郡的一个偏僻乡村,1727 年 3 月 31 日卒于伦敦,是 17、18 世纪之交英国最重要的数学家、物理学家、天文学家、自然哲学家.

牛顿的父亲是农民,在牛顿出生前就去世了,两三岁时母亲改嫁,他由外婆抚养.少年时的牛顿并不是神童,他资质平常、成绩一般,但他喜欢读书,喜欢看一些介绍各种简单机械模型制作方法的读物,并从中受到启发,自己动手制作些小玩意,如风车、木钟、折叠式提灯等.14 岁时继父去世,由于家贫,母亲只好让他辍学.但他不忘学习,抓紧空闲读书.他的好学精神感动了舅舅和校长,他们力劝他母亲,他才重返学校.1661 年,19 岁的牛顿以优异成绩考入剑桥大学三一学院,数学上师从巴罗(Barrow,1630—1677) 教授,进一步学习了哥白尼、伽利略、开普勒、笛卡儿的近代科学理论和研究方法.

1665 年,牛顿提出了广义二项式定理,并开始发展一套新的数学理论,也就是后来为世人所熟知的微积分学.同年,牛顿大学毕业,但大学为了预防鼠疫而关闭了.在此后两年里,牛顿在家中继续研究微积分学、光学和万有引力定律.

1667 年鼠疫过后,他回到剑桥继续学习,协助巴罗教授编写讲义,撰写微积分和光学论文,获得巴罗高度评价,1668 年获硕士学位.1669 年巴罗推荐牛顿继任卢卡斯数学教授席位.该席位是荣誉职位,只聘任最卓越的自然科学家,每年有额外津贴.牛顿担任此职 26 年,直到他 53 岁离开剑桥.在此期间,他在科学三大领域都作出了不朽的贡献.

数学上,牛顿将古希腊以来求解无穷小问题的种种特殊方法统一为两类算法:正流数术(微分) 和反流数术(积分),与莱布尼茨几乎同时创立了一元函数微积分学,开创了数学史上的一个新纪元.

在力学和天文学方面,牛顿以三大定律和万有引力定律为基础,于 1687 年出版了巨著《自然哲学的数学原理》,建立了经典力学理论体系,解决了行星运动、落体运动、振动、波、声音、潮汐及地球形状等各种问题.1672 年他发明并制作了反射望远镜.

光学方面,牛顿曾致力于颜色的现象和光的本性的研究.1704 年,他出版了《光学》一书,系统阐述他在光学方面的研究成果.

牛顿特别重视数学的作用.他在哲学上深信物质、运动、空间和时间的客观存在性,主张科学研究要通过实验发现现象,然后用归纳法总结规律,再用数学推演建立理论体系.这种重要的科学方法,对后来科学的发展起了很大的促进作用.

**莱布尼茨(Leibniz,1646—1716)**

莱布尼茨是 17、18 世纪之交德国重要的数学家和哲学家,一个举世罕见的科学天才.他博览群书、涉猎百科,为丰富人类的科学知识宝库作出了不可磨灭的贡献.

1672 年,莱布尼茨出差到巴黎,接触了许多数学家和科学家,他的谦虚好学,使他在和这些人的接触中学到了不少的数学知识并提高了研究问题的能力. 1673 年以后,莱布尼茨主要从事微积分的研究,他和牛顿几乎同时独立地完成微积分的创立工作. 牛顿从物理学的视角,运用集合方法研究微积分,其应用上更多地结合了运动学. 莱布尼茨则从几何角度出发,运用分析学方法引进微积分概念,得出运算法则. 莱布尼茨认识到好的数学符号能节省思维劳动,运用符号的技巧是数学成功的关键之一. 因此,他发明了一套适用的符号系统,如,引入 $dx$ 表示 $x$ 的微分,$\int$ 表示积分,$d^nx$ 表示 $n$ 阶微分等. 这些符号进一步促进了微积分学的发展.

莱布尼茨一直致力于建立并发展能回答所有领域里一切问题的数学,这促使他研究逻辑,形成了现在符号逻辑的基础. 他发明了二进制数,还设计了一部乘法计算器. 1642 年法国数学家帕斯卡(Pascal,1623—1662) 创造了第一台计算机之后,莱布尼茨认真研究了帕斯卡计算机的结构,经过努力,他设计了可进行四则运算和开方运算的计算器.

莱布尼茨是中西文化交流的倡导者. 他对中国的科学、文化和哲学思想十分关注,是最早研究中国文化和中国哲学的德国人之一. 他从来华传教士那里了解到了许多有关中国的情况,包括养蚕纺织、造纸印染、冶金矿产、天文地理、数学文字等,并将这些资料编辑成册出版. 他认为中西方相互之间应建立一种交流认识的新型关系. 在《中国近况》一书的绪论中,莱布尼茨写道:"公元前后数百年,全人类最伟大的文化和最发达的文明仿佛今天汇集在我们(欧亚) 大陆的两端,即汇集在欧洲和位于地球另一端的东方 ——中国."

**欧拉(Euler,1707—1783)**

欧拉,瑞士巴塞尔人,数学家、自然科学家. 他从 19 岁开始发表论文,直到 76 岁,半个多世纪里写下了浩如烟海的书籍和论文. 据统计,他一生共写下论文及著作 800 多篇(部),几乎所有数学领域都可见到欧拉这个名字. 彼得堡科学院为了整理他的著作,忙了几十年. 更难能可贵的是他在双目完全失明的情况下,仍然以顽强的毅力,靠心算和记忆进行研究直到去世. 在长达 17 年的时间里,他口述完成几本书和 400 余篇论文.

欧拉还创立了许多数学符号,如 $\pi$、$i$、$\sum$、$e$、$\sin$、$\cos$、$f(x)$ 等.

欧拉的品格是高尚的,从下面的事例可见一斑. 拉格朗日是稍年轻于欧拉的法国大数学家,从 19 岁起与欧拉通信,讨论等周问题的一般解法,这导致变分法的诞生. 等周问题是欧拉多年来苦心考虑的问题,拉格朗日的解法博得欧拉的高度赞扬,并压下自己的结果暂不发表,使年轻的拉格朗日的工作得以发表和流传,并赢得了巨大的声誉. 欧拉晚年的时候,欧洲的所有数学家都把他当作自己的老师.

欧拉的一生,是为数学的发展而奋斗的一生,他那杰出的智慧、顽强的毅力、孜孜不倦的拼搏精神和高尚的科学道德,永远值得我们学习.

**拉格朗日(Lagrange ,1736—1813)**

拉格朗日,法国数学家、物理学家. 1736 年 1 月 25 日生于意大利都灵,1813 年 4 月 10 日卒于巴黎. 他在数学、力学和天文学三个学科领域中都有历史性的贡献,其中尤以数学方面的成就最为突出.

他的父亲曾是法国陆军的一名军官,后由于经商破产,家道中落. 据拉格朗日本人回忆,如果幼年时家境富裕,他也就不会作数学研究了. 父亲一心想把他培养成为一名律师,拉格朗日本人却对法律毫无兴趣. 他读了英国天文学家、数学家哈雷(Halley,1656—1742) 介绍牛顿微积分的文章后对数学产生了浓厚的兴趣.他19岁时在都灵的炮兵学校教授数学.在探讨等周问题的过程中,他用纯分析的方法发展了欧拉所开创的变分法,为变分法奠定了理论基础.他的论著使他成为当时欧洲公认的第一流数学家.

1766年普鲁士国王腓特烈二世(FriedrichⅡ,1712—1786)向拉格朗日发出邀请时说,在“欧洲最大的王”的宫廷中应有“欧洲最大的数学家”.于是拉格朗日应邀前往柏林,任普鲁士科学院数学部主任,居住达20年之久,开始了他一生科学研究的鼎盛时期.在此期间,他完成了《分析力学》一书,这是一部重要的经典力学著作.书中运用变分原理和分析的方法,建立起完整和谐的力学体系,使力学分析化.他在序言中宣称:力学已经成为分析的一个分支.

1786年,他接受法国国王路易十六(Louis ⅩⅥ,1754—1793)的邀请,定居巴黎,直至去世.

拉格朗日科学研究所涉及的领域极其广泛.他在数学上最突出的贡献是使数学分析与几何同力学脱离开来,使数学的独立性更为清楚,从此数学不再仅仅是其他学科的工具.

拉格朗日总结了18世纪的数学成果,同时又为19世纪的数学研究开辟了道路,堪称法国最杰出的数学大师之一.近百余年来,数学领域的许多新成就都可以直接或间接地溯源至拉格朗日的工作.

**高斯(Gauss,1777—1855)**

德国数学家、物理学家、天文学家.童年时就显示出超人的数学才能.11岁证明了二项式定理的一般形式,15岁大量阅读牛顿、拉格朗日等科学家的著作,并掌握了牛顿的微积分知识.18岁进入哥廷根大学.大学一年级时,发明了用圆规和直尺作正十七边形的方法,解决了两千年悬而未决的几何问题.1807年获得哥廷根大学的数学和天文学教授职位,并担任了当地天文台的台长.

高斯对超几何级数、复变函数、统计数学、椭圆函数论都有重大的贡献.他的曲面论是近代微分几何的开端,著有《关于曲面的一般研究》(1827年).他建立了最小二乘法,并曾发表这方面的文章.他沿着拉普拉斯的思想方法,继续发展了位势论.他于1818年就提出了关于非欧几里得几何可能性的思想.该研究生前虽未发表,但实际上他是非欧几里得几何学的创始人之一.此外,他在向量分析、正态分布的正规曲线、素数定理的验算等方面的研究也取得了一些成果.

在天文学方面,高斯研究了月球的运行规律,创立了一种可以计算星球椭圆轨道的方法,能准确地预测出行星的位置.他利用这种计算法和最小二乘法,算出了意大利天文学家皮亚齐(Piazzi,1746—1826)发现的谷神星的轨道,并初步计算了智神星的轨道.天文学家利用他计算的轨道寻获了智神星.1809年他出版了《天体运动论》一书,阐述了摄动理论.

1820—1840年,高斯为了测绘汗诺华公园的地图,研究了大地测量学,写出了《对高等大地测量学对象的研究》一书,并发明了“日光反射器”.

1830—1840年,高斯与韦伯(Weber,1804—1891)一道建立了电磁学中的高斯单位制,首创了电磁铁电报机.他还发表了《地磁概论》,和韦伯一起绘出了世界上第一张地球磁场图,计算出了地磁南极和地磁北极的位置.

高斯的著作很多,但在其生前并未全部发表.直到第二次世界大战前夕,哥廷根大学的学者们对其遗作进行整理研究,并出版了高斯全集.其遗著中,最有意义的是高斯的日记,以及关于非欧几里得几何和椭圆函数论的研究.

**柯西(Cauchy,1789—1857)**

柯西是19世纪前半叶最杰出的数学家之一.柯西在幼年时,因为他的父亲,他有机会得到拉普拉斯和拉格朗日这两位大数学家的指导.他们对他的才能十分赏识,拉格朗日认为他将来必定成为大数学家.长大后,柯西进了道路桥梁工程学院,准备将来当土木工程师.在拉格朗日和拉普拉斯的劝导下,他决定放弃土木工程而致力于纯科学.柯西于1816年先后被任命为法国科学院、法兰西公学院和巴黎综合理工学院教授.柯西在这一时期出版的著作有《代数分析教程》《无穷小分析教程概要》和《微积分在几何中应用教程》.这些工作为微积分奠定了基础,促进了数学的发展,成为数学教程的典范.柯西对高等数学的大量贡献包括:无穷级数的敛散性、实变和复变函数论、微分方程、行列式、概率和数理方程等方面的研究,如高等数学中判别正项级数敛散性的柯西判别法,两个级数的柯西乘积,复变函数中的柯西不等式、柯西积分公式及柯西-黎曼微分方程等.

大家都知道微积分是由牛顿和莱布尼茨创立的,而目前我们所学的极限和连续性的定义,导数 $f'(x_0)=\lim\limits_{\Delta x\to 0}\dfrac{f(x_0+\Delta x)-f(x_0)}{\Delta x}$,以及微分 $\mathrm{d}y=f'(x)\mathrm{d}x$、定积分 $\int_a^b f(x)\mathrm{d}x$ 和无穷小的定义,实质上都是柯西给出的.在线性代数中,我们知道若 $\boldsymbol{A}$、$\boldsymbol{B}$ 为 $n$ 阶方阵,则 $|\boldsymbol{AB}|=|\boldsymbol{A}|\cdot|\boldsymbol{B}|$.这个定理就是柯西给出并予以证明的.称 $|\boldsymbol{A}-\lambda\boldsymbol{I}|=0$ 为矩阵 $\boldsymbol{A}$ 的特征方程的,就是柯西.

虽然柯西主要研究分析学,但他在数学的各个领域都有贡献.他是一位多产的数学家,他的全集从1882年开始出版到1970年才出齐最后一卷,总计27卷.

**吴文俊(1919—2017)**

吴文俊1919年出生于上海,1940年本科毕业于交通大学数学系,1946年在中央研究院数学所工作,在陈省身先生指导下开始从事拓扑学研究,1947年赴法留学,师从埃里斯曼(Ehresmann,1905—1979)与嘉当(Cartan,1869—1951),1949年毕业于法国斯特拉斯堡大学,获得法国国家博士学位,随后在法国国家科学中心任研究员.新中国成立后,吴文俊于1951年回国工作,先在北京大学数学系任教授,1952年到中国科学院数学研究所任研究员,直到1980年转入中国科学院系统科学所,1998年转入新成立的中国科学院数学与系统科学研究院.他曾任中国数学会理事长(1985—1987),中国科学院数理学部主任(1992—1994),全国政协委员、常委(1979—1998),2002年国际数学家大会主席,中国人工智能学会名誉理事长,1993年开始任中国科学院系统所名誉所长.

吴文俊对现代数学的主要领域之一——拓扑学作出了重大贡献,20世纪70年代后期又开创了崭新的数学机械化领域.此外,吴文俊在中国数学史、代数几何学、对策论等领域也有独创性的成果,作出了杰出贡献.这些成果不仅对数学研究影响深远,还在许多高科技领域得到应用.

拓扑学是许多数学分支的重要基础,是现代数学的两个支柱之一."吴示性类"与"吴示嵌类"的引入及"吴公式"的建立,在拓扑学研究中,起到了承前启后的作用,极大地推进了拓扑学的发展,引发了大量的后续研究.许多著名数学家从吴文俊的工作中受到启发或直接以吴文俊的成果为研究起点之一,获得了一系列重大成果.国际数学的最高奖之一是菲尔兹奖,吴文俊的工作曾被五位菲尔兹奖得主引用,其中三位还在他们的获奖工作中使用了吴文俊的成果.

吴文俊在拓扑学方面的杰出贡献,使他于1956年获得首届国家自然科学一等奖.当年,一等奖共颁发三项，另外两位获奖人是华罗庚和钱学森教授. 次年，38 岁的吴文俊增选为中国科学院学部委员(后更名为院士). 1958 年，国际数学家大会邀请吴文俊做示嵌类方面的报告(因故未能成行)，这在数学界被认为是很高的荣誉. 国际数学家大会每四年举办一次，被邀请做的报告都是各领域中最突出的成果.

数学机械化研究是由中国数学家开创的研究领域，已引起国外数学家的高度重视，开始吸引外国数学家向中国学习. 吴方法传到国外后，一些著名学府和研究机构，如牛津大学、法国国家信息与自动化研究所、康奈尔大学等，纷纷举办研讨会介绍和学习吴方法. 国际《自动推理杂志》与《美国数学会杂志》破例全文转载吴文俊的两篇论文. 并特别说明：本刊物一般不转载已经发表过的论文，但由于该论文非常重要，为了使更多的人可以读到这些论文，特予转载. 美国人工智能协会前主席等人主动写信给我国主管科技的领导人，称赞“吴的平面几何定理自动证明的工作是一流的，他独自使中国在该领域进入国际领先地位”.

# 附录 2　基本初等函数表

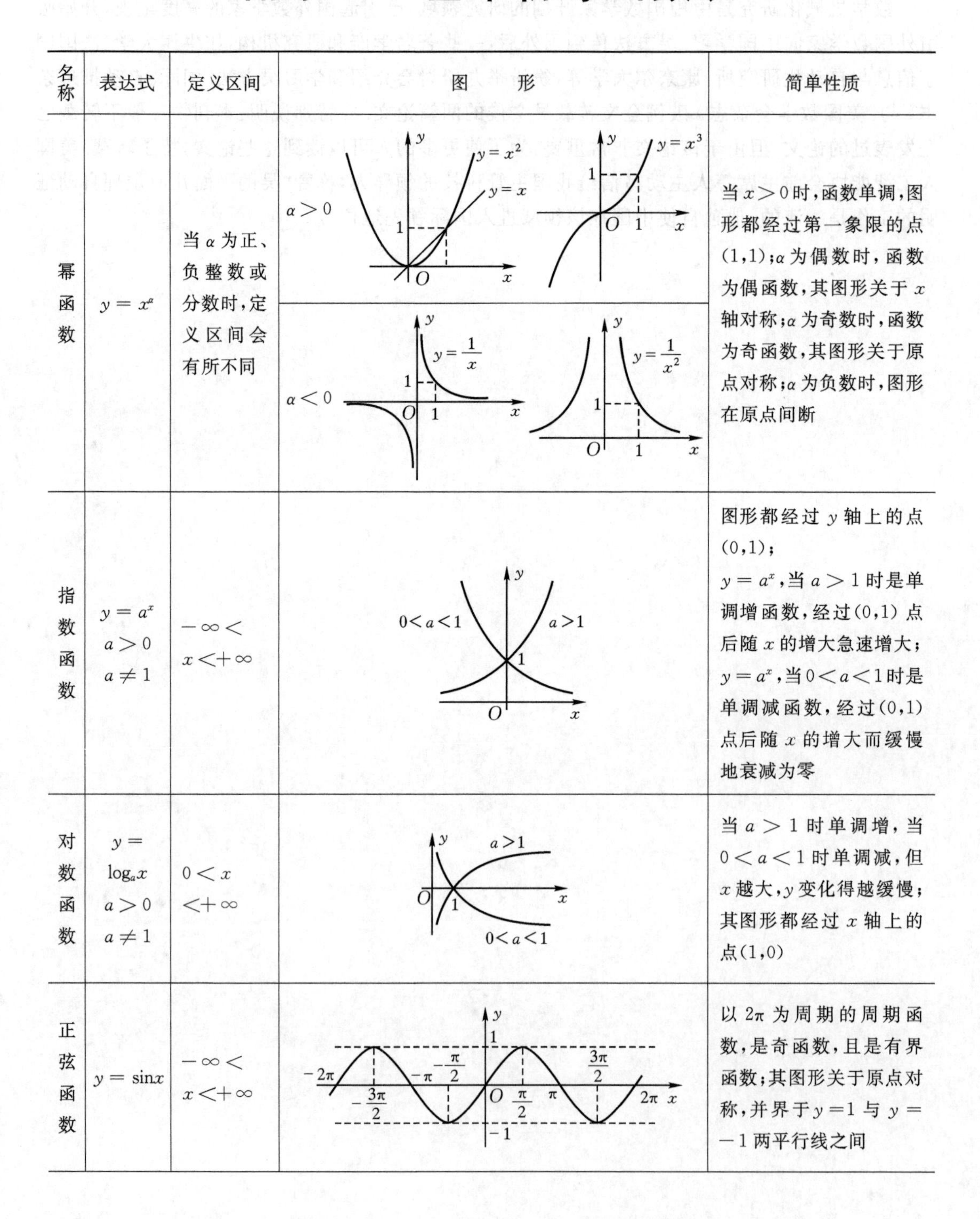

| 名称 | 表达式 | 定义区间 | 图形 | 简单性质 |
| --- | --- | --- | --- | --- |
| 幂函数 | $y=x^{\alpha}$ | 当 $\alpha$ 为正、负整数或分数时，定义区间会有所不同 | $\alpha>0$：$y=x^2$，$y=x$，$y=x^3$<br>$\alpha<0$：$y=\frac{1}{x}$，$y=\frac{1}{x^2}$ | 当 $x>0$ 时，函数单调，图形都经过第一象限的点 $(1,1)$；$\alpha$ 为偶数时，函数为偶函数，其图形关于 $x$ 轴对称；$\alpha$ 为奇数时，函数为奇函数，其图形关于原点对称；$\alpha$ 为负数时，图形在原点间断 |
| 指数函数 | $y=a^x$<br>$a>0$<br>$a\neq1$ | $-\infty<x<+\infty$ | $0<a<1$，$a>1$ | 图形都经过 $y$ 轴上的点 $(0,1)$；<br>$y=a^x$，当 $a>1$ 时是单调增函数，经过 $(0,1)$ 点后随 $x$ 的增大急速增大；<br>$y=a^x$，当 $0<a<1$ 时是单调减函数，经过 $(0,1)$ 点后随 $x$ 的增大而缓慢地衰减为零 |
| 对数函数 | $y=\log_a x$<br>$a>0$<br>$a\neq1$ | $0<x<+\infty$ | $a>1$，$0<a<1$ | 当 $a>1$ 时单调增，当 $0<a<1$ 时单调减，但 $x$ 越大，$y$ 变化得越缓慢；其图形都经过 $x$ 轴上的点 $(1,0)$ |
| 正弦函数 | $y=\sin x$ | $-\infty<x<+\infty$ |  | 以 $2\pi$ 为周期的周期函数，是奇函数，且是有界函数；其图形关于原点对称，并界于 $y=1$ 与 $y=-1$ 两平行线之间 |

| 名称 | 表达式 | 定义区间 | 图　形 | 简单性质 |
|---|---|---|---|---|
| 余弦函数 | $y=\cos x$ | $-\infty<x<+\infty$ | 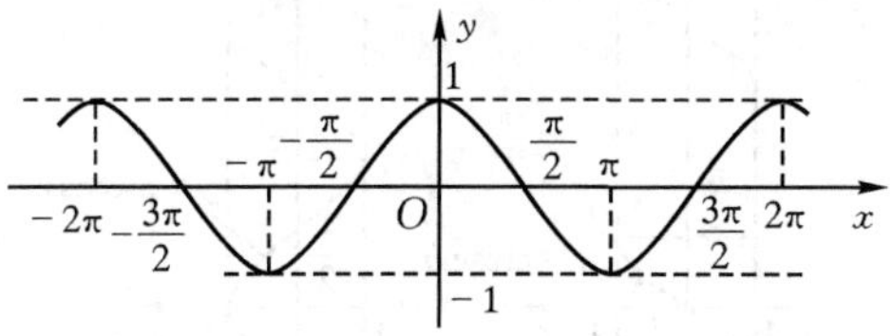 | 以 $2\pi$ 为周期的周期函数，是偶函数，且是有界函数；其图形关于 $y$ 轴对称，并界于 $y=1$ 与 $y=-1$ 两平行线之间 |
| 正切函数 | $y=\tan x$ | $x\neq(2k+1)\dfrac{\pi}{2}$ 的全体实数（$k$ 为整数） | 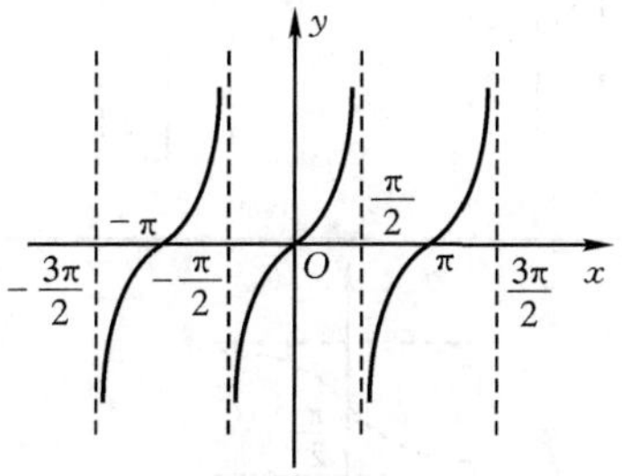 | 以 $\pi$ 为周期的周期函数，是奇函数，且是无界函数；其图形关于原点对称，在 $x=(2k+1)\dfrac{\pi}{2}$ 处间断（$k$ 为整数） |
| 余切函数 | $y=\cot x$ | $x\neq k\pi$ 的全体实数（$k$ 为整数） | 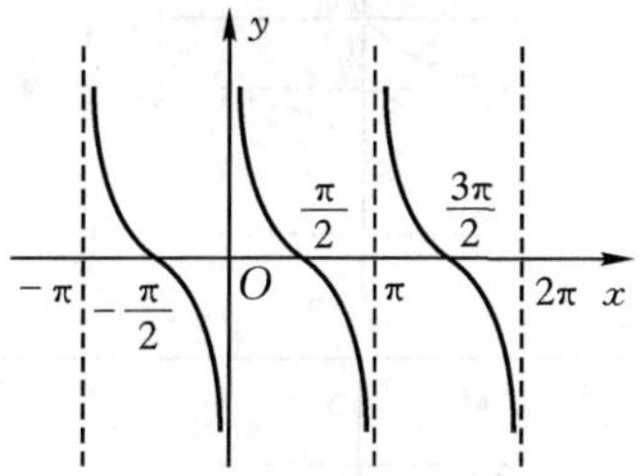 | 以 $\pi$ 为周期的周期函数，是奇函数，且是无界函数；其图形关于原点对称，在 $x=k\pi$ 处间断（$k$ 为整数） |
| 正割函数 | $y=\sec x=\dfrac{1}{\cos x}$ | $x\neq(2k+1)\dfrac{\pi}{2}$ 的全体实数（$k$ 为整数） | 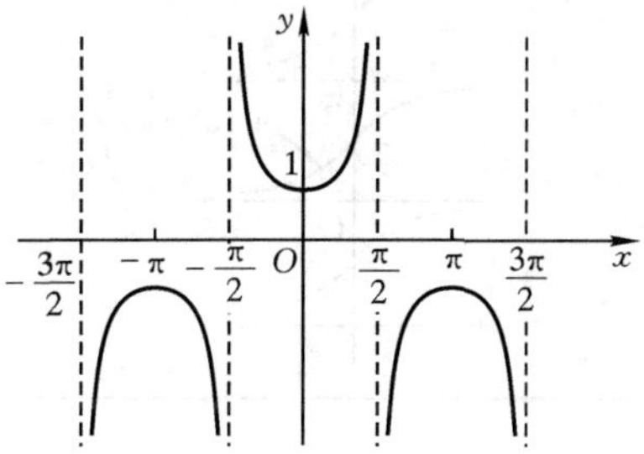 | 以 $2\pi$ 为周期的周期函数，是偶函数，且是无界函数；其图形关于 $y$ 轴对称，在 $x=(2k+1)\dfrac{\pi}{2}$ 处间断（$k$ 为整数） |
| 余割函数 | $y=\csc x=\dfrac{1}{\sin x}$ | $x\neq k\pi$ 的全体实数（$k$ 为整数） | 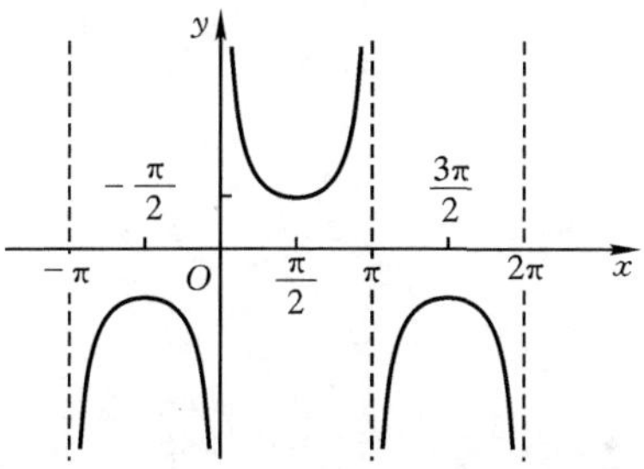 | 以 $2\pi$ 为周期的周期函数，是奇函数，且是无界函数；其图形关于原点对称，在 $x=k\pi$ 处间断（$k$ 为整数） |

| 名称 | 表达式 | 定义区间 | 图形 | 简单性质 |
| --- | --- | --- | --- | --- |
| 反正(余)弦函数 | $y=\arcsin x$<br>$y=\arccos x$ | $-1\leqslant x\leqslant 1$<br>$-1\leqslant x\leqslant 1$ |  | 反正弦函数与反余弦函数均分别有无穷多个单值支;它们的主值分别为 $y=\arcsin x(-1\leqslant x\leqslant 1,-\frac{\pi}{2}\leqslant y\leqslant\frac{\pi}{2})$,单调增,奇函数;<br>$y=\arccos x(-1\leqslant x\leqslant 1,0\leqslant y\leqslant\pi)$,单调减 |
| 反正切函数 | $y=\arctan x$ | $-\infty<x<+\infty$ |  | 反正切函数有无穷多个单值支,它的主值为 $y=\arctan x(-\infty<x<+\infty,-\frac{\pi}{2}<y<\frac{\pi}{2})$,单调增,奇函数 |
| 反余切函数 | $y=\operatorname{arccot}x$ | $-\infty<x<+\infty$ |  | 反余切函数有无穷多个单值支,它的主值为 $y=\operatorname{arccot}x(-\infty<x<+\infty,0<y<\pi)$,单调减 |

# 附录3　常用简明积分

## 一、含 $a+bx$ 的积分

1. $\int (a+bx)^n \mathrm{d}x = \frac{(a+bx)^{n+1}}{b(n+1)} + C$，当 $n \neq -1$

$= \frac{1}{b}\ln|a+bx| + C$，当 $n=-1$

2. $\int \frac{x\mathrm{d}x}{a+bx} = \frac{x}{b} - \frac{a}{b^2}\ln|a+bx| + C$

3. $\int \frac{x^2\mathrm{d}x}{a+bx} = \frac{1}{b^3}\left[\frac{1}{2}(a+bx)^2 - 2a(a+bx) + a^2\ln|a+bx|\right] + C$

4. $\int \frac{x\mathrm{d}x}{(a+bx)^2} = \frac{1}{b^2}\left(\frac{a}{a+bx} + \ln|a+bx|\right) + C$

5. $\int \frac{\mathrm{d}x}{x(a+bx)} = \frac{1}{a}\ln\left|\frac{x}{a+bx}\right| + C$

6. $\int \frac{\mathrm{d}x}{x^2(a+bx)} = \frac{1}{ax} + \frac{b}{a^2}\ln\left|\frac{a+bx}{x}\right| + C$

7. $\int \frac{\mathrm{d}x}{x(a+bx)^2} = \frac{1}{a(a+bx)} - \frac{1}{a^2}\ln\left|\frac{a+bx}{x}\right| + C$

## 二、含 $\sqrt{a+bx}$ 的积分

8. $\int x\sqrt{a+bx}\,\mathrm{d}x = \frac{2(3bx-2a)(a+bx)^{\frac{3}{2}}}{15b^2} + C$

9. $\int \frac{x\mathrm{d}x}{\sqrt{a+bx}} = \frac{2(bx-2a)\sqrt{a+bx}}{3b^2} + C$

10. $\int \frac{\mathrm{d}x}{x\sqrt{a+bx}} = \frac{1}{\sqrt{a}}\ln\frac{|\sqrt{a+bx}-\sqrt{a}|}{\sqrt{a+bx}+\sqrt{a}} + C$，当 $a>0$

$= \frac{2}{\sqrt{-a}}\arctan\sqrt{\frac{a+bx}{-a}} + C$，当 $a<0$

11. $\int \frac{\sqrt{a+bx}}{x}\mathrm{d}x = 2\sqrt{a+bx} + a\int \frac{\mathrm{d}x}{x\sqrt{a+bx}}$

## 三、含 $a^2 \pm x^2$ 的积分

12. $\int \frac{\mathrm{d}x}{(a^2+x^2)} = \frac{1}{a}\arctan\frac{x}{a} + C$

13. $\int \frac{\mathrm{d}x}{a^2-x^2} = \frac{1}{2a}\ln\left|\frac{a+x}{a-x}\right| + C$

**四、含 $\sqrt{a^2-x^2}$ 的积分**

14. $\int \sqrt{a^2-x^2}\mathrm{d}x = \frac{x}{2}\sqrt{a^2-x^2}+\frac{a^2}{2}\arcsin\frac{x}{a}+C$

15. $\int x\sqrt{a^2-x^2}\mathrm{d}x = -\frac{1}{3}(a^2-x^2)^{\frac{3}{2}}+C$

16. $\int \frac{\mathrm{d}x}{\sqrt{a^2-x^2}} = \arcsin\frac{x}{a}+C$

17. $\int \frac{x\mathrm{d}x}{\sqrt{a^2-x^2}} = -\sqrt{a^2-x^2}+C$

18. $\int \frac{\mathrm{d}x}{x\sqrt{a^2-x^2}} = \frac{1}{a}\ln\left|\frac{a-\sqrt{a^2-x^2}}{x}\right|+C$

19. $\int \frac{\sqrt{a^2-x^2}}{x}\mathrm{d}x = \sqrt{a^2-x^2}-a\ln\left|\frac{a+\sqrt{a^2-x^2}}{x}\right|+C$

20. $\int \frac{\sqrt{a^2-x^2}}{x^2}\mathrm{d}x = -\frac{\sqrt{a^2-x^2}}{x}-\arcsin\frac{x}{a}+C$

**五、含 $\sqrt{x^2\pm a^2}$ 的积分**

21. $\int \sqrt{x^2\pm a^2}\mathrm{d}x = \frac{x}{2}\sqrt{x^2\pm a^2}\pm\frac{a^2}{2}\ln|x+\sqrt{x^2\pm a^2}|+C$

22. $\int x\sqrt{x^2\pm a^2}\mathrm{d}x = \frac{1}{3}(x^2\pm a^2)^{\frac{3}{2}}+C$

23. $\int \frac{\mathrm{d}x}{\sqrt{x^2\pm a^2}} = \ln|x+\sqrt{x^2\pm a^2}|+C$

24. $\int \frac{x\mathrm{d}x}{\sqrt{x^2\pm a^2}} = \sqrt{x^2\pm a^2}+C$

25. $\int \frac{\sqrt{x^2+a^2}}{x}\mathrm{d}x = \sqrt{x^2+a^2}-a\ln\frac{a+\sqrt{x^2+a^2}}{|x|}+C$

26. $\int \frac{\sqrt{x^2-a^2}}{x}\mathrm{d}x = \sqrt{x^2-a^2}-a\arccos\frac{a}{x}+C$

27. $\int \frac{\sqrt{x^2\pm a^2}}{x}\mathrm{d}x = -\frac{\sqrt{x^2\pm a^2}}{x}\ln|x+\sqrt{x^2\pm a^2}|+C$

28. $\int \frac{\mathrm{d}x}{x\sqrt{x^2+a^2}} = \frac{1}{a}\ln\frac{|x|}{a+\sqrt{x^2+a^2}}+C$

29. $\int \frac{\mathrm{d}x}{x\sqrt{x^2-a^2}} = \frac{1}{a}\arccos\frac{a}{x}+C$

**六、仅含三角函数的积分**

30. $\int \sin^2 ax\,\mathrm{d}x = \frac{1}{2a}(ax-\sin ax\cos ax)+C$

31. $\int \cos^2 ax\,\mathrm{d}x = \frac{1}{2a}(ax+\sin ax\cos ax)+C$

32. $\int \sin^n x\,\mathrm{d}x = -\frac{1}{n}\sin^{n-1}x\cos x+\frac{n-1}{n}\int\sin^{n-2}x\,\mathrm{d}x$

33. $\int \cos^n x\mathrm{d}x = \frac{1}{n}\cos^{n-1}x\sin x + \frac{n-1}{n}\int \cos^{n-2}x\mathrm{d}x$

34. $\int \tan x\mathrm{d}x = -\ln|\cos x| + C$

35. $\int \cot x\mathrm{d}x = \ln|\sin x| + C$

36. $\int \sec x\mathrm{d}x = \ln|\sec x + \tan x| + C$

37. $\int \csc x\mathrm{d}x = -\ln|\csc x + \cot x| + C$

38. $\int \sec x\tan x\mathrm{d}x = \sec x + C$

39. $\int \csc x\cot x\mathrm{d}x = -\csc x + C$

40. $\int \sin ax\sin bx\,\mathrm{d}x = -\frac{\sin(a+b)x}{2(a+b)} + \frac{\sin(a-b)x}{2(a-b)} + C \quad |a| \neq |b|$

41. $\int \sin ax\cos bx\,\mathrm{d}x = -\frac{\cos(a+b)x}{2(a+b)} - \frac{\cos(a-b)x}{2(a-b)} + C \quad |a| \neq |b|$

42. $\int \cos ax\cos bx\,\mathrm{d}x = \frac{\sin(a+b)x}{2(a+b)} + \frac{\sin(a-b)x}{2(a-b)} + C \quad |a| \neq |b|$

## 七、其他积分

43. $\int x\mathrm{e}^x\mathrm{d}x = \mathrm{e}^x(x-1) + C$

44. $\int x^n\mathrm{e}^x\mathrm{d}x = x^n\mathrm{e}^x - n\int x^{n-1}\mathrm{e}^x\mathrm{d}x$

45. $\int \ln x\mathrm{d}x = x(\ln x - 1) + C$

46. $\int x^n\ln x\mathrm{d}x = \frac{x^{n+1}}{(n+1)^2}[(n+1)\ln x - 1] + C$

47. $\int x\sin x\mathrm{d}x = \sin x - x\cos x + C$

48. $\int x\cos x\mathrm{d}x = \cos x + x\sin x + C$

49. $\int x^n\sin x\mathrm{d}x = -x^n\cos x + n\int x^{n-1}\cos x\mathrm{d}x$

50. $\int x^n\cos x\mathrm{d}x = x^n\sin x - n\int x^{n-1}\sin x\mathrm{d}x$

51. $\int \mathrm{e}^{ax}\sin bx\,\mathrm{d}x = \frac{\mathrm{e}^{ax}(a\sin bx - b\cos bx)}{a^2+b^2} + C$

52. $\int \mathrm{e}^{ax}\cos bx\,\mathrm{d}x = \frac{\mathrm{e}^{ax}(a\cos bx + b\sin bx)}{a^2+b^2} + C$

53. $\int \arcsin x\mathrm{d}x = x\arcsin x + \sqrt{1-x^2} + C$

54. $\int \arctan x\mathrm{d}x = x\arctan x - \frac{1}{2}\ln(1+x^2) + C$

# 习题及复习题参考答案

**习题 2.1**

2. (1) 由 $y=\cos u$ 和 $u=3x^2$ 复合而成,定义域为 $x\in\mathbf{R}$;

   (2) 由 $y=\ln u$ 和 $u=1+\tan x$ 复合而成,定义域为

$$x\in\left(-\frac{\pi}{4}+k\pi,\frac{\pi}{2}+k\pi\right)(k\in\mathbf{Z})$$

   (3) 由 $y=\arcsin u$ 和 $u=x-1$ 复合而成,定义域为 $x\in[0,2]$.

3. (1) $y=\frac{1}{3}\arcsin\frac{x}{2}$; (2) $y=\sqrt{x-1}$; (3) $y=\ln\sqrt{x}$; (4) $y=\frac{1-x}{1+x}$.

**习题 2.2**

1. (1) 不存在; (2) 存在,极限为 0; (3) 不存在; (4) 存在,极限为 1.
2. 不能.

**习题 2.3**

1. (1) $\frac{1}{4}$; (2) 1; (3) 1; (4) $\frac{5}{3}$; (5) 3; (6) 2; (7) $\frac{1}{2}$; (8) 0; (9) 0; (10) 1.
2. 不存在,因为 $f(x-0)=0, f(x+0)=1$,左右极限存在但不相等.
3. (1) $\alpha$; (2) 1; (3) 2; (4) $\frac{3}{2}$; (5) 2; (6) $e^3$; (7) $e^2$; (8) $e^2$; (9) $e^3$; (10) $e^2$.
4. (1)2; (2) $\frac{1}{2}$.

**习题 2.4**

1. (1) 函数在整个定义域内连续; (2) 函数在 $x=0$ 点间断.
2. $k=1$.
3. 利用零点定理证明.
4. (1) $\cos 1$; (2) 0; (3) $\frac{\pi}{2}$; (4) $ax_0+b$.

**第 2 章复习题**

1. (1) D; (2) A; (3) C; (4) C; (5) B; (6) D.
2. (1) A; (2) 0; (3) $e^{-\frac{1}{2}}$; (4) $-2$; (5) 1; (6) $e^{-6}$.
3. (1) $\frac{6}{25}$; (2) 0; (3) 0; (4) $e^{-2}$; (5) 1.
4. 2.

**习题 3.2**

1. (1) B； (2) D； (3) A； (4) A.

2. (1) $2f'(x_0)$； (2) $\pm 2$.

3. 连续不可导.

**习题 3.3**

1. (1) $\frac{5}{6}x^{-\frac{1}{6}}$； (2) $6x+4\sec^2 x$； (3) $5\cos x-3\sin x$； (4) $\frac{2}{x}+3\sin x$；

 (5) $2x\ln x+x$； (6) $\frac{1-x^2}{(1+x^2)^2}$； (7) $3e^x+\sec x\tan x$； (8) $\frac{1}{x}+\frac{1}{\sqrt{1-x^2}}$.

2. (1) $\sqrt{2}$,1； (2) 4.

3. (1) $8x+4$； (2) $2\cos 2x-2x\sin x^2$； (3) $-\sin x e^{\cos x}$； (4) $\csc x$；

 (5) $2x\cos\sqrt{x}-\frac{1}{2}x^{\frac{3}{2}}\sin\sqrt{x}$； (6) $-2\sin\frac{4x}{3}$； (7) $\frac{1}{2x}\left(1+\frac{1}{\sqrt{\ln x}}\right)$；

 (8) $\frac{2-x}{2\sqrt{(1-x)^3}}$.

4. (1) $-\frac{\sin(x+y)}{1+\sin(x+y)}$； (2) $-\frac{1+y^2}{y^2}$； (3) $-\frac{2}{3}e^{2t}$； (4) $-\frac{3}{2}\sin t$.

5. (1) $y=x-e$； (2) $y=-x+2$.

6. (1) $y''=2(1+2x^2)e^{x^2}$； (2) $y''=-4\cos(2x+1)$.

**习题 3.4**

1. $\Delta y=0.110601, dy=0.11$.

2. (1) $dy=(\sin 2x+2x\cos 2x)dx$； (2) $dy=\frac{-1}{1+x^2}dx$；

 (3) $dy=\frac{1}{x\ln x}dx$； (4) $dy=2x\sec^2(1+x^2)dx$；

 (5) $dy=\frac{(x^2-1)\sin x+2x\cos x}{(1-x^2)^2}dx$； (6) $dy=e^{2x}(2\cos 3x-3\sin 3x)dx$；

 (7) $dy=\frac{1}{\sqrt{1+x^2}}dx$； (8) $dy=\frac{1-2\ln x}{x^3}dx$.

3. (1) $dy=-\frac{e^y}{1+xe^y}dx$； (2) $dy=\frac{e^{x+y}-y}{x-e^{x+y}}dx$.

4. $\sqrt[6]{65}\approx 2.005$.

**习题 3.5**

1. (1) $\frac{1}{6}$； (2) 0； (3) $\infty$； (4) $-1$； (5) 1； (6) 1； (7) 0； (8) 1；

 (9) $\frac{1}{2}$； (10) $e^{-1}$； (11) 1； (12) 0.

2. (1) 在$(-\infty,0]$上单调增加，在$[0,+\infty)$上单调减少； (2) 在$(-1,0]$上单调增加，在$[0,1)$上单调减少； (3) 在$(-\infty,+\infty)$上单调增加.

3.

| (1) 增区间 | $(-\infty,-2]$、$[0,+\infty)$ |
|---|---|
| (2) 减区间 | $[-2,0]$ |
| (3) 图形的凹区间 | $[-1,+\infty)$ |
| (4) 图形的凸区间 | $(-\infty,-1]$ |
| (5) 极值点 | $0,-2$ |
| (6) 图形拐点 | $(-1,2)$ |
| (7) $\lim\limits_{x\to-\infty}(x^3+3x^2)=?$ | $\lim\limits_{x\to-\infty}(x^3+2x^2)=-\infty$ |

**第 3 章复习题**

1. (1) $-f'(0)$; (2) $-3$; (3) $\dfrac{3x^2}{1+x^3}\mathrm{d}x$; (4) $\dfrac{1}{2t^2}$; (5) $y=2x+1$; (6) 1.

2. (1) C; (2) C; (3) C; (4) B; (5) A; (6) C.

3. (1) 2; (2) $\dfrac{1}{2}$; (3) $-\dfrac{1}{2}$.

5. $\dfrac{t}{2}$.

6. $y'=\dfrac{-y}{x+\mathrm{e}^y}$, $y'(0)=\dfrac{-1}{\mathrm{e}}$.

7. $\left(\dfrac{\pi}{3},\dfrac{\sqrt{3}}{2}\right)$.

8. $t=\sqrt{6}$.

**习题 4.1**

1. (1) $2\sqrt{x}+C$; (2) $\dfrac{2}{5}x^{\frac{5}{2}}+C$;

(3) $\dfrac{3^x\mathrm{e}^x}{1+\ln 3}+C$; (4) $2x-\dfrac{5\left(\frac{2}{3}\right)^x}{\ln 2-\ln 3}+C$;

(5) $\mathrm{e}^x-2\sqrt{x}+C$; (6) $\tan x-\sec x+C$;

(7) $\dfrac{x+\sin x}{2}+C$; (8) $\mathrm{e}^x-\cos x+C$;

(9) $\dfrac{1}{2}\tan x+C$; (10) $-(\tan x+\cot x)+C$;

(11) $\dfrac{1}{3}x^3+x+C$; (12) $x-\arctan x+C$;

(13) $\dfrac{x-\sin x}{2}+C$; (14) $\dfrac{1}{3}x^3-2x^2+4x+C$.

2. (1) $\frac{1}{3}e^{3t}+C$；　(2) $\ln|\sin x|+C$；

(3) $\frac{1}{3}\arctan 3x+C$；　(4) $\frac{1}{2}(\ln x)^2+C$；

(5) $-2\cos\sqrt{t}+C$；　(6) $-\sqrt{2-x^2}+C$；

(7) $\frac{1}{3}\sec^3 x-\sec x+C$；　(8) $\sqrt{2x}-\ln(1+\sqrt{2x})+C$；

(9) $\frac{1}{3}\ln\left|\frac{x-2}{x+1}\right|+C$；　(10) $\frac{1}{2}x-\frac{1}{28}\sin 14x+C$.

3. (1) $e^x(x^2-2x+2)+C$；　(2) $x\sin x+\cos x+C$；

(3) $\frac{1}{2}(x^2+1)\arctan x-\frac{1}{2}x+C$；　(4) $-\frac{1}{4}x\cos 2x+\frac{1}{8}\sin 2x+C$.

## 习题 4.2

1. (1) $\frac{1}{2}$；　(2) 0.

2. $M=\int_0^l \rho(x)\,dx$.

3. (1) $6\leqslant\int_1^4(x^2+1)\,dx\leqslant 51$；　(2) $-2e^2\leqslant\int_2^0 e^{x^2-x}\,dx\leqslant -2e^{-\frac{1}{4}}$.

4. (1) $\int_0^1 x^2\,dx\geqslant\int_0^1 x^3\,dx$；　(2) $\int_1^2 x^2\,dx\leqslant\int_1^2 x^3\,dx$；

(3) $\int_1^2(x-1)\,dx\geqslant\int_1^2\ln x\,dx$；　(4) $\int_0^1 e^x\,dx\geqslant\int_0^1(x+1)\,dx$.

## 习题 4.4

1. $0,\frac{\sqrt{2}}{2}$.

2. $\cot t$.

3. (1) $\sqrt{1+x^2}$；　(2) $\frac{-2x}{\sqrt{1+x^8}}$.

4. (1) 1；　(2) $\sin 3$.

5. (1) $\frac{3}{2}$；　(2) $45\frac{1}{6}$；　(3) $\ln 2-1$；　(4) $1-\frac{\pi}{4}$；　(5) $\frac{\pi}{3}$；　(6) 4.

6. (1) 0；　(2) $2+2\ln\frac{2}{3}$；　(3) $2(\sqrt{3}-1)$；　(4) $\frac{\pi}{2}$；　(5) $1-e^{-\frac{1}{2}}$；　(6) $\frac{\pi}{4}$.

7. (1) 0；　(2) $\frac{2}{3}$.

8. (1) $\frac{1}{4}(e^2+1)$；　(2) $\left(\frac{1}{4}-\frac{\sqrt{3}}{9}\right)\pi+\frac{1}{2}\ln\frac{3}{2}$；

(3) $\frac{\pi}{4}-\frac{1}{2}$；　(4) 1.

**习题 4.5**

1. (1) $\frac{3}{2}-\ln 2$；　(2) $b-a$.

2. $\frac{128}{7}\pi,\frac{64}{5}\pi$.

3. $7.6\times 10^5$元/年.

**习题 4.6**

1. (1) 一阶；　(2) 二阶；　(3) 一阶；　(4) 二阶.

3. (1)$y=e^{Cx}$；　(2)$10^{-y}+10^x=C$.

4. $e^y=\frac{1}{2}(e^{2x}+1)$.

5. (1)$y=\frac{1}{3}x^2+\frac{3}{2}x+2+\frac{C}{x}$；　(2)$y=(x+C)e^{-\sin x}$.

6. $y=\frac{\pi-1-\cos x}{x}$.

**第 4 章复习题**

1. (1) ×；　(2) √.

2. (1) C；　(2) A；　(3) B；　(4) C.

3. (1) $x^2,-\cos x$；　(2) $\frac{x}{\sqrt{1+x^2}}dx,\sqrt{1+x^2}+C$；

(3) $-\frac{1}{2}\pi a^2$；　(4) $e-\frac{1}{e}$；　(5) 0；

(6) $y=xe^{\frac{1}{2}(1-x^2)}$；　(7) $y=Ce^{-x}$.

4. (1) $\arctan(e^x)+C$；　(2) $\ln|x+\sin x|+C$；

(3) $\frac{1}{2}x-\frac{1}{4}\sin 2x+C$；　(4) $\frac{1}{2}x^2-\frac{2}{3}\sqrt{x^3}+x+C$；

(5) $-e^{\frac{1}{x}}+C$；　(6) $\frac{10^{\sin x}}{\ln 10}+C$；

(7) $-\frac{1}{a}\cos ax-\frac{1}{b}e^{bx}+C$；　(8) $\frac{1}{2}x^2+x+\ln|x-1|+C$.

5. (1) 2；　(2) $\frac{3}{2}$；　(3) $2\sqrt{2}-2$；　(4) $1-\frac{2}{e}$；　(5) $\frac{1}{2}$；　(6) $\frac{2}{3}$.

6. $\frac{1}{2}$.

7. $\frac{1}{6}$.

8. (1)$y=e^{-x}(x+C)$；　(2)$y=\frac{1}{x}(x^4+1)$.

9. $y=2(e^x-x-1)$.

**习题 5.2**

1. $A$、$B$、$C$、$D$ 分别在 Ⅲ 卦限、Ⅴ 卦限、Ⅶ 卦限、Ⅷ 卦限.

2. $A$、$B$、$C$、$D$ 分别在 $xOy$ 坐标面上、$yOz$ 坐标面上、$x$ 轴上、$y$ 轴上.

3. 点 $M(4,-3,5)$ 到 $x$ 轴、$y$ 轴、$z$ 轴的距离分别为 $\sqrt{34}$、$\sqrt{41}$、5.

**习题 5.3**

1. 以点$(1,-2,-1)$为球心，半径为$\sqrt{6}$的球面.
2. 略.
3. $xOy$ 坐标面下方的半个圆锥面.
4. $xOy$ 坐标面上方的半个球面.
5. 是.

**习题 5.4**

1. (2)、(3)、(5) 是直纹面.
2. (1)$yOz$ 坐标面上开口向下的抛物线；
(2) 平面 $y=1$ 上开口向上的抛物线；
(3) 平面 $z=2$ 上的双曲线.
3. (1)$yOz$ 坐标面上的双曲线；
(2) 平面 $y=1$ 上的双曲线；
(3) 平面 $z=2$ 上的圆.

**习题 5.5**

2.

$$\begin{array}{c} \\ A_1 \\ A_2 \end{array}\begin{array}{c} \begin{array}{ccc} B_1 & B_2 & B_3 \end{array} \\ \begin{bmatrix} 4 & 1 & 3 \\ 0 & 2 & 2 \end{bmatrix} \end{array}$$

6. $\boldsymbol{A}+\boldsymbol{B}=\begin{bmatrix} 5 & 2 & 2 \\ 4 & -1 & 3 \\ 0 & 3 & 0 \end{bmatrix}$，$\boldsymbol{A}-\frac{1}{2}\boldsymbol{B}=\begin{bmatrix} \frac{1}{2} & \frac{1}{2} & -1 \\ -\frac{1}{2} & 2 & \frac{3}{2} \\ \frac{3}{2} & \frac{3}{2} & \frac{3}{2} \end{bmatrix}$，$\boldsymbol{A}^{\mathrm{T}}=\begin{bmatrix} 2 & 1 & 1 \\ 1 & 1 & 2 \\ 0 & 2 & 1 \end{bmatrix}$.

7. $\boldsymbol{A}=\begin{bmatrix} \frac{5}{2} & \frac{1}{2} & 3 & \frac{1}{2} & 2 \end{bmatrix}$，　$\boldsymbol{B}=\begin{bmatrix} -\frac{1}{2} & \frac{1}{2} & 2 & \frac{3}{2} & -2 \end{bmatrix}$.

8. $x=1$，$y=-1$.

9. $\boldsymbol{AB}=\begin{bmatrix} 4 & -2 & 2 \\ 6 & -3 & 3 \\ -8 & 4 & -4 \end{bmatrix}$，$\boldsymbol{BA}=(-3)$.

10. $\boldsymbol{AB}=\begin{bmatrix} 0 & 0 \\ 0 & 0 \end{bmatrix}$，$\boldsymbol{BA}=\begin{bmatrix} -16 & -32 \\ 8 & 16 \end{bmatrix}$.

11. $\boldsymbol{BA}=\begin{bmatrix} 15 & 40 \end{bmatrix}\begin{bmatrix} 4 & 5 & 8 \\ 3 & 4 & 6 \end{bmatrix}=\begin{array}{c}\begin{array}{ccc} a & b & c \end{array} \\ \begin{bmatrix} 180 & 235 & 360 \end{bmatrix}\end{array}$.

**习题 5.6**

2. 不相等.

3. $-5,5,0,5k,5k^3$.

4. (1) 11； (2) $a^2$； (3) 1； (4) 45； (5) 1.

5. (1) $x_1=16,x_2=7$； (2) $x=\frac{11}{23},y=\frac{7}{23}$；

(3) $x_1=1,x_2=2,x_3=3$； (4) $x=-4,y=4,z=-1$.

6. (1) $\boldsymbol{A}^{-1}=\begin{bmatrix}\frac{3}{5} & -\frac{2}{5}\\ \frac{1}{5} & \frac{1}{5}\end{bmatrix}$； (2) $\boldsymbol{B}^{-1}=\begin{bmatrix}-1 & 0 & -1\\ 2 & 0 & 1\\ -3 & 1 & -2\end{bmatrix}$.

7. (1) $x=\frac{1}{2},y=-3$； (2) $x=1,y=-\frac{1}{3},z=-1$.

**习题 5.7**

1. (1) $x_1=2,x_2=-2,x_3=3$； (2) $x_1=x_2=x_3=x_4=0$；

(3) $x_1=-2-c_1+5c_2,x_2=5+2c_1-7c_2,x_3=c_1,x_4=c_2$($c_1$、$c_2$ 为任意实数).

2. $\lambda=1$.

**第 5 章复习题**

1. (1) 2； (2) $\begin{bmatrix}3\\3\\3\end{bmatrix}$； (3) $-8$； (4) $\frac{1}{2}\begin{bmatrix}1 & -1\\ -1 & -1\end{bmatrix}$； (5) $-,+,-$.

2. (1) (×)； (2) (×)； (3) (√)； (4) (√)； (5)(√).

3. (1) $\begin{bmatrix}0 & -1 & 20\\ 0 & 0 & 20\end{bmatrix}$； (2) $\boldsymbol{A}^{-1}=-\frac{1}{10}\begin{bmatrix}-2 & 0 & 0\\ 0 & 20 & -10\\ 0 & -15 & 5\end{bmatrix}$；

(3) 0； (4) 16； (5)$(0,1,-2)$.

4. $x_1=\frac{3}{5}$, $x_2=\frac{1}{5}$.

5. $x_1=0$, $x_2=-1$, $x_3=-3$.

6. $x_1=-3c_1-6c_2+2$, $x_2=6c_1+7c_2-1$, $x_3=c_1$, $x_4=c_2$($c_1$、$c_2$ 为任意实数).

7. 平面 $z=c$ 上的圆，可表示为$\begin{cases}z=x^2+y^2\\ z=c\end{cases}$.

**习题 6.2**

3. (1) $A\overline{B}\,\overline{C}$； (2) $AB\overline{C}$； (3) $ABC$；

(4) $A\cup B\cup C$； (5) $AB\cup AC\cup BC$； (6) $A\overline{B}\,\overline{C}+\overline{A}B\overline{C}+\overline{A}\,\overline{B}C$；

(7) $AB\overline{C}+A\overline{B}C+\overline{A}BC$； (8) $\overline{A}\,\overline{B}\,\overline{C}$； (9) $U-ABC$.

5. $AB\cup AC\cup BC$.

6. 0.2,0.2,0.1.

**习题 6.3**

1. (1) 0.52； (2) 0.72.

2. $\frac{1}{2}$.

3. (1) $\frac{1}{12}$； (2) $\frac{1}{20}$.

4. $\frac{1}{35}$.

5. $\frac{18}{19}$.

6. $\frac{3}{8}$.

7. $\frac{3}{5}$

## 习题 6.4

1. $\frac{1}{3}$.

2. 0.52;0.7;0.7.

3. 0.9653.

5. 0.902.

6. $\frac{7}{8}$.

## 第 6 章复习题

1. (1) A； (2) C； (3) C； (4) D； (5) B； (6) C.

2. (1) $\frac{C_t^s C_{n-t}^{m-s}}{C_n^m}$； (2) $\frac{81}{128}$； (3) $\frac{160}{729}$； (4) $\frac{1}{6}$.

3. (1) $\frac{13}{16}$； (2) 0.497； (3) ① 0.6329； ② $n \geqslant 1176.5$,故 $n = 1177$ .

# 参考文献


[1] 王庚. 数学文化与数学教育 [M]. 北京：科学出版社，2004.
[2] 邓宗琦. 数学家辞典 [M]. 武汉：湖北教育出版社，1990.
[3] 张顺燕. 数学的思想、方法和应用 [M]. 北京：北京大学出版社，2004.
[4] 魏宏，毕志伟. 大学数学：文科 [M]. 2 版. 武汉：华中科技大学出版社，2011.
[5] 王云峰，王小英，荔炜. 文科数学 [M]. 西安：西北大学出版社，2003.
[6] 王纪林. 线性代数 [M]. 北京：科学出版社，2002.
[7] 盛骤，谢式千，潘承毅. 概率论与数理统计 [M]. 3 版. 北京：高等教育出版社，2001.
[8] 孙荣恒. 趣味随机问题 [M]. 北京：科学出版社，2004.
[9] 王永建. 数学的起源与发展 [M]. 南京：江苏人民出版社，1981.
[10] 高孝忠，罗淼. 解析几何[M]. 北京：清华大学出版社，2011.
[11] 沈康身.《九章算术》导读[M]. 武汉：湖北教育出版社，1997.
[12] 杨桂元，李天胜，徐军. 数学模型应用实例[M]. 合肥：合肥工业大学出版社，2007.